职业教育新形态系列教材

U0828940

工业机器人运行与维护技术

主　编　郑光永　姚　屏
副主编　王继笃　吴圣和　骆丽花

华中科技大学出版社
中国·武汉

内容简介

本书以 ABB IRB 120 工业机器人为对象，以项目式任务为载体，由浅入深，分四个项目详细讲解工业机器人基础与应用、ABB 工业机器人操作与编程、工业机器人系统集成以及工业机器人系统维护与检修的相关内容。每个项目都有配套的课件和教案，任务中涉及的问题都有参考答案，方便读者学习。每个项目中的重点操作内容都有对应的微课视频，操作性强。

本书适合中、高职院校机器人相关专业学生使用，也可供从事工业机器人应用开发、调试与现场维护的工程技术人员参考。

图书在版编目(CIP)数据

工业机器人运行与维护技术 / 郑光永，姚屏主编. -- 武汉 ：华中科技大学出版社，2024. 9.

ISBN 978-7-5772-1113-8

Ⅰ. TP242.2

中国国家版本馆 CIP 数据核字第 2024WT7841 号

工业机器人运行与维护技术

Gongye Jiqiren Yunxing yu Weihu Jishu

郑光永　姚　屏　主编

策划编辑：张少奇　　责任编辑：李梦阳

封面设计：廖亚萍　　责任监印：朱　玢

责任校对：李　琴

出版发行：华中科技大学出版社(中国·武汉)　　电话：(027)81321913

武汉市东湖新技术开发区华工科技园　　邮编：430223

录　　排：华中科技大学惠友文印中心

印　　刷：武汉科源印刷设计有限公司

开　　本：787mm×1092mm　1/16

印　　张：16

字　　数：390 千字

版　　次：2024 年 9 月第 1 版第 1 次印刷

定　　价：49.80 元

华中出版

本书若有印装质量问题，请向出版社营销中心调换

全国免费服务热线：400-6679-118　竭诚为您服务

职业教育新形态系列教材
编委会

二维码资源使用说明

本书配套数字资源以二维码的形式在书中呈现，读者用智能手机在微信端扫码成功后提示微信登录，授权后进入注册页面，填写注册信息。按照提示输入手机号后点击获取手机验证码，在提示位置输入验证码，按要求设置密码，点击“立即注册”，注册成功（若手机已经注册，则在“注册”页面底部选择“已有账号？马上登录”，进入“用户登录”页面，然后输入手机号和密码，提示登录成功）。接着提示输入学习码，需刮开教材封底防伪涂层，输入13位学习码（正版图书拥有的一次性使用学习码），输入正确后提示绑定成功，即可查看二维码数字资源。手机第一次登录查看资源成功，以后便可直接在微信端扫码登录，重复查看本书所有的数字资源。

友好提示：如果读者忘记登录密码，请在PC端输入以下链接https://bookcenter.hustp.com/login.html，先输入自己的手机号，再单击“忘记密码”，通过短信验证码重新设置密码即可。

教学大纲　　教学教案　　教学课件

前　言

《“十四五”机器人产业发展规划》提到，“十三五”以来，通过持续创新、深化应用，我国机器人产业呈现良好发展势头。产业规模快速增长，年均复合增长率约15%，2020年机器人产业营业收入突破1000亿元，工业机器人产量达21.2万台(套)。技术水平持续提升，运动控制、高性能伺服驱动、高精密减速器等关键技术和部件加快突破，整机功能和性能显著增强。集成应用大幅拓展，2020年制造业机器人密度达到246台/万人，是全球平均水平的近2倍，服务机器人、特种机器人在仓储物流、教育娱乐、清洁服务、安防巡检、医疗康复等领域实现规模应用。面对新形势新要求，未来5年乃至更长一段时间，是我国机器人产业自立自强、换代跨越的战略机遇期。必须抢抓机遇，直面挑战，加快解决技术积累不足、产业基础薄弱、高端供给缺乏等问题，推动机器人产业迈向中高端。

要完成机器人产业的转变和调整，必须要有一大批高素质的技能型人才作为坚实的后盾。近几年，各职业院校都在积极开展工业机器人应用与维护专业人才培养的试点工作，取得了较好的效果。但由于起步较晚，课程体系、教学模式仍有待完善和提高，教材建设也相对滞后，目前还没有一套适合中职教育快速发展需要的成体系、高质量的教材。现有工业机器人应用与维护专业教材存在不完善的问题，要么内容陈旧、实用性不强，要么形式单一，无法突出高技能人才培养的特色，更没有形成合理的体系。因此，开发一套体系完整、特色鲜明、适合理论实践一体化教学、反映企业最新技术与工艺的工业机器人应用与维护专业教材，已成为中职教育亟待解决的课题。

目前，中、高职院校在技能竞赛中也把工业机器人技术应用作为常设赛项。本书以项目式任务为载体，基于工业机器人现场实操经验，总结出一系列工业机器人运行维护技术。

本书分为四个项目。项目一包含三个任务，从工业机器人的安全操作入手，介绍工业机器人系统组成和基础操作等内容；项目二与项目三以职业院校技能大赛智能制造设备技术应用赛项的比赛设备为载体，详细介绍了ABB工业机器人板卡配置、I/O信号设置、工具坐标系建立、基础涂胶、机器人与PLC通信建立、定制涂胶、定制码垛等内容；项目四主要介绍工业机器人系统维护与检修，涉及原点标定、微校等操作，以及工业机器人系统常见故障的诊断方法和日常保养规范等内容。

本书由郑光永、姚屏担任主编，由王继笃、吴圣和、骆丽花担任副主编。本书中的示例程序由李学武、傅朝勇进行验证，他们提出了宝贵建议，在此表示感谢。

由于编者水平有限，书中难免存在不足之处，恳请广大读者批评指正。

编　者
2024年4月

目录

CONTENTS

项目一 工业机器人基础与应用

项目描述

设备结构是了解工业自动化设备的关键，直接影响着设备的正确操控和日常维保。这一点在工业机器人领域也同样重要，作为工业机器人操作人员，必须掌握工业机器人基本结构，这包括工业机器人的机械结构、控制系统、驱动系统和执行机构等，1+X证书也强调了这些知识的重要性。通过本项目的学习，学生能够掌握工业机器人的系统结构，并能进行基础操作。

在本项目中以ABB公司的六轴工业机器人为载体，学生在完成任务的过程中能够认识工业机器人基本结构、理解工业机器人控制系统与驱动系统的组成，能手动操控工业机器人进行搬运、工具快换和电磁阀测试。通过完成设置的各部分问题，学生能对工业机器人基本结构、系统组成进行全面的学习。在任务实施部分，通过实际生产案例，学生能够将所学知识运用到实际工作中，实现理论与实际的有机结合。

学习提纲

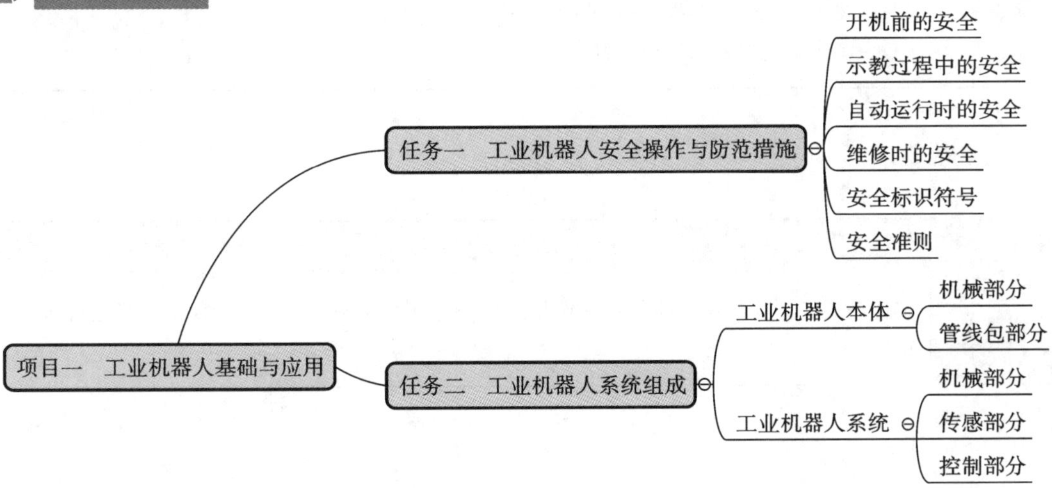

项目一　工业机器人基础与应用 — 任务三　工业机器人操作与运行

- 启动工业机器人
- 关闭工业机器人
- 工业机器人三种运动方式
- 典型工具快换

任务一　工业机器人安全操作与防范措施

情景导入，任务发布

1. 学习情景

2015 年 7 月，发生在德国大众工厂的“机器人伤人”事件曾将机器人安全问题再次提到人们面前。机器人安全再次被关注，各个机器人应用企业都把安全生产作为机器人应用的先决条件，对于机器人企业来说，安全无小事。如果部门安排你对新员工进行安全培训，请你根据所学总结安全操作与防范措施。

2. 任务分析

任务分析	
任务名称	工业机器人安全操作与防范措施。
任务地位	掌握安全操作与防范措施是进行工业机器人操作的基础。
任务流程	(1)识别工业机器人安全风险。 (2)简述工业机器人各操作过程中的安全注意事项。 (3)会制作工业机器人安全准则。

3. 目标要求

任务目标要求	
岗位要求	本任务要求工业机器人相关技术操作人员熟悉机器人安全操作准则，能规范进行机器人操作。

续表

任务目标要求	
课程目标	知识目标 (1)能识别工业机器人安全风险。 (2)了解工业机器人安全操作准则。 (3)能简述工业机器人各操作过程中的安全注意事项。 技能目标 (1)能按照机器人操作规范进行操作。 (2)能按要求穿戴作业服装并佩戴安全帽等。 (3)能检查工业机器人的环境安全。 情感目标 (1)通过小组合作学习,培养学生的团队精神和爱岗敬业精神。 (2)通过自主探究式学习,培养学生的钻研精神。 (3)通过 8S 管理,提升学生职业素养和工匠精神。
大赛要求	根据全国职业院校技能大赛中职组"机器人技术应用"赛项评分标准,关于职业素养部分,不符合以下内容扣 5 分。 (1)选手未穿比赛服装、未穿电工绝缘鞋。 (2)气路连接及测试过程不符合安全规范。 (3)比赛过程中脱下安全帽。 (4)比赛过程中机器人工具掉落。 (5)比赛过程中运行或调试模式下光栅报警。 (6)比赛结束后,工具摆放杂乱,废料未清扫,耗材使用不合理。 (7)违反比赛规定,提前进行比赛操作或比赛终止后仍继续操作。 (8)其他不符合职业素养的行为等。
证书技能要求	▶对应工业机器人 1+X 证书技能点(工业机器人装调职业技能等级证初级、工业机器人操作与运维职业技能等级证初级) (1)能识别工业机器人安全风险。 (2)能遵守通用安全规范实施工业机器人作业。 (3)能正确穿戴工业机器人安全作业服与装备。 (4)能根据工业机器人潜在危险采取避免措施。

问题引导,自主学习

1. 引导问题

引导问题 1:工业机器人安全风险有哪些?

引导问题 2:工业机器人规范操作知多少?

引导问题 3:如何穿戴工业机器人安全作业服与装备?

引导问题 4:如何根据工业机器人潜在危险采取避免措施?

2. 任务知识点

机器人操作以“安全第一，预防为主”为原则。人的安全包括开机前的安全、示教过程中的安全、自动运行时的安全、维修时的安全，设备的安全包括机器人和手爪治具的安全、外围设备的安全。

1）开机前的安全

（1）在机器人运行和等待中，绝不可进入机器人的工作区域（见图 1-1-1）。在开机或启动机器人前，务必确认各项安全条件已符合要求，清除一切机器人运动范围内的阻挡物，同时不要试图操作机器人做危险动作，要使机器人立即停下来，请按紧急停止按钮。

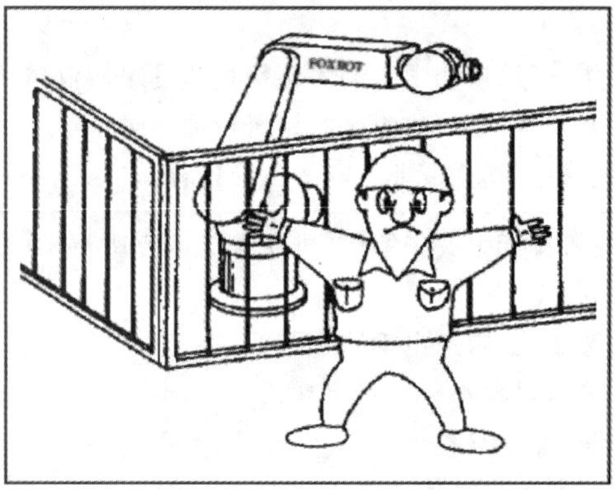

图 1-1-1　不可进入机器人工作区域

（2）操作前请仔细阅读完整理解操作、示教、维护等安全事项。连接电源电缆前，请确认供电电源电压、频率、电缆规格符合要求，确保机器人控制箱可靠接地，确认外部动力电源（包含控制电源、气源）能被切断。

2）示教过程中的安全

（1）建议在安全围栏之外（见图 1-1-2）完成示教，但如果确实需要进入安全围栏内，请严格执行下述事项：

①请清楚标示示教工作正在进行中（见图 1-1-3），以免有人通过控制器、示教器等误操作机器人系统装置；

②完成示教工作后，请在围栏外确认工作，这时，机器人的速度（见图 1-1-4）选择“低速”以下，直到运动确认正常；

③示教过程中，确认机器人的运动范围，不要大意靠近机器人或进入机器人手臂的下方。

（2）示教和手动移动机器人时：

①禁止戴手套操作示教器和操作面板并使用专用的示教笔操作机器人；

②在点动操作机器人时要采用较低的速度比率以增加对机器人的控制精准性；

③校正模式只能在做机械原点时使用，其他任何情形下禁止使用。

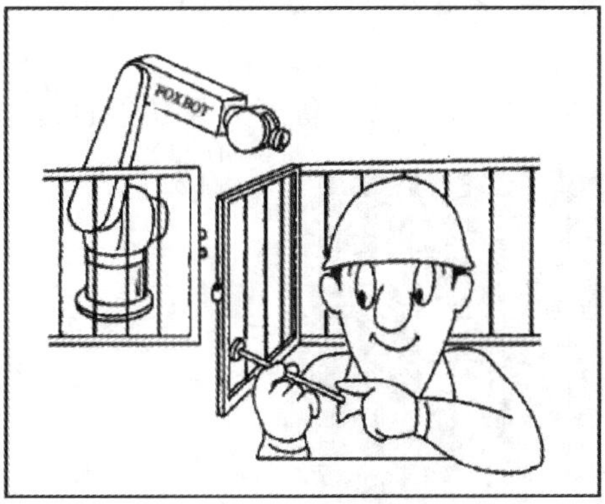

图 1-1-2　不能擅自拆除围栏

图 1-1-3　示教中

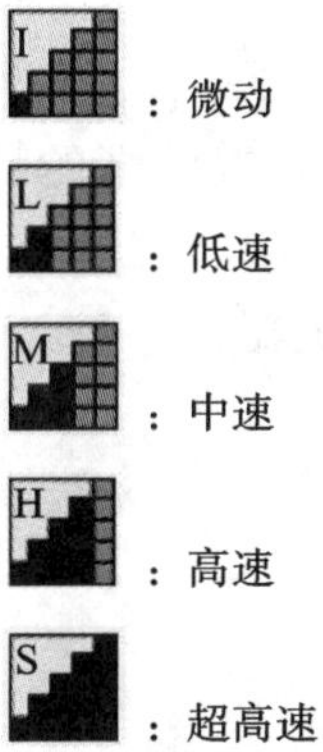

图 1-1-4　机器人的速度

图 1-1-5　运行中

3）自动运行时的安全

(1)在自动操作前，请确认所有急停开关正常！操作前完整阅读理解机器人操作手册。

(2)在自动运行过程中，身体永远不要进入安全围栏内。

(3)在自动运行过程中，机器人在等待定时延时或外部信号输入时，机器人将恢复运行。

(4)在安全围栏上标示“运行中”，禁止进入(见图 1-1-5)！

(5)如果有故障导致机器人在运行中停止，请检查显示的故障信息，按照正确的故障恢复顺序来恢复或重启机器人。

(6)注意：

①在自动运行程序前必须确认当前程序经过手动运行示教点位且检验无误！

②自动运行程序前，必须检查并确认机器人的工作区域安全！

③将机器人示教器的模式选择开关切换至“自动”状态！

4）维修时的安全

要进行维修时，请严格遵守以下事项：

(1)机器人**急停开关(ESTOP)**决不允许被短接；

(2)禁止非专业人员检修和拆卸机器人任何部件,电控箱内有**高压电**禁止带电维护和保养。

(3)进入安全围栏(见图 1-1-6)前,请确认所有的安全措施都已准备好并且功能良好。

图 1-1-6　安全围栏

(4)进入安全围栏前,请切断控制电源一直到机器人总电源,并放置清晰的标识**"维护进行中"**!

(5)在拆除关键轴的伺服电机前,使用合适的提升装置支撑好机器人手臂。拆除电机将使该轴电机刹车失效,没有可靠支撑会造成手臂下掉。

5)**机器人和手爪治具的安全**

(1)机器人的安全。

①应在机器人的工作范围以外设置**软件限位**。

②应对机器人操作进行加密处理,只有相应**权限**的人员才可进行机器人操作(见图 1-1-7)。

图 1-1-7　模式

图 1-1-8　旋钮

③如果系统中有设备**报警**或有设备打至手动(示教)状态(见图 1-1-8),此时系统应向机器人发送暂停信号并中断系统自动程序。

(2)机器人手爪治具的安全。

①机器人手爪治具的状态感应器需接进系统,机器人进行与手爪治具有关的动作时需确认手爪的状态信号。

②机器人手爪治具应设为在失电情况下闭合,保证在**突然掉电**时手爪治具中的产品不会掉落。

③机器人手爪治具的设计应保证机器人取放料时**姿态流畅**,动作合理。

④随时关注并了解机器人管线包的状态,防止四轴或六轴旋转角度过大**导致线束缠绕、拉伸损坏**。

工业机器人工具如图 1-1-9 所示。

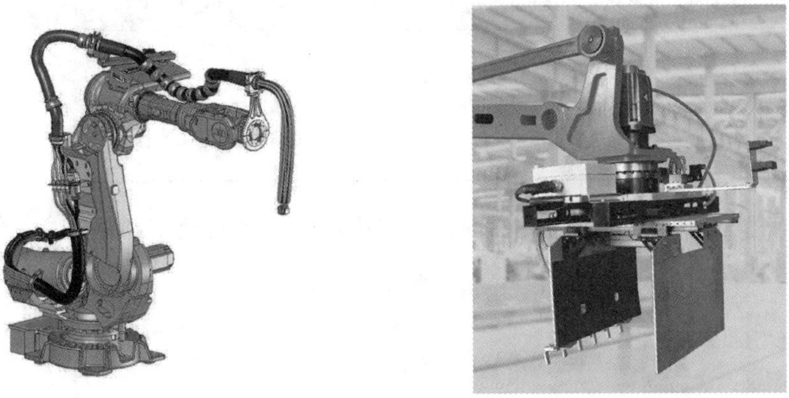

图 1-1-9　工业机器人工具

6）**外围设备的安全**

(1)外围设备是指与机器人配合的送料机、传送带、收料机等系统**周边设备**。

(2)独立的外围设备与机器人系统配线连接时应使用**继电器**隔离。

(3)外围设备中与人员操作有关的部分应在方便位置设置系统**紧急停止按钮**(见图 1-1-10)。

图 1-1-10　紧急停止按钮

(4)发生故障,应**立即停机**,自己不能排除时,应保护现场,并立即通知车间负责人员。

3. 掌握新知

问题 1:制作工业机器人安全准则表。

查阅相关资料,了解工业机器人的安全准则,并完成工业机器人安全准则表的制作(见表 1-1-1)。

表 1-1-1　工业机器人主要安全准则

序号	安全等级	安全要求
1	禁止行为	
2	强制性措施	

续表

序号	安全等级	安全要求
3	警告 	

问题 2:阐述工业机器人操作员在操作过程中应注意的安全事项。

知识库

※安全标识

在使用机器人时,安全防范是最基本的关注点。在使用机器人时,应当根据系统及其应用环境的实际情况,采取必要的安全措施,并严格遵守。机器人操作者必须熟悉工业机器人的安全准则、操作过程中的安全注意事项等。常见的安全标识见表 1-1-2。

表 1-1-2　常见的安全标识

序号	标识	名称	说明
1		危险	警告,误操作时有危险,可能会发生事故,并导致严重或致命的人员伤害或严重的设备损坏
2		禁止	一般与其他标识组合使用表示禁止的事项,否则会引起人员伤害、设备故障、元件损坏或设备不能正常使用等情况
3		强制	必须遵守的事项
4		警告	如果不依照说明操作,可能会发生事故,造成严重的人员伤害(可能致命)或重大设备损坏。主要起提示、提醒作用
5		电击	带电警示,不按操作使用可能引起触电等危害
6		小心	警告提醒。如果不依照说明操作,可能会造成伤害或事故
7		注意	描述一些重要的事实和条件。提醒,特别关注

※紧急停止装置的使用

在设备配置中，为了设备的安全运行，会在不同位置配置多个紧急停止(按钮)装置，在设备遇到紧急或突发问题(事故)时使用。

(1)紧急停止按钮外观呈红色，是自锁旋放式结构，如图 1-1-11、图 1-1-12 所示。

图 1-1-11　使用时按下

图 1-1-12　旋转复位

(2)紧急停止按钮一般安装到设备控制柜、示教器、操作台、工业现场等显眼位置，在发生紧急或突发事故时易操作，如图 1-1-13 所示。

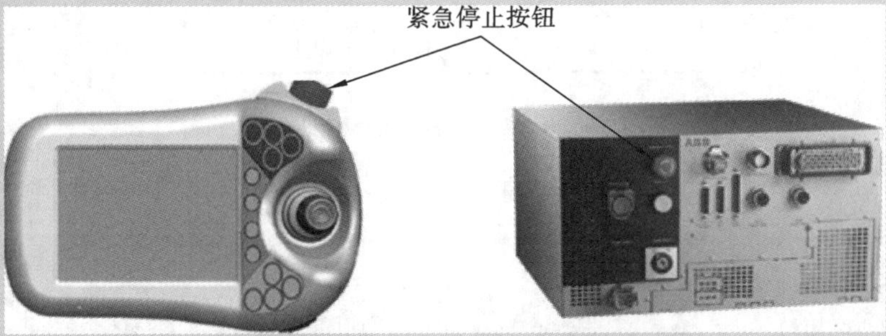

图 1-1-13　机器人带紧急停止按钮

※安装调试过程安全事项

(1)设备安装：为保证设备安装时的安全，请安装前一定阅读理解“机器人操作手册”，并严格遵循；线缆的连接要符合设备要求，设备的安装固定一定要牢靠，严禁强制性扳动机器人运动轴及依靠机器人或控制柜，禁止随意按动操作键等，如图 1-1-14 所示。

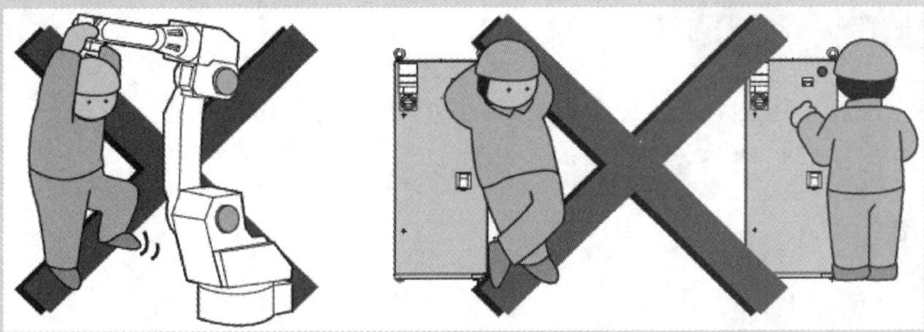

图 1-1-14　对机器人违规操作

(2)设备调试：调试机器人前一定要进行严格、仔细的检查，机器人运动范围(见图 1-1-15)内无人员及碰撞物，确保作业区内安全，避免粗心大意造成安全事故。

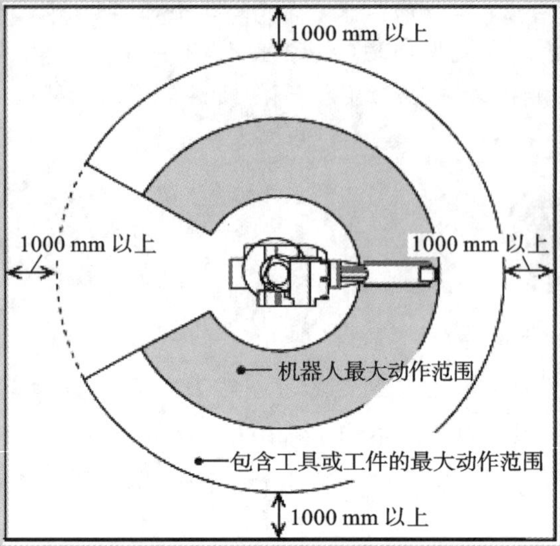

图 1-1-15　机器人运动范围

(3)用电安全：

①机器人配电必须按说明书要求配置，不得私自减少配电要求；

②系统必须电气接地；

③在设备断电 5 min 内，不得接触机器人控制器或插拔机器人连接线；

④在对设备进行维护或检修时，要按操作顺序断开各级电源，确保安全方可进行操作；

⑤在用电安全警示区域禁止触摸操作；

⑥每次设备上电前要对设备及线缆进行检查，若线缆有破损或老化现象，要及时更换，不得带伤运行。

协作探究，实施展示

任务指引：开展小组内讨论，每个同学对小组任务进行讨论分析，组长综合每位同学的意见，确定小组讨论后最终答案，每组派 1 位同学展示或陈述小组结论。

1. 小组组建

小组分工表见表 1-1-3。

表 1-1-3　小组分工表

班级		组名	
组长		学号	
组员	姓名	学号	分工

2. 基础任务

回答以下问题。

1)选择题

(1)下列安全标志,(　　)表示强制性措施。

A. 　B. 　C. 　D. 

(2)以下关于不得使用机器人的情况描述,(　　)是错误的。

A. 机器人元件暴露

B. 安全装置被禁用

C. 保险丝或机械设备的全部或者部分被禁用

D. 同一时间允许多人使用机器

(3)在机器人手臂和控制器中,内置有多种数据后备电池,关于电池使用的规定,(　　)是不允许的。

A. 只使用机器人公司指定的电池

B. 不可再充电、拆开、变换和加热电池

C. 表面损坏的电池,修一修,还能再使用

D. 不可把电池丢弃在水中或火中

2)判断题

(　　)(1)在机器人启动前,一定要确认在机器人手臂的运动范围内,没有任何人员、包装材料、夹具或其他各类障碍物。

(　　)(2)在点检/维护机器人时,为了节约时间,可采用尽可能高的速度运行机器人。

知识拓展卡

工业机器人安全准则

1.禁止行为

(1)不要删除或篡改安装在工业机器人上的防护装置和安全装置。

(2)如果发生积涝情况,不要触碰机器人,应先切断所有电源,对场地进行排水。

(3)工业机器人只能由受过充分的培训和指导的专业人员来操作。

(4)务必保证急停设备周围畅通,不可在急停设备前堆放杂物,以免妨碍紧急情况下设备的使用。

(5)不得对机器人使用不合适的材料、进行不适当的调节和改动。

(6)在以下情况不得使用机器人:

①机器人元件暴露;

②安全装置被禁用;

③保险丝或机械设备的全部或者部分被禁用;

④同一时间不允许超过一人使用机器。

(7)不得随意使用非原装配件。

(8)切勿移动安全防护装置。

(9)只有在维修时才可以移动安全装置,但必须要遵守维修人员的操作程序,在保证机器人安全的情况下进行。

2.强制性措施

(1)在启动机器人前务必确认没有人在危险区域内。

(2)所有操作人员必须接受专门的工业机器人使用和维修培训。

(3)操作者要持续监控确保所有程序正常运行,确保安全防护程序应用正确到位。

(4)按照机器人的维护保养要求进行维护,保持工业机器人的整洁干净。

(5)要准备合适的工具箱来归纳清洁工具和维修工具;维护人员必须穿戴个人防护用品。

(6)试用者必须遵守现行的健康和安全规范。

(7)机器人疑似损坏、不运转、发出异样噪声或出现其他故障时应停止工作。

(8)一旦发现机器出现火情(无论火情大小),应当立即报警,找专业队伍扑救。

(9)机器人在运行状态时电气控制柜门必须一直关闭,不得打开。控制柜钥匙必须由专人保管。

(10)在通电模式下操作时,人员不得进入安全防护区域。

(11)在开启自动模式前,所有暂时停用的安全功能必须恢复到正常的工作状态。

3. 提高任务

岗位任务：公司新购买了一批 IRB 120，准备新建一条工业机器人生产线，布置生产线时要求把机器人安全操作规范补充完整。请你把相关内容罗列出来。

步骤要求：按照表 1-1-4 所示指引，分步骤罗列安全操作规范。

表 1-1-4　工业机器人安全操作规范

序号	安全操作内容
1	工作人员穿工作服、绝缘鞋，戴安全帽
2	观察工业机器人操作环境
3	准备工业机器人安全标识
4	准备工业机器人安全围栏
5	检查工业机器人紧急停止装置

根据步骤要求，罗列安全操作规范：

4. 决策评估

方案决策单见表 1-1-5。

表 1-1-5　方案决策单

方案决策					
组别		组长		日期	
学习任务	工业机器人安全操作与防范措施				
岗位情景	工业机器人生产线安全规范				
方案 1 描述					
方案 2 描述					
方案 3 描述					

续表

评估决策					
序号	可行性	经济性	操作性	实施难度	方案等级评价
方案 1	□高 □低	□好 □差	□强 □弱	□高 □低	□优 □良 □中 □差
方案 2	□高 □低	□好 □差	□强 □弱	□高 □低	□优 □良 □中 □差
方案 3	□高 □低	□好 □差	□强 □弱	□高 □低	□优 □良 □中 □差
评价决策	综合评价				
	终选方案	□方案 1 □方案 2 □方案 3			

检查评价，总结反思

1. 学生自评

活动过程自评表见表 1-1-6。

表 1-1-6 活动过程自评表

班级		组名		日期	
序号	评价要素			分值	分数
1	了解工业机器人安全操作准则			10	
2	能识别工业机器人安全风险			20	
3	能简述工业机器人各操作过程中的安全注意事项			25	
4	能按照机器人操作规范进行操作			10	
5	能按要求穿戴作业服并佩戴安全帽			10	
6	能检查工业机器人的环境安全			25	
自评分数					
自我总结与反思					

2. 小组互评

活动过程小组互评表见表 1-1-7。

表 1-1-7 活动过程小组互评表

班级		被评组名		日期	
评价指标	评价要素			分值	分数
1	与教师、同学之间能够保持多向、丰富、适宜的信息交流			10	

续表

评价指标	评价要素	分值	分数
2	与教师、同学之间相互尊重、理解	10	
3	能处理好合作学习和独立思考之间的关系，做到有效学习	10	
4	能提出有意义的问题或能发表个人见解	20	
5	能按要点正确操作，能够倾听、协作、分享	20	
6	能发现问题、提出问题、分析问题、解决问题、创新问题	20	
7	能严肃、认真地对待自评，并能独立完成自测试题	10	
	互评分数		
简要评述			

3. 教师评价

教师评价表见表 1-1-8。

表 1-1-8　教师评价表

姓名		组别		日期	
序号	评分点	分值	评分标准	得分	
1	(1)表述仪态自然，吐字清晰	10	表述仪态不自然或吐字模糊酌情扣分		
	(2)表述思路清晰、层次分明、准确		表述思路模糊或层次不清酌情扣分		
2	(1)遵守规章制度、劳动纪律	10	不遵守酌情扣分		
	(2)理论知识回顾完整，分组分工明确		知识不完整、分工不明确酌情扣分		
3	(1)人身安全与设备安全	10	一处表述思路模糊或层次不清扣 1 分，扣完为止		
	(2)确定整体布局计划	10	一处步骤错误扣 1 分，扣完为止		
4	(1)了解工业机器人安全操作准则	10	每错一处扣 1 分，扣完为止		
	(2)能识别工业机器人安全风险	10	描述一步出错扣 1 分，扣完为止		
	(3)能简述工业机器人各操作过程中的安全注意事项	10	描述一步出错扣 1 分，扣完为止		
	(4)能按照机器人操作规范进行操作	10	每错一项扣 1 分，扣完为止		
	(5)最后结束时将工具恢复原位	10	每违反一项扣 1 分，扣完为止		
5	(1)依据自评分数	5			
	(2)依据个人总结评价报告	5			
	满分	100	得分		

4. 考核评价

工业机器人安全操作与防范措施考核任务

1-1-1 工业机器人安全操作与防范措施考核任务

姓名：________ 成绩：________ 考核时间：60 分钟

（1）工业机器人示教过程中的安全包括哪些内容？

（2）这个标识牌表示什么意思？

（3）工业机器人自动运行时应注意什么？

（4）若工业机器人起火，作为操作人员应怎么处理？

（5）学校因专业需求，新建了一个工业机器人实训室，安装了 6 个工作站，布置实训室时要求制定机器人安全操作规范。请你把相关内容罗列出来。（建议收电子版）

评分标准

序号	考核内容	标准	配分	得分
1	示教过程中的安全	（1）正确悬挂标识牌	5	
		（2）确认在围栏外	5	
		（3）确认机器人的运动范围	5	
		（4）确认机器人的运动速度	5	
2	自动运行时的安全	（1）悬挂标识牌	6	
		（2）确认机器人的运动范围	6	
		（3）身体不能进入机器人运动区域	8	
3	标识的含义	（1）描述准确，错一处扣 1 分	5	
		（2）正确使用，错一处扣 1 分	5	
4	设备起火的处理	（1）会使用合适的灭火器，错一处扣 1 分	5	
		（2）会应急处理，错一处扣 1 分	10	
5	安全操作规范	（1）描述准确，错一处扣 1 分	15	
		（2）项目齐全，漏一处扣 1 分	20	
合计				

5. 总结反思

任务实施完成后，学生需要根据实际情况，通过指导老师对实施情况的点评来分析自身的不足之处，寻找三个关键问题进行思考，填写表 1-1-9，做到及时的自查自省和总结。

表 1-1-9　总结反思问题记录表

序号	任务目标	存在的问题	解决的方法
1			
2			
3			

任务二　工业机器人系统组成

情景导入，任务发布

1. 学习情景

机器人本体主要包含机械部分和管线包部分。机器人系统一般由三大部分 6 个子系统组成。现有以 20 台 ABB 公司的 IRB 120 工业机器人为主体的操作与编程实训室，但由于实训室管理人员小李粗心，在整理实训室资料时，把该型号机器人资料中有关机械结构、系统组成部分图纸污损。请你根据机器人本体结构，查阅资料，重新绘制整理相关图纸并装订成册。

2. 任务分析

任务分析	
任务名称	工业机器人系统组成。
任务地位	正确识读机器人本体结构图、机器人系统框图，是保养维护工业机器人的基础。
任务流程	(1)识记工业机器人本体组成。 (2)了解工业机器人典型结构。 (3)识记工业机器人系统组成。 (4)绘制工业机器人系统示意图。 (5)小组讨论，得出最优本体结构图、系统组成示意图。

3. 目标要求

任务目标要求	
岗位要求	本任务要求工业机器人相关技术操作人员能认识工业机器人机械组成、能补全工业机器人系统组成框图。
课程目标	知识目标 (1)能认识机器人本体组成示意图。 (2)能描述 IRB 120 工业机器人机械结构。 (3)能口述 IRB 120 工业机器人系统组成。 技能目标 (1)能根据机械装配图及工艺指导文件,选择机械零部件并识别安装位置。 (2)能手绘 IRB 120 工业机器人机械结构思维导图。 (3)能手绘 IRB 120 工业机器人系统组成思维导图。 (4)能完成实训室图纸归档整理。 情感目标 (1)通过小组合作学习,培养学生的团队精神和爱岗敬业精神。 (2)通过自主探究式学习,培养学生的钻研精神。 (3)通过 8S 管理,提升学生职业素养和工匠精神。
证书技能要求	▶对应工业机器人 1+X 证书技能点(工业机器人操作与运维职业技能等级证初级和中级、工业机器人集成应用职业技能等级证中级) (1)能识读机械装配图,选择机械零部件并识别安装位置。 (2)能识读机器人工作站系统手册和维护保养手册。 (3)能根据工业机器人典型工作站工艺指导文件完成装配。

问题引导,自主学习

1. 引导问题

引导问题 1:工业机器人本体一般由哪几部分构成?
引导问题 2:工业机器人本体各个部分对应工业机器人哪个轴?
引导问题 3:如何绘制机器人机械部分组成思维导图?
引导问题 4:如何通过思维导图绘制六轴工业机器人系统?

2. 任务知识点

1)工业机器人的定义

美国机器人工业协会(RIA)将工业机器人定义为:一种用来搬运材料、零部件、工具等可重复编程的多功能操作器,或通过可改变程序来完成各种任务的特殊机械装置。

日本工业机器人协会(JIRA)将工业机器人定义为:一种装备有记忆装置和末端执行器的,能够转动并通过自动完成各种移动来代替人类劳动的通用机器。

1989 年我国国家标准草案中,工业机器人被定义为:一种自动定位控制,可重复编程、多功能的、多自由度的操作机。操作机被定义为:具有和人手臂相似的动作功能,可在空间抓取物体或进行其他操作的机械装置。

国际标准化组织(ISO)于 1984 年将工业机器人定义为:一种自动的、位置可控的、具有编程能力的多功能机械手。这种机械手具有几个轴,能够借助可编程的操作来处理各种材料、零件、工具和专用装置,以执行各种任务。

2)工业机器人的典型结构

(1)直角坐标工业机器人。

直角坐标工业机器人一般能在 2 或 3 个自由度下运动,如图 1-2-1 所示,每个运动自由度之间的空间夹角为直角。其可自动控制、重复编程,所有的运动均按程序运行。它一般由控制系统、驱动系统、机械系统、操作工具等组成,具有高可靠性、高速度和高精度的特点。

图 1-2-1　直角坐标工业机器人

(2)平面关节型工业机器人。

平面关节型工业机器人又称 SCARA(selective compliance assembly robot arm)机器人,如图 1-2-2 所示。SCARA 机器人有 3 个旋转关节,其轴线相互平行,可以在平面内进行定位和定向;另一个关节是移动关节,用于末端件在垂直于工作平面的方向上进行运动。此类机器人结构轻巧、响应快,比较适合 3C 电子产品中小规格零件的快速拾取、压装和插装作业。

SCARA 系统在 X 轴、Y 轴方向上具有顺从性,而在 Z 轴方向上具有良好的刚度,此特性特别适于装配工作,例如将一个圆头针插入一个圆孔,故 SCARA 系统首先大量用于装配印刷电路板和电子零部件。SCARA 系统的另一个特点是其串接的两杆结构,类似人的手臂,可以伸进有限空间中作业然后收回,适于搬动和取放物件,如集成电路板等。

(3)并联工业机器人。

并联工业机器人由动平台和静平台(定平台)通过至少两个独立的运动链相连接,具有两个及以上自由度,且是一种以并联方式驱动的闭环机构,如图 1-2-3 所示。其特点是:结构紧凑,刚度高,承载能力大;无累计误差,精度高;占用空间小;速度快,运动性能佳;部件磨损小,寿命长。根据这些特点,并联工业机器人在需要高刚度、高精度或者大载荷而无须很大工作空间的领域内得到了广泛应用。

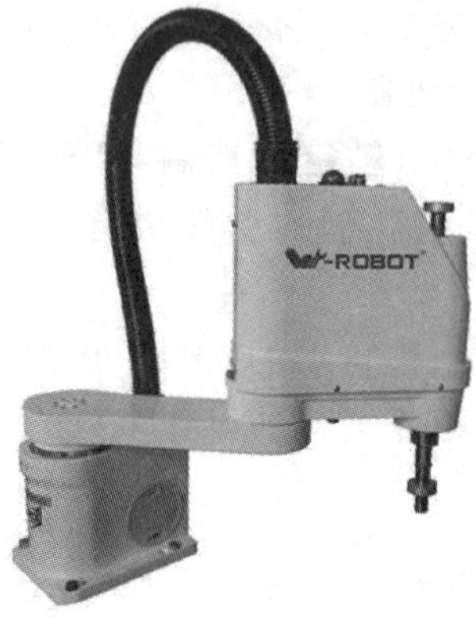

图 1-2-2　平面关节型工业机器人

图 1-2-3　并联工业机器人

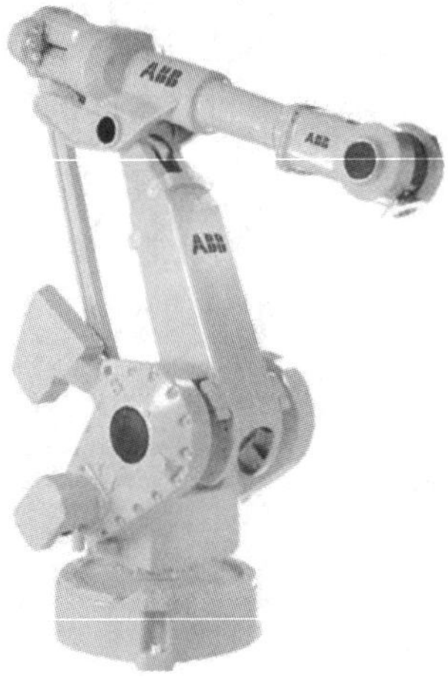

图 1-2-4　串联工业机器人

(4)串联工业机器人。

串联工业机器人是一种开式运动链机器人，由一系列连杆通过转动关节或移动关节串联形成。利用驱动器来驱动各个关节的运动从而带动连杆的相对运动，使机器人末端达到合适的位姿，如图 1-2-4 所示。

串联工业机器人有很高的自由度，适于几乎任何轨迹或角度的工作，可以自由编程，完成全自动化的工作。当前工业领域中，串联工业机器人数量最多，广泛用于喷漆、装配、搬运、焊接等。

(5)协作机器人。

协作机器人作为一种新型的工业机器人，扫除了人机协作的障碍，让机器人彻底摆脱护栏或围笼的束缚，使得机器人与人类可以在生产线上协同工作，充分发挥机器人的效率及人类的智能。这种机器人不仅性价比高，而且安全、方便，如图 1-2-5 所示。其特点有：生产过程中的灵活性最大；承接以前无法实现自动化且不符合人体工学的手动工序，减轻人员负担，降低受伤和感染危险，例如使用专用的人机协作型夹持器；高质量完成可重复的流程，而无须根据任务类型或工件另行投资其他机器人；采用内置的传感系统，提高生产率和降低设备复杂程度。

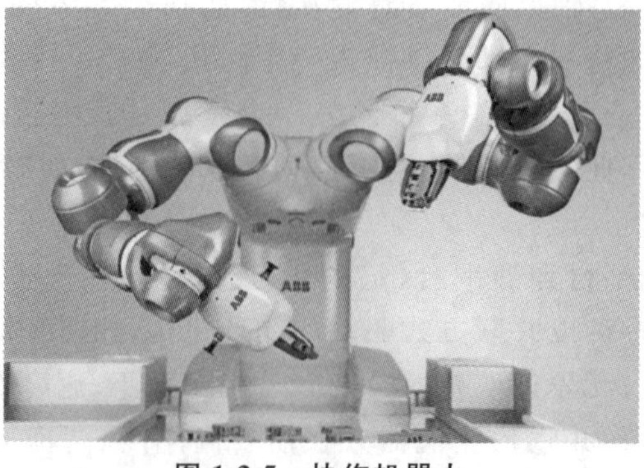

图 1-2-5　协作机器人

3）工业机器人本体的组成

工业机器人本体主要包含机械部分和管线包部分。管线包部分串接于本体内部，其主要由电机动力线、编码线、I/O 信号接口以及气管组成；机械部分则主要划分为四个小部分，分别为底座部分、大臂部分、小臂部分以及手腕部分，如图 1-2-6 所示。

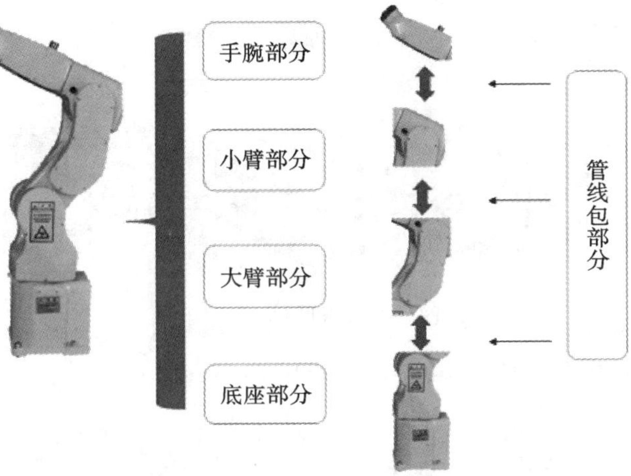

图 1-2-6　机器人本体组成示意图

(1)工业机器人本体机械部分的组成。

①底座部分。

六轴机器人底座部分主要由底座、转座、1 轴电机减速机、2 轴电机减速机以及盖板等其他零件组成，如图 1-2-7 所示。

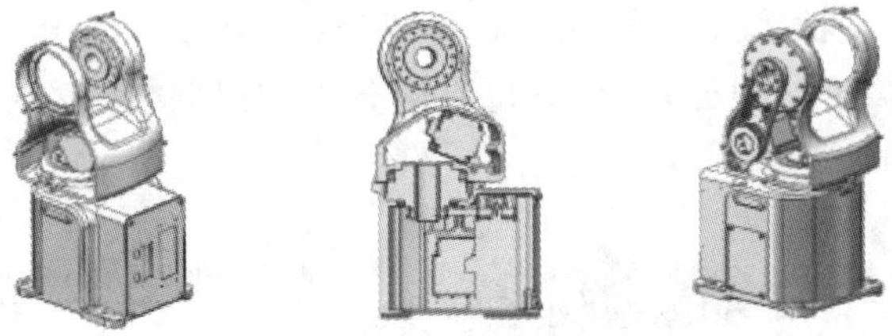

图 1-2-7　机器人底座部分

②大臂部分。

六轴机器人大臂部分主要由 3 轴电机减速机、大臂 1、大臂 2 以及盖板等其他零件组成，如图 1-2-8 所示。

③小臂部分。

六轴机器人小臂部分主要由 4 轴电机减速机、电机座、J4 电机过渡板以及盖板等其他零件组成，如图 1-2-9 所示。

④手腕部分。

六轴机器人手腕部分主要由 5 轴电机减速机、6 轴电机减速机、手腕连接体、手腕体 1、

图 1-2-8　机器人大臂部分

图 1-2-9　机器人小臂部分

手腕体 2 以及盖板等其他零件组成，如图 1-2-10 所示。

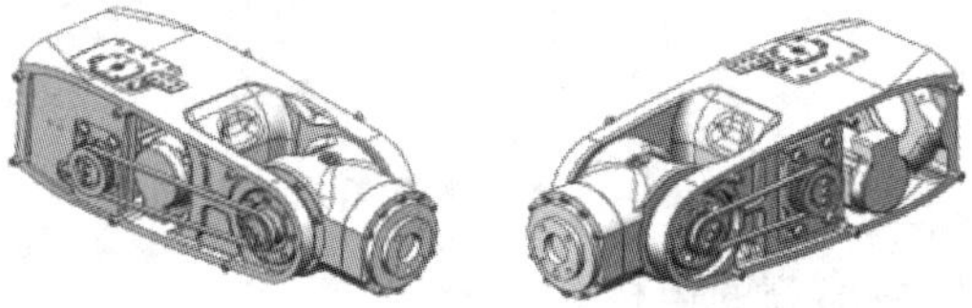

图 1-2-10　机器人手腕部分

（2）工业机器人本体管线包部分的组成。

工业机器人本体管线包部分主要由 1～6 轴伺服电机动力线、编码线、管线接头、I/O 信号接口线等组成。其从 4 轴接头处分为上下两部分：下部分有两分支分别接到 3 轴接头处和 2 轴接头处，最后汇接于航插处；上部分也有两分支，分别接于 5 轴接头处和 6 轴接头处，如图 1-2-11 所示。

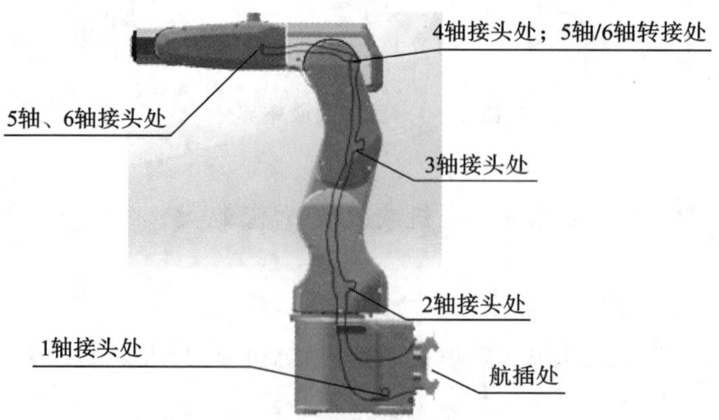

图 1-2-11　管线包部分示意图

3. 掌握新知

问题 1：工业机器人本体一般由哪几部分构成？将答案填入表 1-2-1 中。

表 1-2-1　机器人本体结构表

序号	名称	组成部件	备注
1			
2			
3			
4			

问题 2：根据机器人系统的组成结构，手绘 IRB 120 工业机器人组成思维导图。

问题 3：工业机器人特点知多少？

(1)直角坐标工业机器人的特点：

使用场景：

(2)平面关节型工业机器人的特点：

使用场景：

(3)并联工业机器人的特点：

使用场景：

(4)串联工业机器人的特点：

使用场景：

(5)协作机器人的特点：

使用场景：

知识库

※思维导图定义及特点

思维导图，英文是 mind mapping，又名心智导图，是表达发散性思维的有效图形思维工具，简单、有效、高效，具有实用性。

思维导图运用图文并重的技巧，把各级主题的关系用相互隶属与相关的层级图表现出来，把主题关键词与图像、颜色等建立记忆链接。

思维导图是一种将思维形象化的方法。我们知道放射性思考是人类大脑的自然思考方式，进入大脑的资料，不论是感觉、记忆，还是想法，包括文字、数字、符码、香气、食物、线条、颜色、意象、节奏、音符等，都可以成为一个思考中心，并由此中心向外发散出成千上万的关节点。

每一个关节点代表与中心主题的一个联结，而每一个联结又可以成为另一个中心主题，再向外发散出成千上万的关节点，呈现出放射性立体结构，而这些关节的联结可以视为人的记忆，就如同大脑中的神经元一样互相连接，也就是个人数据库。

例如，以“思维导图用途”为例做的思维导图，如图 1-2-12 所示。

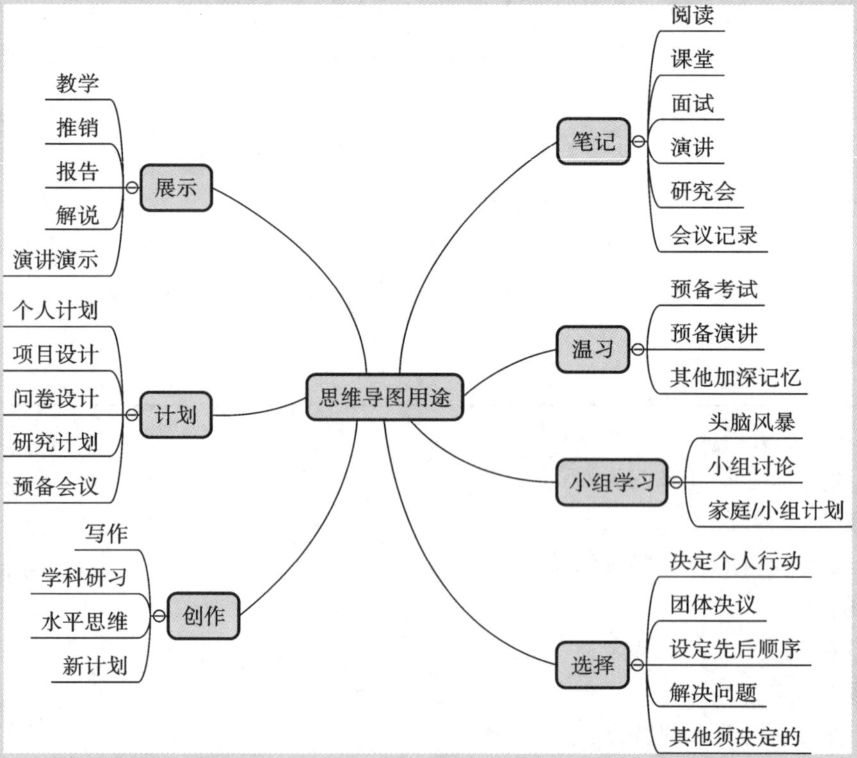

图 1-2-12 “思维导图用途”的思维导图

※工业机器人系统组成

工业机器人主要由三大部分6个子系统组成。

机械部分：用于实现各种动作，包含机械结构系统和驱动系统。

传感部分：用于感知内部和外部信息，包含感受系统和机器人-环境交互系统。

控制部分：控制机器人完成各种动作，包含人机交互系统和控制系统。

1. 驱动系统

工业机器人的驱动系统是向机械结构系统提供动力的装置，包含驱动器和传动机构两部分，通常与执行机构连成机器人本体。根据动力源不同，驱动器通常分为以下三类。

电机驱动：直流伺服电机、步进电机、交流伺服电机。

液压驱动：液压马达、液压缸。

气压驱动：气压马达、气缸。

传动机构通常有连杆机构、滚动丝杆、同步带、链条、齿轮系、谐波减速器、RV减速器等。

2. 机械结构系统

工业机器人是一种为完成各种运动的机械部件。机械结构系统由骨骼（杆件）和连接它们的关节（运动副）构成，具有多个自由度，主要包括手部、腕部、臂部、机身、机座等部件。

3. 控制系统

控制系统的任务是根据机器人的作业指令以及从传感器反馈回来的信号，支配机器人的执行机构去完成规定的运动和功能。工业机器人的控制系统一般由控制计算机和伺服控制器组成。控制计算机不仅发出指令，同时协调各关节驱动之间的运动，同时要完成编程、示教/再现，在其他环境状态（传感器信息）、工艺要求、外部相关设备（如视觉模块、螺丝机、码垛单元等）之间传递信息和协调工作。伺服控制器控制各个关节的驱动器，使各连杆按一定的速度、加速度和位置要求进行运动。

4. 感受系统

感受系统把机器人各种内部状态信息和环境信息从信号转变为机器人自身或者机器人之间能够理解和应用的数据和信息，除了需要感知与自身工作状态相关的机械量，如位移、速度和力等，还将视觉信息作为反馈信号，用于控制调整机器人的位置和姿态。感受系统还在质量检测、识别工件、食品分拣、包装的各个方面得到了广泛应用。感受系统由内部传感器模块和外部传感器模块组成，智能传感器的使用提高了机器人的机动性、适应性和智能化水平。

5. 机器人-环境交互系统

机器人-环境交互系统是实现机器人与外部环境中的设备相互联系和协调的系统。机器人与外部设备集成为一个功能单元，如加工制造单元、焊接单元、装配单元等。当然，也可以是多台机器人集成为一个执行复杂任务的功能单元。

6. 人机交互系统

人机交互系统是指操作人员参与机器人控制，并与机器人进行联系的装置。例如：计算机的标准终端、指令控制台、信息显示板、危险信号报警器等。

协作探究，实施展示

任务指引：开展小组内讨论，每个同学对小组任务进行讨论分析，组长综合每位同学的意见，确定小组讨论后最终答案，每组派 1 位同学展示或陈述小组结论。

1. 小组组建

小组分工表见表 1-2-2。

表 1-2-2　小组分工表

班级		组名	
组长		学号	
组员	姓名	学号	分工

2. 基础任务

任务 1：工业机器人组成框图如图 1-2-13 所示，请根据工业机器人系统组成，在框图的点画线外补充填写工业机器人三大部分名称，完成对应子系统的知识点归纳，最后根据系统的逻辑关系，补充画出指向箭号线，箭号线要能反映各个系统之间的逻辑联系。

任务 2：对照实训室 ABB 工业机器人本体，在图 1-2-14 中填写 ABB 工业机器人各轴名称。

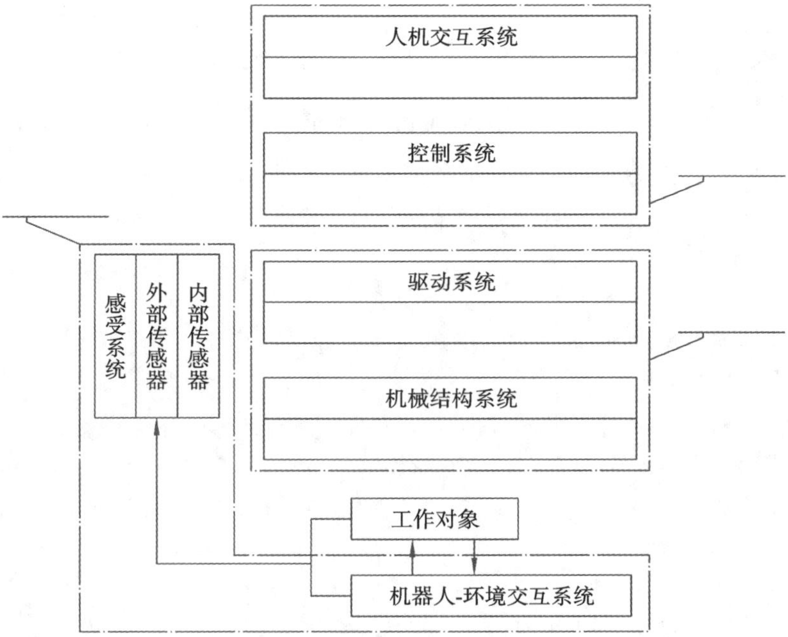

图 1-2-13　工业机器人组成框图

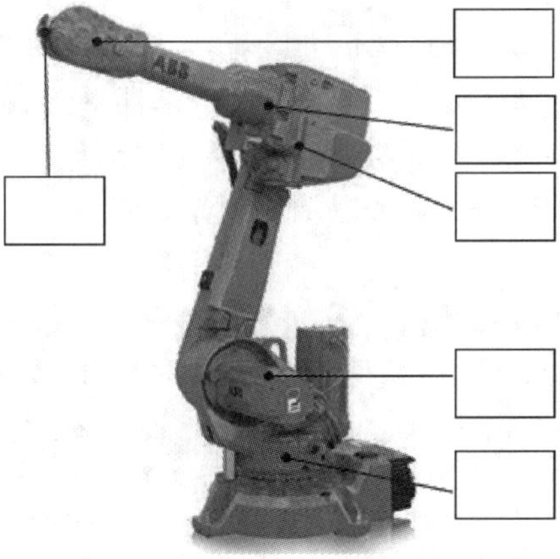

图 1-2-14　ABB 工业机器人本体

任务 3:手绘工业机器人系统结构思维导图

知识拓展卡

工业机器人执行机构

执行机构也叫本体，是机器人赖以完成工作任务的实体，通常由一系列连杆、关节或其他形式的运动副组成。从功能的角度其可分为手部、腕部、臂部、腰部和机座。

1. 手部

工业机器人的手部也叫作末端执行器，是装在机器人手腕上直接抓握工件或执行作业的部件，手部是决定机器人作业质量的关键部件之一。

手部可以像人手那样具备手指，也可以不具备手指；可以是类似人的手爪，也可以是进行某种作业的专用工具，比如机器人手腕上的焊枪、油漆喷头等。不同手部的工作原理不同，结构形式各异，常用的手部按其夹持原理的不同可分为机械式、磁力式和真空式三种。

2. 腕部

工业机器人的腕部是连接手部和臂部的部件，起支撑手部的作用。机器人一般具有六个自由度才能使手部达到目标位置和处于期望的姿态。腕部的自由度主要负责实现期望的姿态，并扩大臂部运动范围。腕部按自由度个数可分为单自由度腕部、二自由度腕部和三自由度腕部。腕部实际所需要的自由度数目应根据机器人的工作性能要求来确定。在有些情况下，腕部具有两个自由度：翻转和俯转或翻转和偏转。有些专用机器人没有腕部，而是直接将手部安装在本体的前端；有的腕部为了满足特殊要求还有横向移动自由度。

3. 臂部

工业机器人的臂部是连接腰部和腕部的部件，用来支撑腕部和手部，实现较大运动范围，一般由大臂、小臂（或多臂）组成。臂部总质量较大，受力一般比较复杂，在运动时，直接承受腕部、手部和工件的静、动载荷，尤其在高速运动时，将产生较大的惯性力（或惯性矩），引起冲击，影响定位精度。

4. 腰部

腰部是连接臂部和机座的部件，通常是回转部件。它的回转加上臂部的运动，就能使腕部做空间运动。腰部是执行机构的关键部件，它的制作误差、运动精度和平稳性对机器人的定位精度有决定性的影响。

5. 机座

机座也叫底座，是整个机器人的支撑部分，有固定式和移动式两类。移动式机座用来扩大机器人的活动范围，有的是专门的行走装置，有的是轨道、滚轮机构。机座必须有足够的刚度和稳定性。

知识拓展卡

工业机器人技术参数

机器人的技术参数反映了机器人可胜任的工作、具有的最好操作性能等情况，是设计、应用机器人必须考虑的方面。工业机器人不同，技术参数也有所不同，工业机器人的主要技术参数有：自由度、定位精度和重复定位精度、工作范围、最大工作速度以及承载能力等。实训室 ABB IRB 120 工业机器人的主要技术参数见表1-2-3。

表 1-2-3　IRB 120 工业机器人技术参数

型号	IRB 120-3/0.6	
项目	技术参数	
控制轴	6 个	
有效载荷	3 kg	
手臂荷重	0.3 kg	
工作范围	580 mm	
轴运动	工作范围	最大速度
轴 1 旋转	−165°～+165°	250°/s
轴 2 手臂	−110°～+110°	250°/s
轴 3 手臂	−90°～+70°	250°/s
轴 4 手腕	−160°～+160°	320°/s
轴 5 弯曲	−120°～+120°	320°/s
轴 6 翻转	−400°～+400°	420°/s
重量	25 kg	
重复定位精度	0.01 mm	

1. 自由度

机器人的自由度是指确定机器人手部在空间的位置和姿态时所需要的独立运动参数的数目。手指的开、合，以及手指关节的自由度一般不包括在内。

2. 关节

关节即运动副，允许机器人手臂各零件之间发生相对运动的机构。

3. 工作空间

机器人手臂或手部安装点所能达到的所有空间区域。其形状取决于机器人的自由度与各运动关节的类型和配置。机器人的工作空间通常用图解法和解析法两种方法表示。

4. 工作速度

工作速度是指机器人在工作载荷条件下匀速运动过程中，机械接口中心或工具中心点在单位时间内所移动的距离或转动的角度。

5. 工作载荷

工作载荷是指机器人在工作范围内任何位置上所能承受的最大负载，一般用质量、力矩、惯性矩表示。其与运行速度和加速度的大小、方向有关，一般规定高速运行时所能抓取的工件质量作为承载能力指标。

6. 分辨率

分辨率是指能够实现的最小移动距离或最小转动角度。

7. 定位精度

定位精度也称绝对精度，指机器人末端参考点实际到达的位置与所需要到达的理想位置之间的差距。该指标对于非重复型的任务非常重要，与机器人制造工艺、驱动器的分辨率和反馈装置有关。

8. 重复性或重复定位精度

重复性或重复定位精度是指机器人重复到达某一目标位置的差异程度，或在相同的位置指令下，机器人连续重复若干次其位置的分散情况，它是衡量一系列误差值密集程度的指标，即重复度。

3. 提高任务

岗位任务：学校新组建了工业机器人实训室，设备以 ABB 公司 IRB 120 机器人为主体，需要在实训室喷绘文化墙，请你以我校工业机器人实训室内墙为参照罗列设计文化墙内容，包括机器人分类、机器人机械结构名称及其主要功能、工业机器人参数等内容，并分类做出以上内容的初稿。

步骤要求：按照表 1-2-4 所示指引，准备本子和水笔，分类罗列设计实训室文化墙内容。

表 1-2-4　工业机器人实训室文化墙工作过程指引

序号	工作内容
1	准备文具和必要的参考书目
2	测量实训室内墙面积，确定文化墙张贴画数目
3	罗列机器人分类内容
4	罗列机器人机械结构名称及其主要功能内容
5	罗列工业机器人参数内容
6	按照面积分布，排列文化墙内容

前期准备：

(1)必要的文具、参考书目；

(2)卷尺工具;

(3)测量过程中,需要爬高时要做好安全防护。

根据实训室文化墙内容确定过程,写出遇到的问题,并对你在本任务中的参与和表现进行总结:

4. 决策评估

方案决策单见表 1-2-5。

表 1-2-5　方案决策单

方案决策					
组别		组长		日期	
学习任务	工业机器人系统组成				
岗位情景	工业机器人实训室日常检查归档				
方案 1 描述					
方案 2 描述					
方案 3 描述					
评估决策					
序号	可行性	经济性	操作性	实施难度	方案等级评价
方案 1	□高 □低	□好 □差	□强 □弱	□高 □低	□优 □良 □中 □差
方案 2	□高 □低	□好 □差	□强 □弱	□高 □低	□优 □良 □中 □差
方案 3	□高 □低	□好 □差	□强 □弱	□高 □低	□优 □良 □中 □差
评价决策	综合评价				
	终选方案	□方案 1　□方案 2　□方案 3			

检查评价，总结反思

1. 学生自评

活动过程自评表见表 1-2-6。

表 1-2-6　活动过程自评表

班级		组名		日期	
序号	评价要素			分值	分数
1	能了解并熟知工业机器人系统组成			10	
2	能以思维导图画出工业机器人系统组成			10	
3	能认识并分辨出工业机器人本体组成			10	
4	能够简单描述工业机器人主要技术参数			10	
5	能够熟知并确定实训室文化墙内容			30	
6	能够把工业机器人系统知识整理成文化墙宣传图			30	
自评分数					
自我总结与反思					

2. 小组互评

活动过程小组互评表见表 1-2-7。

表 1-2-7　活动过程小组互评表

班级		被评组名		日期	
评价指标	评价要素			分值	分数
1	与教师、同学之间能够保持多向、丰富、适宜的信息交流			10	
2	与教师、同学之间相互尊重、理解			10	
3	能处理好合作学习和独立思考之间的关系，做到有效学习			10	
4	能提出有意义的问题或能发表个人见解			20	
5	能按要点正确操作，能够倾听、协作、分享			20	
6	能发现问题、提出问题、分析问题、解决问题、创新问题			20	
7	能严肃、认真地对待自评，并能独立完成自测试题			10	
互评分数					
简要评述					

3. 教师评价

教师评价表见表 1-2-8。

表 1-2-8　教师评价表

姓名		组别	日期	
序号	评分点	分值	评分标准	得分
1	(1)表述仪态自然，吐字清晰	10	表述仪态不自然或吐字模糊酌情扣分	
	(2)表述思路清晰、层次分明、准确		表述思路模糊或层次不清酌情扣分	
2	(1)分析工业机器人系统组成准确	10	分析不准确酌情扣分	
	(2)理论知识回顾完整，分组分工明确		知识不完整、分工不明确酌情扣分	
3	(1)完成思维导图、框图	10	一处表述思路模糊或层次不清扣 1 分，扣完为止	
	(2)确定整体文化墙计划	20	一处步骤错误扣 1 分，扣完为止	
4	(1)文化墙内容完整充实	20	每漏一项扣 1 分，扣完为止	
	(2)文化墙粘贴画数目正确	10	实操期间缺失一张扣 1 分，扣完为止	
	(3)完成后实训室清理、整理到位	10	每违反一项扣 1 分，扣完为止	
5	(1)依据自评分数	5		
	(2)依据个人总结评价报告	5		
	满分	100	得分	

4. 考核评价

工业机器人系统组成考核任务

1-2-1　工业机器人系统组成考核任务

姓名：＿＿＿＿＿＿　成绩：＿＿＿＿＿＿　考核时间：60 分钟

(1)工业机器人典型结构有哪些？

(2)以思维导图形式画出工业机器人本体组成图。

(3)以思维导图形式画出工业机器人系统组成图。

(4)至少列举 3 个 IRB 120 工业机器人技术参数，并进行解释。

(5)现要定制一批工业机器人实训室窗帘，窗帘图案包含工业机器人安全操作规范、机器人组成等内容，请你设计两张窗帘图案，窗帘尺寸为 2200 mm×2000 mm(设计中注意比例，建议收电子版)。

评分标准

序号	考核内容	标准	配分	得分
1	工业机器人典型结构	(1)典型结构至少 4 种，每少一种扣 2 分	8	
		(2)典型结构名称正确，错一个扣 1 分	4	
		(3)每类机器人有核心特点简介，缺失一类扣 1.5 分	6	

续表

序号	考核内容	标准	配分	得分
2	机器人本体组成	(1)思维导图画法合理,分类正确	3	
		(2)机器人本体结构全,每缺一项扣1.5分	6	
3	工业机器人系统组成图	(1)思维导图画法合理,分类正确	3	
		(2)机器人系统组成全,每少一项扣1.5分	9	
		(3)机器人系统子分类明确合理	3	
4	IRB 120 技术参数	(1)不满三个,每少一个扣2分	6	
		(2)参数解释合理正确,每错一处扣3分	9	
5	窗帘设计	(1)比例合适	10	
		(2)图案内容正确、健康,符合专业规范	15	
		(3)内容包含机器人本体组成、系统结构、IRB 120 机器人技术参数等	18	
合计得分				

5. 总结反思

任务实施完成后,学生需要根据实际情况,通过指导老师对实施情况的点评来分析自身的不足之处,寻找三个关键问题进行思考,填写表1-2-9,做到及时的自查自省和总结。

表1-2-9　总结反思问题记录表

序号	任务目标	存在的问题	解决的方法
1			
2			
3			

任务三　工业机器人操作与运行

情景导入,任务发布

1. 学习情景

工业机器人越来越多地应用于工业现场码垛搬运、喷漆作业、焊接加工等各个方面,工业机器人通过示教编程实现各类复杂任务，而点位示教的基础就是工业机器人手动操作。现学校组建了一个新的工业机器人操作与编程实训室，该实训室设置 20 台 ABB 公司 IRB 120 六轴工业机器人（见图 1-3-1），供应商刚刚完成 20 台机器人装配调试，为了完成实训室项目验收，请你和你的小组对 20 台工业机器人进行验收，验收项目包含工业机器人启动和关闭操作；手动操作工业机器人完成典型工具快换，依次检查机器人气路连接情况。请你和你的小组在 8 个小时内完成所有工作任务。

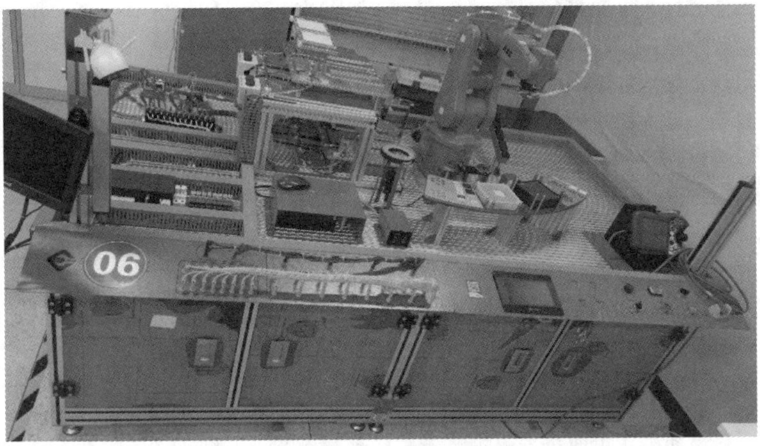

图 1-3-1　工业机器人 PCB（印刷电路板）异形插件工作站

2. 任务分析

任务分析	
任务名称	工业机器人操作与运行。
任务地位	正确操作机器人，是工业机器人编程的基础。
任务流程	（1）开启工业机器人，观看机器人开机过程。 （2）手动操作机器人完成典型工具快换，检测机器人气路连接是否正常。 （3）以轴运动、线性运动、重定位运动三种方式操纵机器人，体验不同运行方式。 （4）关闭工业机器人。 （5）小组讨论，得出最佳校准方案，总结机器人操作步骤。

3. 目标要求

任务目标要求	
岗位要求	本任务要求工业机器人相关技术操作人员能正常开启与关闭机器人、能操作机器人进行轴运动、线性运动与重定位运动。

续表

任务目标要求	
课程目标	知识目标 (1)能认识工业机器人工作站上电源按钮。 (2)能认识工业机器人控制箱上各个图标的含义。 (3)能正确开启与关闭工业机器人。 (4)能通过手动快换完成机器人典型工具的安装。 技能目标 (1)能正确地开启和关闭工业机器人。 (2)能手动操作机器人实现典型工具的快换及检测机器人气路连接情况。 (3)会以轴运动、线性运动、重定位运动三种方式操纵机器人运动。 情感目标 (1)通过小组合作学习,培养学生的团队精神和爱岗敬业精神。 (2)通过自主探究式学习,培养学生的钻研精神。 (3)通过 8S 管理,提升学生职业素养和工匠精神。
证书技能要求	▶对应工业机器人 1+X 证书技能点(工业机器人装调职业技能等级证中级、工业机器人集成应用职业技能等级证中级) (1)能手动操作工业机器人进行单轴运动、线性运动。 (2)能手动设定工业机器人运动速度,并能切换手动运动模式。 (3)能正确使用功能键按钮与使能器按钮。 (4)能操作工业机器人原点校对。 (5)能判断工业机器人断电、减速器更换等五种需要原点校对的状况。

问题引导,自主学习

1. 引导问题

引导问题 1:如何开启工业机器人工作站?
引导问题 2:工业机器人控制柜上有哪些按钮或者旋钮?
引导问题 3:ABB 工业机器人示教器知识知多少?
引导问题 4:工业机器人有几种运行方式,分别是什么?
引导问题 5:工业机器人工作站中典型的工具有哪些,分别用于什么工作任务?

2. 任务知识点

1-3-1 工业机器人轴运动

1)工业机器人的单轴运动

六轴工业机器人本体有 6 个关节轴,如图 1-3-2 所示。机器人通过 6 个伺服电动机分别驱动机器人 6 个关节轴,每个轴是可以单独运动的,且每个轴都有一个规定的运动正方向,机器人各关节轴的运动方向如图 1-3-3 所示,在工业机器人出厂时,对各关节轴的机械原点都进行了设定，并且在机器人本体 6 个关节轴上都同步做了标记，该原点作为各关节轴运动的基准。机器人的关节坐标系是各关节独立运动时的参考坐标系，以各关节轴的机械原点和规定的运动方向为基准。

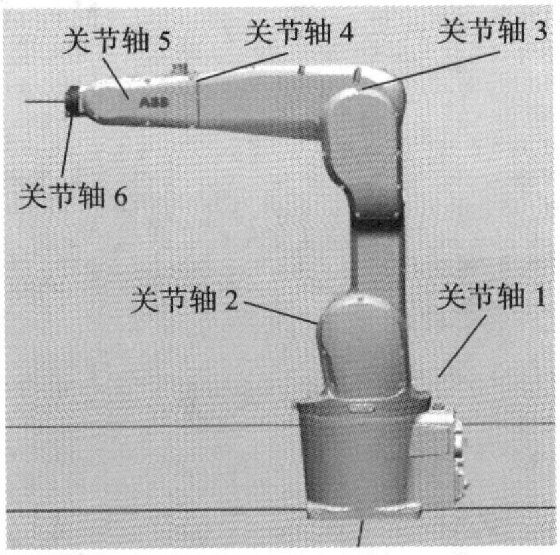

图 1-3-2　工业机器人六个关节轴示意图

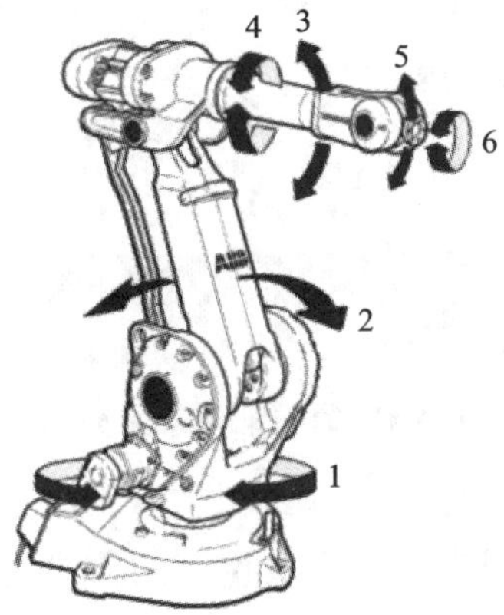

图 1-3-3　各关节轴的运动方向示意图

要想实现机器人的单轴运动，需要在示教器主页面选择“手动操纵”，如图 1-3-4 所示，在“手动操纵”界面的“动作模式”中选择对应的轴，如图 1-3-5 所示，在 ABB 工业机器人“单轴运动”模式中，轴 1～轴 3 一组，轴 4～轴 6 一组，如图 1-3-6 所示，选择好运动轴之后，操纵示教器的手动操纵杆，就可以实现机器人的单轴运动，同时可以在示教器上观察操纵杆方向（见图 1-3-7）和实际机器人轴的运动方向是否相同。

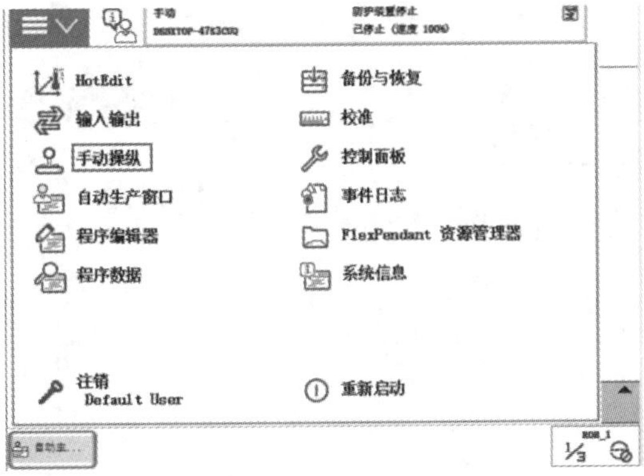

图 1-3-4　“手动操纵”选择

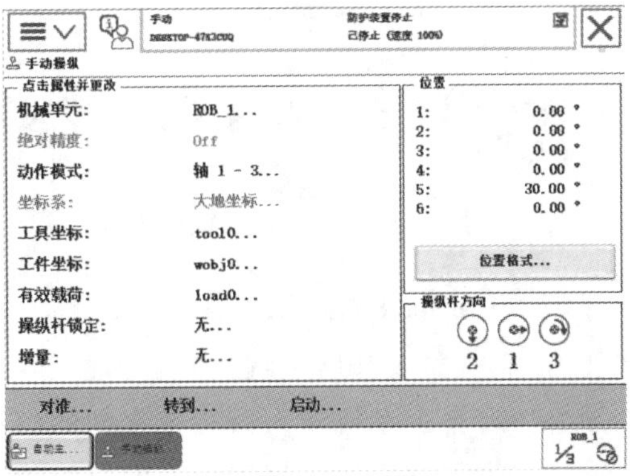

图 1-3-5　“动作模式”选择

2）工业机器人线性运动和重定位运动

1-3-2　工业机器人线性运动

机器人的线性运动是指 TCP（工具中心点）在空间中沿着坐标轴做线性运动，当需要 TCP 在直线上运动时，选择线性运动最为快捷方便。

机器人的线性运动方式选择同单轴运动，只是在“选择动作模式”中选择“线性”，如图1-3-8所示。

机器人的重定位运动是指 TCP 在空间中围绕着坐标轴做旋转运动，也可以理解为机器人绕着 TCP 做姿态调整运动。所以机器人在某一平面上进行姿态调整时，选择重定位运动

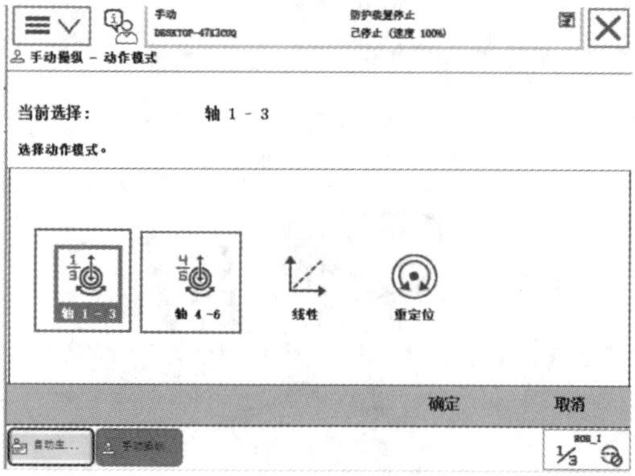

图1-3-6　轴1～轴3、轴4～轴6的单轴运动选择

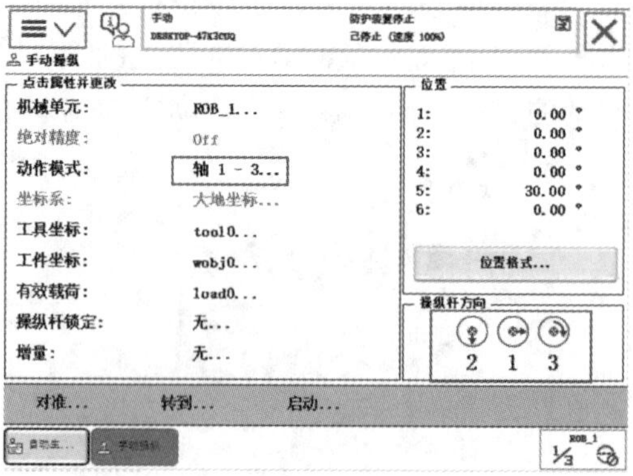

图1-3-7　操纵杆方向

最为快捷方便。

机器人的重定位运动方式选择同单轴运动，只是在“选择动作模式”中选择“重定位”，如图1-3-9所示。

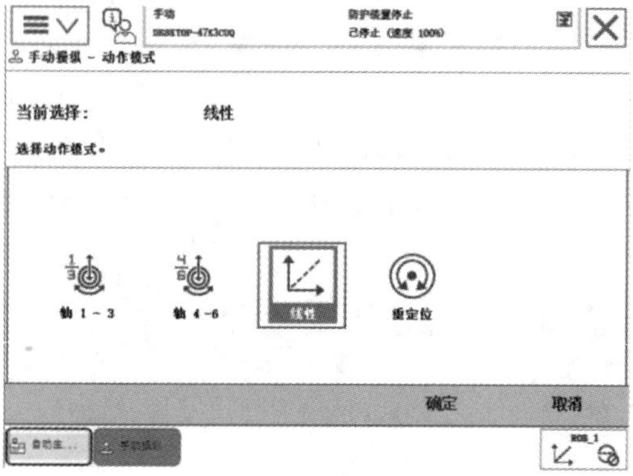

图1-3-8　线性运动模式

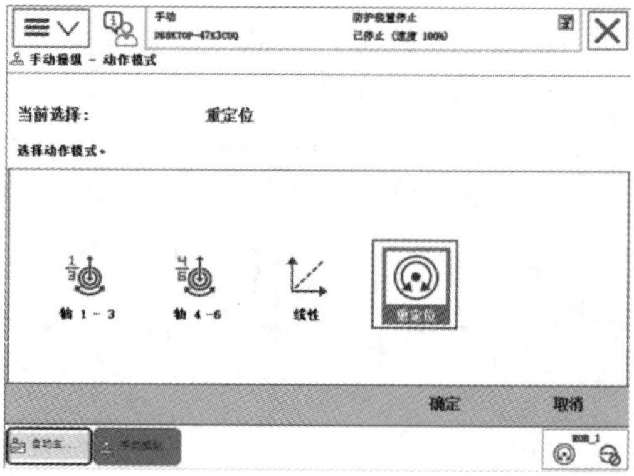

图1-3-9　重定位运动模式

3）**工业机器人开启操作**

工业机器人开启过程如下：

(1)合上工业机器人所在工作站的电源；

(2)把工业机器人控制柜上的电源旋钮扭到ON位置；

(3)等待机器人启动，示教器画面全部点亮后，机器人的启动完成。

4）**工业机器人关闭操作**

工业机器人关闭过程如下：

(1)关闭前先确保工业机器人末端法兰上的快换工具取下；

(2)单击示教器左上角的“主菜单”，然后单击“重新启动”；

(3)在示教器弹出的界面，单击左下角的“高级...”按钮；

(4)在“高级重启”界面中选择“关闭计算机”，然后选择“下一个”；

(5)等待示教器屏幕显示“controller has shut down”后，在控制柜上将电源开关由ON

位置旋转到 OFF 位置，工业机器人彻底关闭。

3. 掌握新知

问题 1：看图 1-3-10，查阅 ABB 工业机器人手册，将工业机器人控制柜上按钮的功能补充完整。

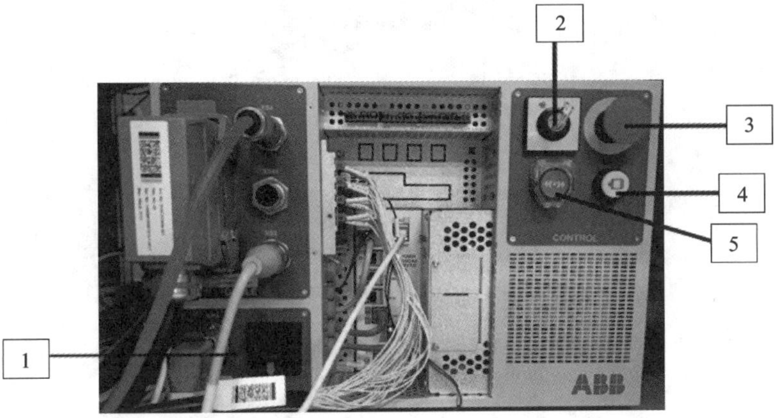

图 1-3-10　ABB 工业机器人控制柜

(1)电源开关：

(2)模式开关：

(3)紧急停止按钮：

(4)上电按钮：

(5)制动抱闸释放按钮：

问题 2：看图 1-3-11，查阅 ABB 工业机器人手册，补充 ABB 工业机器人示教器上的按钮含义。

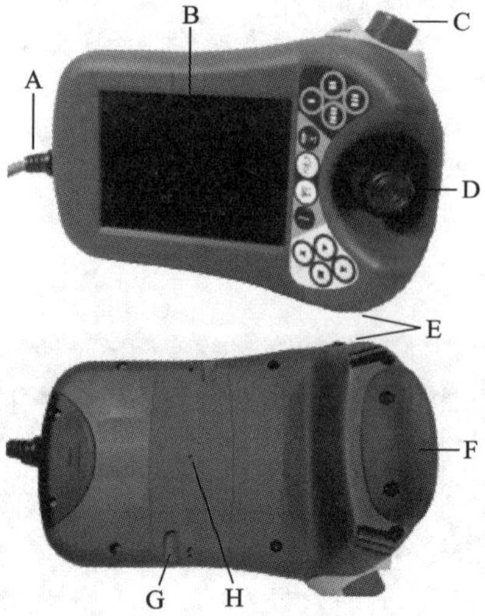

图 1-3-11　ABB 工业机器人示教器

A:连接电缆。

B:__________。

C:__________。

D:__________。

E:USB 端口。

F:__________。

G:触摸屏用笔。

H:示教器复位按钮。

问题 3:工业机器人运动知多少?

(1)工业机器人轴运动是指____。

(2)工业机器人线性运动是指____。

(3)工业机器人重定位运动是指____。

问题 4:看图 1-3-12,查阅工业机器人相关手册,工业机器人典型工具有哪些,名称分别是什么,用于哪些工作任务?

(1)图 1-3-12 中,1 号工具的名称是______________________________,

通常用于____。

(2)图 1-3-12 中,2 号工具的名称是______________________________,

通常用于____。

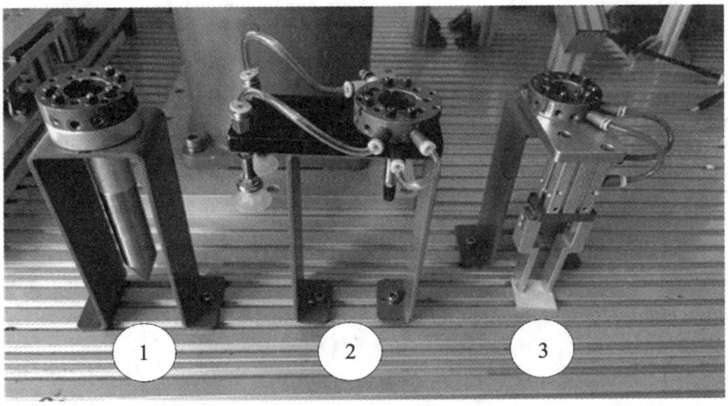

图 1-3-12　工业机器人工作站典型工具

(3)图 1-3-12 中,3 号工具的名称是________________________________,
通常用于____。

知识库

※使能器按钮的作用

使能器按钮是工业机器人为保证操作人员人身安全而设置的。只有在按下使能器按钮,并保持"电机开启"的状态时,才可对机器人进行手动操作与程序调试。当发生危险时,人会本能地将使能器按钮松开或按紧,此时机器人会马上停下来,保证安全。

如图 1-3-13 所示,操作者应用左手的四个手指按住使能器按钮进行操作,用右手进行屏幕和操纵摇杆操作。

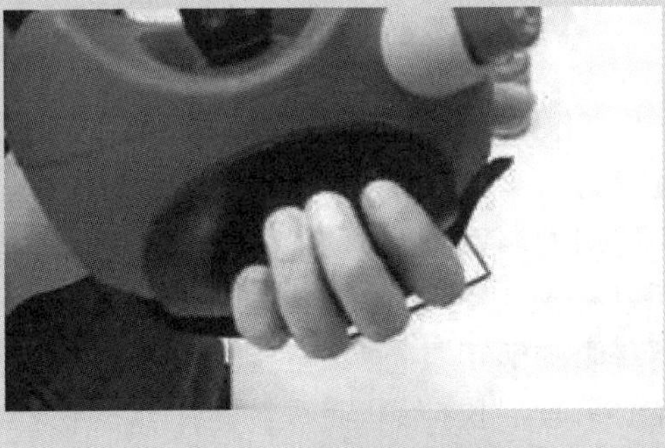

图 1-3-13　使能器按钮握姿

协作探究,实施展示

任务指引:开展小组内讨论,每个同学对小组任务进行讨论分析,组长综合每位同学的意见,确定小组讨论后最终答案,每组派 1 位同学展示或陈述小组结论。

1. 小组组建

小组分工表见表 1-3-1。

表 1-3-1　小组分工表

班级		组名	
组长		学号	
组员	姓名	学号	分工

2. 基础任务

任务 1:完成 ABB IRB 120 工业机器人启动操作。

目标 1:在机器人工作站上方找到控制柜电源旋钮,旋转到 ON 位置。

(1)机器人工作站电源是如何接入控制柜的?

____

____。

(2)为了机器人工作站设备安全,必须要接地吗?请你思考如何检测设备已接地。

____

____。

目标 2:打开工业机器人工作站电气控制柜柜门,合上电源开关对应的断路器。

(1)该工作站使用的电压为______________________________。

(2)该工作站电源开关使用的断路器型号是__________,最大分断电流是__________。

任务 2:看图 1-3-12,手动完成工具的拾取,并检查机器人气路连接情况。

目标:手动从工具架上拿取胶笔工具,使法兰上的凹槽和胶笔上的凹槽对准,如图1-3-14所示,然后按下事先设置好的示教器快捷键,完成胶笔工具的快换安装。

(1)除了设置快捷键确保法兰和胶笔吸合到一起,还可以直接在电磁阀上操作,一般是按下电磁阀上的__________。

(2)再次从工具架上拿取夹爪工具和吸盘工具,分别测试夹爪吸合和大、小吸盘是否能吸取码垛块和芯片。在阀岛上直接按下对应的电磁阀(见图 1-3-15),观察快换、夹爪、大吸盘和小吸盘功能是否完整。

检查结果填写在表 1-3-2 中。

图 1-3-14　手动拿取胶笔工具

图 1-3-15　电磁阀阀岛

表 1-3-2　工具动作与气路检查结果表

检查项目	动作（合、开、吸、释放）	气路连接
夹爪		
大吸盘		
小吸盘		

知识拓展卡

二位五通电磁阀的结构

二位五通电磁阀是用来控制流体的自动化基础元件，属于执行器；并不限于液压控制，也可用于气动控制。电磁阀用于控制液压或压缩空气的流动方向，重型机械装置一般由液压缸控制，3C 企业大多使用压缩空气。图 1-3-16 所示为二位五通单电控电磁阀结构。

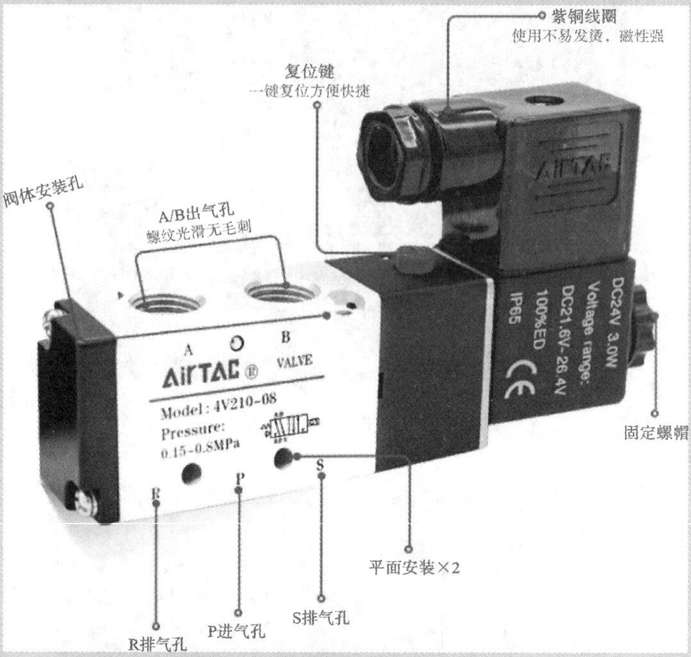

图 1-3-16　二位五通单电控电磁阀结构

电磁阀的工作原理：电磁阀里有密闭的腔，在腔的不同位置开有通孔，每个孔都通向不同的气管，腔中间是活塞，腔的两面是两块电磁铁，哪面的磁铁线圈通电，阀体就会被吸引到哪边，通过控制阀体的移动来挡住或露出不同的排气孔，而进气孔是常开的，压缩空气就会进入不同的排气管，然后通过压缩空气的压力来推动气缸的活塞，活塞又带动活塞杆，活塞杆带动机械装置运动。这样通过控制电磁铁的电流就能控制机械运动。

知识拓展卡

工业机器人气路图

工业机器人通过末端法兰盘，以工装夹具把典型工具连接起来，通过电磁阀来控制末端工具完成对应的动作。本书所涉及的所有操作基于北京华航唯实机器人科技股份有限公司的工业机器人 PCB 异形插件工作站 DS-01，图 1-3-17 所示为工作站中 IRB 120 机器人气路图。

气路的核心部件是二位五通电磁阀，其中夹爪和快换气路直接通过机器人本体中机座后方的气路进入机器人本体，从本体小臂四轴气孔出，再次接入法兰盘，从而控制工具的快速安装和卸下，以及夹爪的夹紧和放松状态。

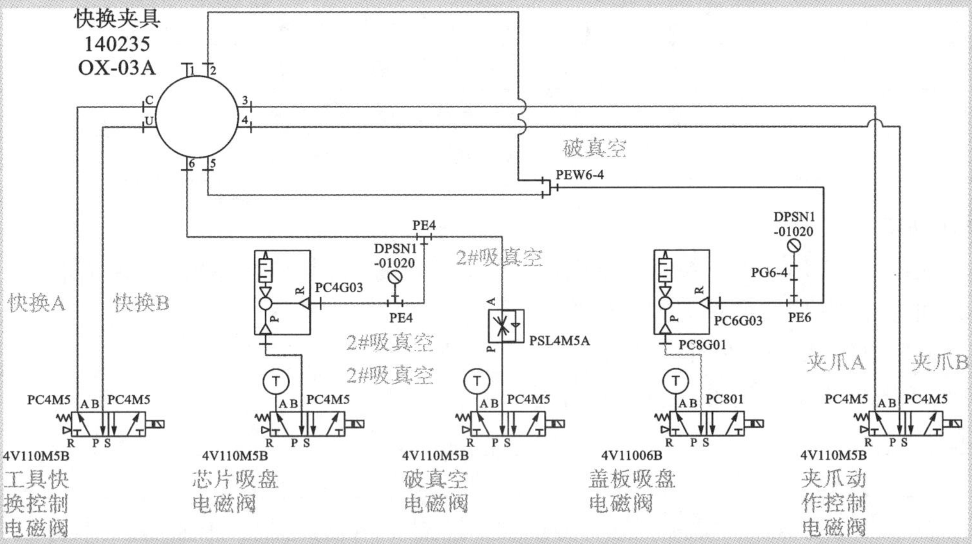

图 1-3-17　IRB 120 机器人气路图

大、小吸盘经过真空发生器，再经过数字式压力显示开关，接入法兰盘，从而控制大、小吸盘分别吸取盖板（码垛块）、芯片模型。

破真空通过节流阀进入法兰盘，主要为了破坏负压环境，确保小吸盘能及时松开吸附的零件。

3. 提高任务

岗位任务：根据工作站气路连接图对 CHL-DS-01 设备上工业机器人气路连接情况进行故障排查，找出反装的气路位置，并进行恢复。要求工作人员能认识常见的气路元器件，能识读机器人气路连接原理图，并按照气路连接原理图和操作要求进行故障排查，在排查的过程中，做到专业、细致，同时保证人身安全。

步骤要求：按照表 1-3-3 所示指引，准备相应工具，进行工业机器人气路排查，查找错装的气路线路，回复气路，并记录相应问题。

表 1-3-3　工业机器人气路排查工作过程指引

序号	工作内容
1	穿戴工作服、绝缘鞋
2	识读工业机器人气路连接原理图
3	根据该原理图检查机器人气路
4	根据该原理图检查法兰盘气路
5	确定气管装错的位置并进行反复确认

续表

序号	工作内容
6	关闭气路阀门,安装正确的气管
7	安装完毕后进行检查和确认
8	确认无误后通气测试

前期准备:

(1)准备 ABB IRB 120 六轴工业机器人气路连接原理图,设置好反装气路故障;

(2)准备好斜口钳、螺丝刀等常用工具;

(3)按要求穿戴好防护用具。

现场识图更改错装气路中遇到的问题:

____

____

______________________________。

4. 决策评估

方案决策单见表 1-3-4。

表 1-3-4 方案决策单

方案决策					
组别		组长		日期	
学习任务	工业机器人操作与运行				
岗位情景	工业机器人开机点检				
方案 1 描述					
方案 2 描述					
方案 3 描述					
评估决策					
序号	可行性	经济性	操作性	实施难度	方案等级评价
方案 1	□高 □低	□好 □差	□强 □弱	□高 □低	□优 □良 □中 □差
方案 2	□高 □低	□好 □差	□强 □弱	□高 □低	□优 □良 □中 □差
方案 3	□高 □低	□好 □差	□强 □弱	□高 □低	□优 □良 □中 □差
评价决策	综合评价				
	终选方案	□方案 1 □方案 2 □方案 3			

检查评价，总结反思

1. 学生自评

活动过程自评表见表 1-3-5。

表 1-3-5　活动过程自评表

班级		组名		日期	
序号	评价要素			分值	分数
1	能了解并熟知 ABB 工业机器人控制柜各个按钮的含义			10	
2	能分辨并且熟悉示教器上各个按钮的含义			10	
3	能理解并知悉工业机器人轴、线性、重定位运动的含义			15	
4	能够简单描述工业机器人典型任务中各个工具的用途			15	
5	能够正确地开启和关闭工业机器人			25	
6	能够熟知并掌握机器人工具快换与气路的检查方法			25	
自评分数					
自我总结与反思					

2. 小组互评

活动过程小组互评表见表 1-3-6。

表 1-3-6　活动过程小组互评表

班级		被评组名		日期	
评价指标	评价要素			分值	分数
1	与教师、同学之间能够保持多向、丰富、适宜的信息交流			10	
2	与教师、同学之间相互尊重、理解			10	
3	能处理好合作学习和独立思考之间的关系，做到有效学习			10	
4	能提出有意义的问题或能发表个人见解			20	
5	能按要点正确操作，能够倾听、协作、分享			20	
6	能发现问题、提出问题、分析问题、解决问题、创新问题			20	
7	能严肃、认真地对待自评，并能独立完成自测试题			10	
互评分数					
简要评述					

3. 教师评价

教师评价表见表 1-3-7。

表 1-3-7　教师评价表

姓名	组别		日期	
序号	评分点	分值	评分标准	得分
1	(1)表述仪态自然，吐字清晰	10	表述仪态不自然或吐字模糊酌情扣分	
	(2)表述思路清晰、层次分明、准确		表述思路模糊或层次不清酌情扣分	
2	(1)机器人控制柜按钮功能准确	10	机器人控制柜按钮功能不准确酌情扣分	
	(2)理论知识回顾完整，分组分工明确		知识不完整、分工不明确酌情扣分	
3	(1)示教器功能表述准确	10	一处表述思路模糊或层次不清扣 1 分，扣完为止	
	(2)机器人启动、工具快换、线性运动、轴运动任务明确	10	一处步骤错误扣 1 分，扣完为止	
4	(1)气路检查正确	20	每漏一项扣 1 分，扣完为止	
	(2)工业机器人关闭流程正确	20	选择错误扣 1 分，扣完为止	
	(3)实训室及工位整理清洁到位	10	每违反一项扣 1 分，扣完为止	
5	(1)依据自评分数	5		
	(2)依据个人总结评价报告	5		
	满分	100	得分	

4. 考核评价

工业机器人操作与运行考核任务

1-3-3　工业机器人操作与运行考核任务

姓名：____________　成绩：____________　考核时间：60 分钟

(1)按照步骤启动工业机器人，手动控制示教器使机器人随机运动。

(2)操作示教器控制机器人分别进行单轴运动、线性运动，轨迹是由教师指定工作台面上的 A 点到 B 点。

(3)在线性运动方式下，机器人运动到指定的点，再切换到重定位运动方式，记录运动现象。

(4)手动安装好涂胶工具后，使机器人再次进行重定位运动，对比上述结果，写出自己对重定位运动的理解。

(5) 按照给定气路完成工业机器人气路连接，并手动测试工具快速更换，测试结果填入表 1。

表 1

检查项目	按下气缸复位按钮	松开气缸复位按钮
夹爪		
大吸盘		
小吸盘		

(6)关闭工业机器人。

评分标准

序号	考核内容	标准	配分	得分
1	工业机器人启动	(1)启动步骤正确,每错一步扣 1 分	5	
		(2)示教操作机器人能正常运动,机器人不动扣 5 分	5	
2	机器人运动	(1)机器人单轴运动能由 A 点到 B 点	10	
		(2)机器人线性运动能由 A 点到 B 点	10	
3	机器人重定位运动	(1)机器人不带工具重定位运动正确	10	
		(2)机器人不带工具重定位运动现象记录	5	
		(3)机器人带工具重定位运动正确	5	
		(4)机器人重定位理解书写合理	5	
4	气路连接	(1)气管剪切长度合理,每段气管多剪切超过正常长度 200 mm 则为不合格,扣 1 分	22	
		(2)手动测试工具快速更换,快换、夹爪、大吸盘和小吸盘每错一个扣 3 分	12	
5	关闭机器人	(1)关闭顺序正确	5	
		(2)直接关闭电源扣 6 分	6	
合计得分				

5. 总结反思

任务实施完成后,学生需要根据实际情况,通过指导老师对实施情况的点评来分析自身的不足之处,寻找三个关键问题进行思考,填写表 1-3-8,做到及时的自查自省和总结。

表 1-3-8　总结反思问题记录表

序号	任务目标	存在的问题	解决的方法
1			
2			
3			

项目总结

本项目主要讲工业机器人的安全操作认知，包括三个任务。任务一为工业机器人安全操作与防范措施，介绍了工业机器人的安全知识，涵盖工业机器人应用系统及设备的安全标志、工业机器人操作的安全事项、工业机器人的安全操作规范及安全准则。任务二为工业机器人系统组成，介绍了工业机器人本体与工业机器人系统的组成部分。任务三为工业机器人操作与运行，涵盖工业机器人启动、关闭、工具快换、气路连接检查、轴运动、线性运动、重定位运动等操作。

拓展升华

“人形机器人”，新产业还是旧思维？

2022 年 8 月 11 日小米秋季新品发布会上，一款全尺寸人形仿生机器人 CyberOne 正式亮相，小米的“造人”计划引爆了资本市场。人形机器人是机器人产业界提出最早但目前前景还不确定的方向之一，如马斯克所说，“要让人形机器人达到跟手机一样的普及，它的市场份额将难以估量”。

人形机器人并非新概念，不断有行业巨头进入这一领域。早在 1927 年，美国西屋公司制造了世界上第一台人形机器人“Televox”。此后，不断有企业试图革新技术、完善功能，以求终有一天创造出“人类的替身”。

目前，人工智能的发展还达不到真正的“通用智能”，机器人的硬件能力也还没有达到临界点，越是需求明确、场景垂直的机器人，越容易完成从实验室向商业化的关键跃迁。

但科技界对于人形机器人的痴迷与探寻并非空谈，人形机器人有超越传统产品的优势：适用于广泛的需求场景。

一方面，相较异形机器人而言，人形机器人最大的优势是可以使用人类使用的所有工具，不需要为了机器人专门设计和打造相关配套，只需丢到生活中即可；另一方面，人形机器人还具备多功能性，可以适应不同的应用场景。

现有的技术正在突破场景多元化的难点，将场景整合于虚拟平台，实现多场景下的服务训练。

达闼机器人公司创造了机器人的“元宇宙”——“海元世界”，让广大的开发者可以在虚拟平台上构建机器人数字孪生体、开发和训练机器人的各种技能和应用，并采用强化学习实现大规模的低成本、高效率训练。

这使得服务于各行各业的机器人都能通过大规模的虚拟培训，快速、高效、低成本地完成闭环学习和智能进化。

项目二
ABB 工业机器人操作与编程

项目描述

在工业机器人的研究领域，智能化、微型化是机器人的未来发展方向。企业生产中采用机器人可大幅提高生产效率，节省劳动力成本，提高定位精度并降低产品的损坏率。工业机器人的典型应用有搬运、焊接、涂胶、装配、码垛等。

在本项目中以 ABB 公司的六轴工业机器人为载体，设置了物料搬运、基础涂胶两个任务。学生在完成任务的过程中能够了解机器人的特点、基本系统组成及周边设备，同时掌握工业机器人编程方法和解决问题的编程思路。

学习提纲

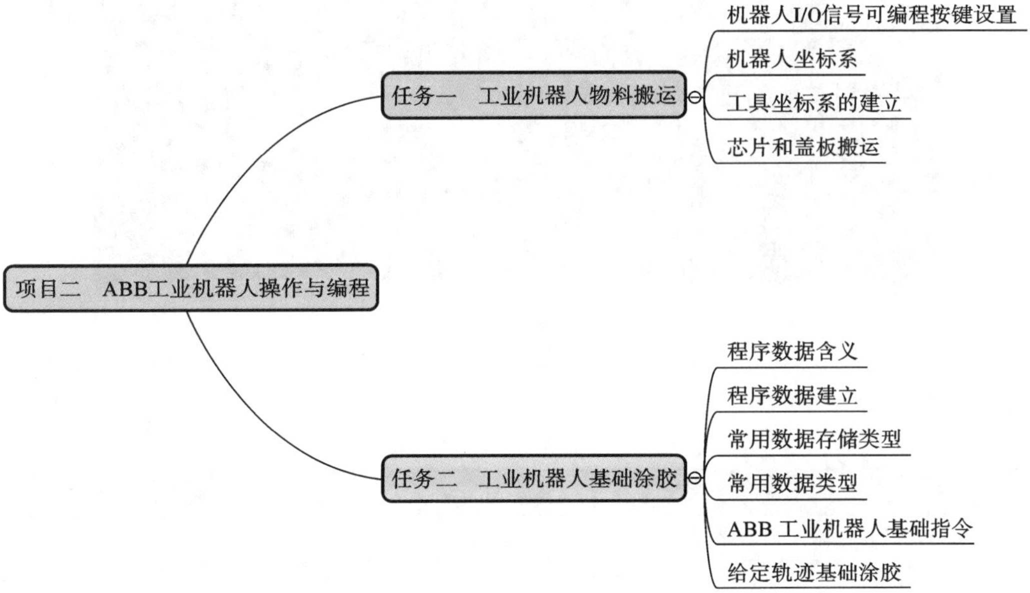

任务一　工业机器人物料搬运

情景导入，任务发布

1. 学习情景

采用机器人搬运可大幅提高生产效率，节省劳动力成本，提高定位精度并降低搬运过程中产品的损坏率。搬运机器人具有通用性高、工作稳定的优点，且操作简便、功能丰富，逐渐向第三代智能机器人发展。

现学校组建了一个新的工业机器人操作与编程实训室，该实训室有一个以20台ABB公司IRB 120六轴工业机器人为主的工作站(见图2-1-1)，供应商刚刚完成20台机器人装配调试，请你和你的小组对该工作站进行验收，验收项目为：手动示教机器人通过线性运动、轴运动，利用之前学习过的手动方式快换工具，用大、小吸盘从料仓位置拾取CPU芯片、集成电路芯片，移动放置到检测工位1的PCB对应的位置，并再次从料仓拿取盖板，放置在装配好的PCB上。请你和你的小组在8个小时内完成所有工作任务。

图2-1-1　物料示教搬运示意图

2. 任务分析

任务分析	
任务名称	工业机器人物料搬运。
任务地位	物料搬运是工业机器人的典型应用之一。

续表

任务分析	
任务流程	(1)熟练运用手动方式进行机器人工具快换。 (2)能自行设定快换、大吸盘、小吸盘的快捷键。 (3)会线性运动操纵。 (4)会轴运动操纵。 (5)会进行 TCP 设定。 (6)小组讨论，得出最优解，完成搬运任务。

3. 目标要求

任务目标要求	
岗位要求	本任务要求工业机器人相关技术操作人员能设定工具坐标系、会设置机器人输出点的快捷键，会熟练使用示教器操纵机器人进行线性运动和轴运动。
课程目标	知识目标 (1)描述工业机器人坐标系。 (2)掌握工业机器人输出点的快捷键设定步骤。 (3)掌握示教器线性运动和轴运动的操纵方法。 技能目标 (1)会在示教器上配置可编程按键。 (2)会建立工业机器人工具坐标系并测试其准确性。 (3)会手动操纵机器人完成芯片、盖板的搬运移动。 情感目标 (1)通过小组合作学习，培养学生的团队精神和爱岗敬业精神。 (2)通过自主探究式学习，培养学生的钻研精神。 (3)通过 8S 管理，提升学生职业素养和工匠精神。
大赛要求	操作工业机器人，完成 TCP 参数设置；熟练地进行机器人的线性运动操作。
证书技能要求	▶对应工业机器人 1+X 证书技能点(工业机器人装调职业技能等级证初级、工业机器人操作与运维职业技能等级证初级) (1)能使用工业机器人进行 TCP 设定。 (2)能完成工业机器人输出点的快捷键设定。 (3)能完成工业机器人手动示教。

问题引导，自主学习

1. 引导问题

引导问题 1：工业机器人可编程按键有几个，设置为“切换”和“按下/松开”，哪个更有利于调试？

引导问题 2:工业机器人坐标系有哪些?

引导问题 3:工业机器人为什么要进行 TCP 设定?

引导问题 4:物料搬运过程中,机器人的线性运动和轴运动有什么区别?

2. 任务知识点

1)机器人 I/O 信号的可编程按键设置

ABB 机器人的示教器上有四个按键,为示教器可编程按键,如图 2-1-2 所示,实际应用中,可以根据需要进行自定义设定,以便对 I/O 信号进行强制置位、编程调试。

图 2-1-2　ABB 机器人示教器四个快捷按键

在对可编程按键进行设置时,可以选择不同的按键功能模式,如图 2-1-3 所示,共有 5 种按键功能模式,分别为“切换”“设为 1”“设为 0”“按下/松开”“脉冲”,它们的含义如下:

(1)切换　在此功能模式下,对所设置的按键按压时,信号将在 0 和 1 之间进行切换。例如,按键 1 设置为:信号类型“输出”,按下按键“切换”,数字输出“kh”,设置完成后,拿着胶笔、夹爪、吸盘工具置于法兰盘下,对准销钉,按下此键,工具就会吸合在法兰盘末端,实现工具手动快换。

(2)设为 1　在此功能模式下,对所设置的按键按压时,信号将设为 1。

(3)设为 0　在此功能模式下,对所设置的按键按压时,信号将设为 0。

(4)按下/松开　在此功能模式下,对所设置的按键长按时,信号将设为 1;松开时,信号将设为 0。

(5)脉冲　在此功能模式下,对所设置的按键长按时,输出一个脉冲。

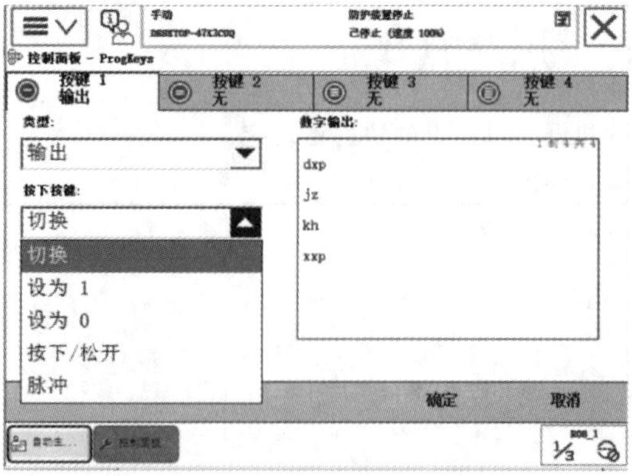

图 2-1-3　示教器可编程按键的模式

2-1-1　ABB 工业机器人可编程按键配置

可编程按键的设定步骤如下。

(1)在设置之前,确保机器人已经完成板卡配置、I/O 信号的设定。

(2)打开示教器主菜单,选择“控制面板”,在“控制面板”页面,单击“配置可编程按键”,如图 2-1-4 所示。

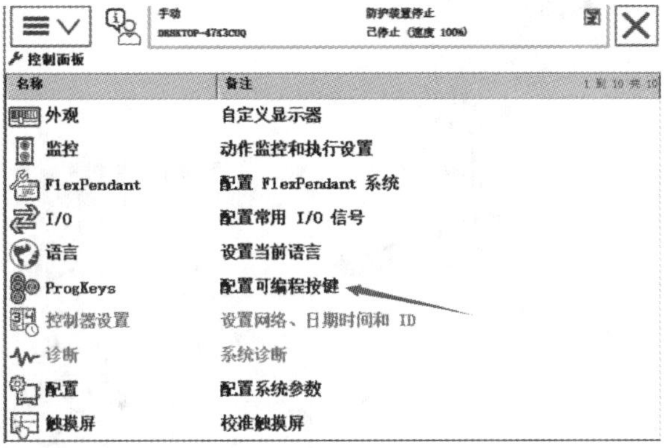

图 2-1-4　控制面板配置可编程按键选项

(3)在可编程按键设定页面的“类型”选项中,选择“输出”,“按下按键”的下拉框中选择“切换”,“允许自动模式”中选择“否”,“数字输出”中选择“kh”,单击页面右下角的“确定”,完成设定,如图 2-1-5 所示。

(4)验证。设置完成后,打开气动二联件阀门,确保气路通畅,按下设置的可编程按键,听气路切换发出的声音。

2)机器人坐标系

(1)基坐标系。

基坐标系在机器人基座中有相应的原点,这使固定安装的机器人的移动具有可预测性。因此它对将机器人从一个位置移动到另一个位置很有帮助,如图 2-1-6 所示。

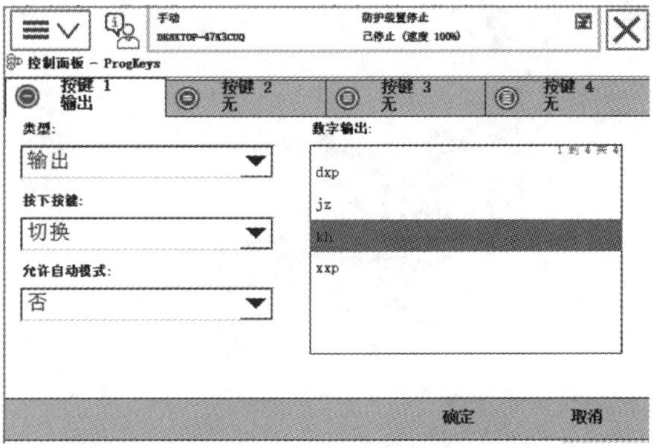

图 2-1-5　可编程按键设定页面

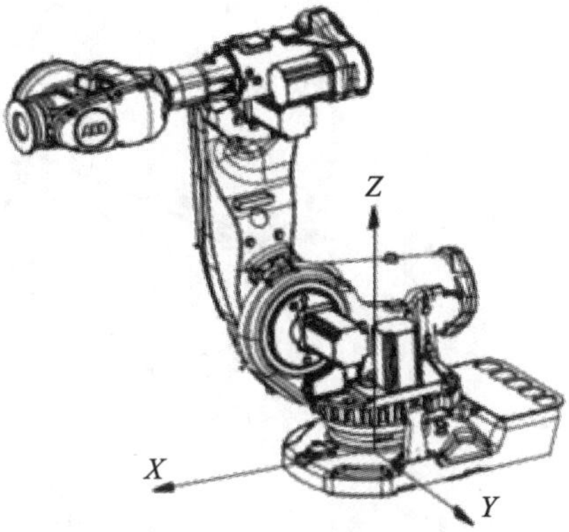

图 2-1-6　基坐标系示意图

(2)大地坐标系。

大地坐标系在工作单元或工作站中的固定位置有相应的原点。这有助于处理若干机器人或由外轴移动的机器人。在默认情况下，大地坐标系与基坐标系是一致的，如图 2-1-7 所示。

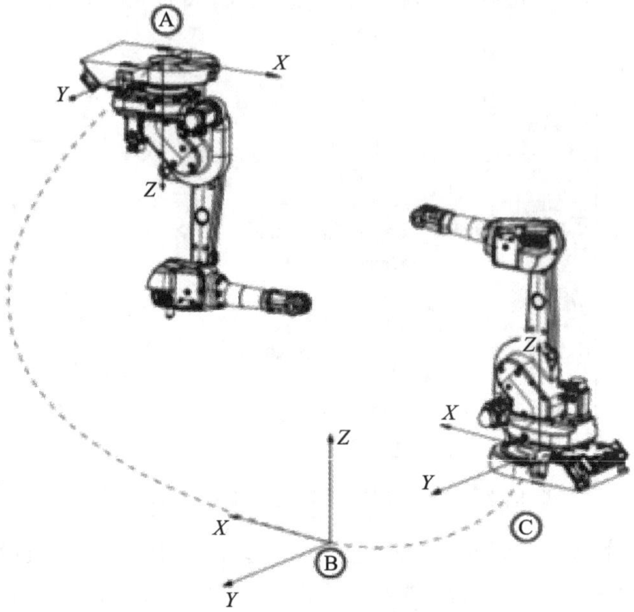

图 2-1-7　大地坐标系示意图

Ⓐ—机器人 1 的基坐标系；Ⓑ—大地坐标系；Ⓒ—机器人 2 的基坐标系

(3)工件坐标系。

工件坐标系(见图 2-1-8)是拥有特定附加属性的坐标系，主要用于简化编程。工件坐标系有两个框架：用户框架(与大地基坐标相关)和工件框架(与用户框架相关)。

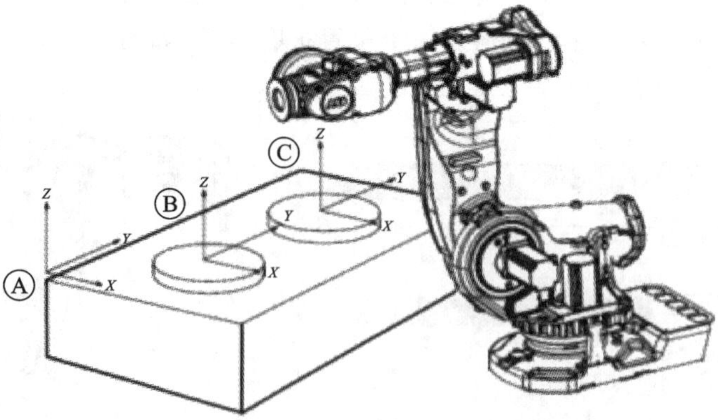

图 2-1-8　工件坐标系示意图

Ⓐ—用户框架；Ⓑ—目标框架 1；Ⓒ—目标框架 2

(4)工具坐标系

工具坐标系(见图 2-1-9)将工具中心点(TCP)设为零点，由此定义工具的位置和方向。执行程序时，机器人就是将 TCP 移至编程位置。这意味着，如果更换工具，机器人的移动将随之更改，以便新的 TCP 到达目标位置。所有机器人在手腕处都有一个预定义工具坐标系，该坐标系被称为 tool0。这样就能将一个或多个新工具坐标系定义为 tool0 的偏移值。

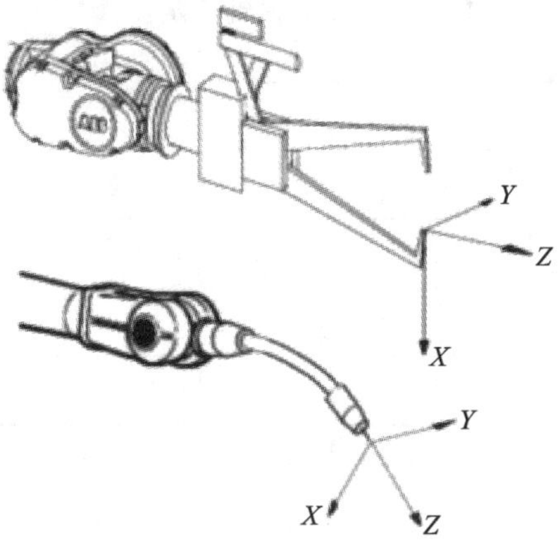

图 2-1-9　工具坐标系示意图

3. 掌握新知

问题 1：梳理物料搬运工作流程。

根据物料示教搬运的任务要求，搬运分为两个过程，请在方框内画出搬运流程。

问题 2：如何设定可编程按键？

请在表 2-1-1 中填写设定工业机器人大、小吸盘工具快捷键的操作步骤。

表 2-1-1　可编程按键设定步骤

步骤	大吸盘	小吸盘
1		
2		
3		
4		

知识库

※工具数据（tooldata）建立

工具数据(tooldata)是机器人系统的一个程序数据类型，用于描述安装在机器人第六轴上的工具的 TCP、质量、重心等参数数据，即定义机器人的工具坐标系，出厂默认的工具坐标系数据被存储在名为“tool0”的工具数据中，编辑工具数据可以对对应的值进行修改。

默认 TCP 位于工业机器人法兰盘中心。图 2-1-10 所示为工业机器人原始 TCP。

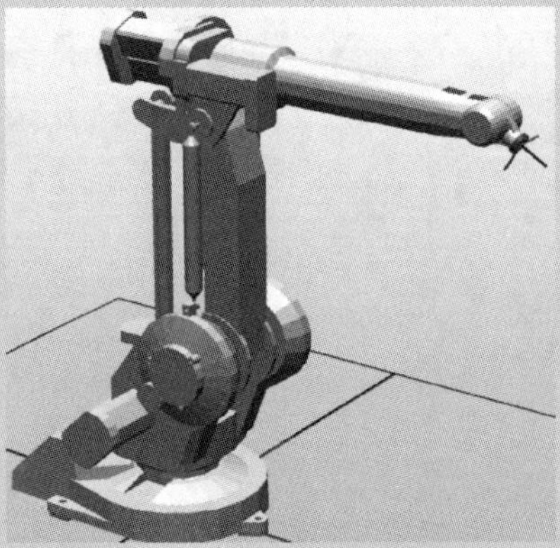

图 2-1-10　工业机器人原始 TCP

一般不同的机器人应用配置不同的工具，比如，用于弧焊的机器人就使用弧焊枪作为工具，而用于搬运板材的机器人使用吸盘式的夹具作为工具。本搬运任务采用的工具为吸盘。

※工业机器人 TCP 数据的设定原理

(1)首先在工业机器人工作范围内找一个非常精确的固定点作为参考点。

(2)然后在工业机器人已安装的工具上确定一个参考点(最好是工具中心点)。

(3)用手动操纵工业机器人的方法移动工具上的参考点，以四种以上不同的机器人姿态尽可能与固定点刚好碰上。为了获得更准确的 TCP，如果使用六点法进行操作，第四点是用工具的参考点垂直于固定点，第五点是工具参考点从固定点向将要设定为 TCP 的 X 方向移动，第六点是工具参考点从固定点向将要设定为 TCP 的 Z 方向移动。

(4)机器人通过这四个位置点的位置数据进行计算求得 TCP 数据，然后 TCP 数据就保存在 tooldata 这个程序数据中被程序进行调用。

※四点法设定工业机器人 TCP 数据的步骤

(1)在示教器主页面选择“手动操纵”，然后选择“工具坐标”，如图 2-1-11 所示，进入“手动操纵-工具”页面，如图 2-1-12 所示。

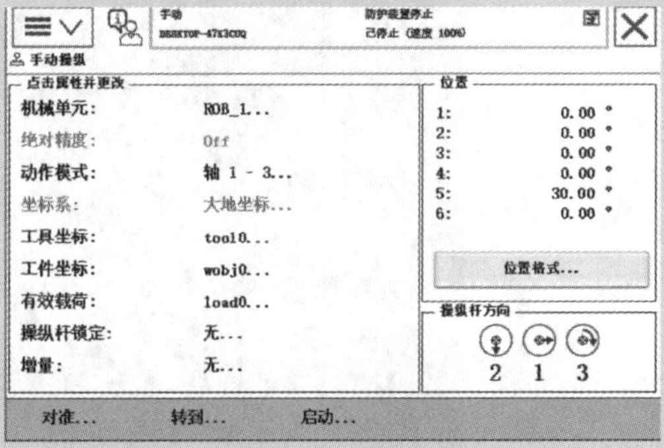

图 2-1-11　“手动操纵”页面

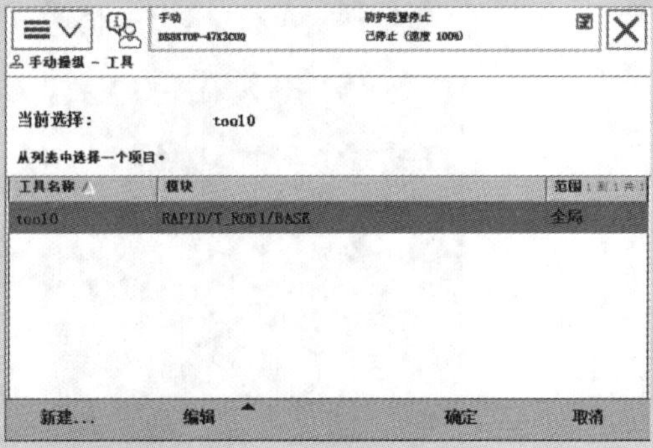

图 2-1-12　“手动操纵-工具”页面

(2)选择“新建”，在弹出的窗口中选择“初始值”，设定“mass”值，即工具质量 0.1，如图 2-1-13 和图 2-1-14 所示，完成后单击“确定”。

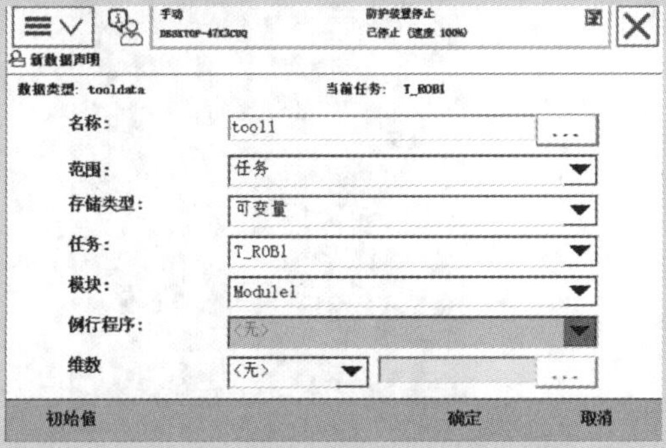

图 2-1-13　工具数据 tool1 设定页面

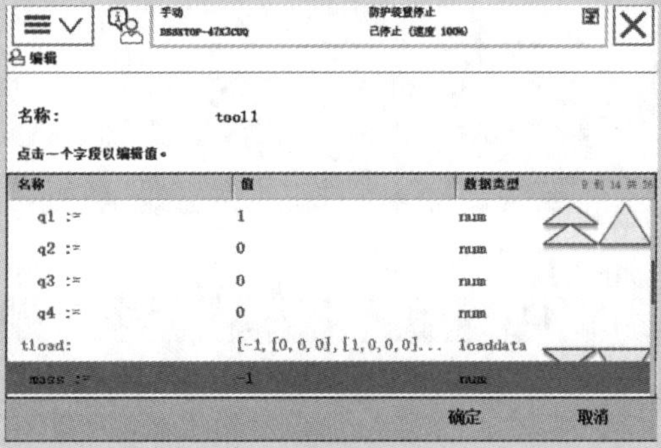

图 2-1-14　工具质量设定页面

(3)在“手动操纵-工具”页面选择“tool1”,选择“编辑”,再选择“定义...”,选择默认的四点法进行工具坐标 tool1 的设定,如图 2-1-15 和图 2-1-16 所示。

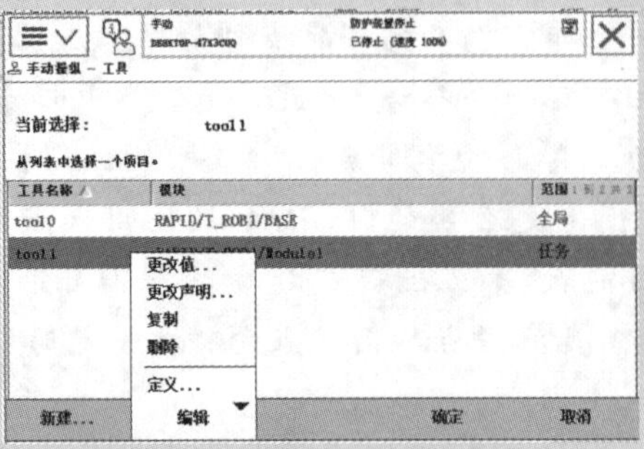

图 2-1-15 tool1 设定页面

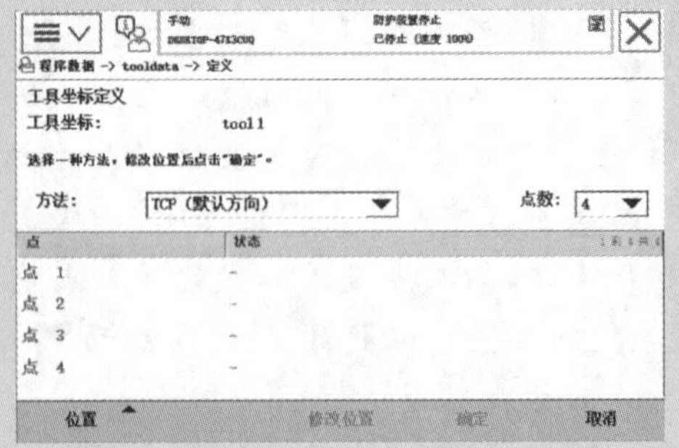

图 2-1-16 四点法定义 tool1 页面

(4)手动操作机器人时,建议选择线性运动方式,选择不同的四个点靠近并接触参考点。这四个点包括正上方的 1 个点以及左右前后四个方位中任选的 3 个点。4 个点的姿态相差越大,平均误差越小。如图 2-1-17 所示,以夹爪工具进行 TCP 标定过程演示。

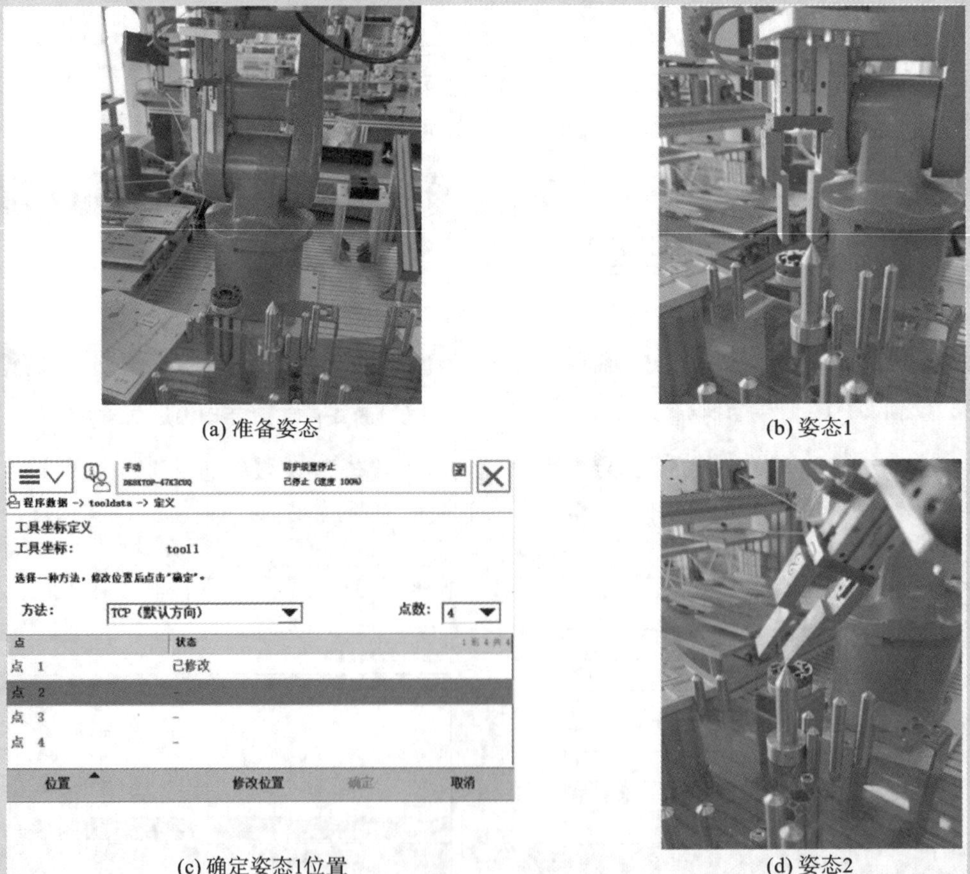

(a) 准备姿态
(b) 姿态1
(c) 确定姿态1位置
(d) 姿态2

图 2-1-17 四点法建立工具坐标系

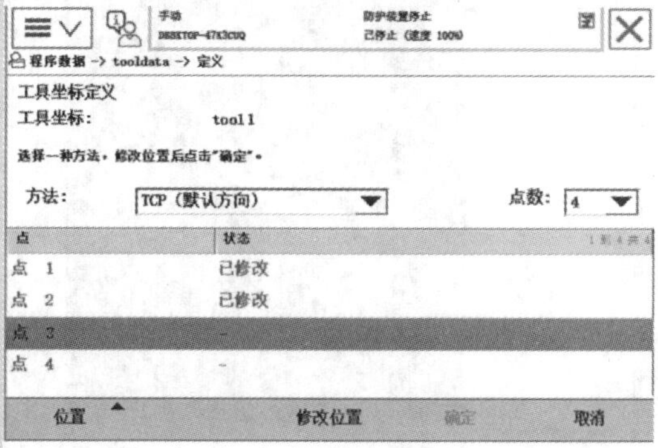

(e) 确定姿态2位置

(f) 姿态3

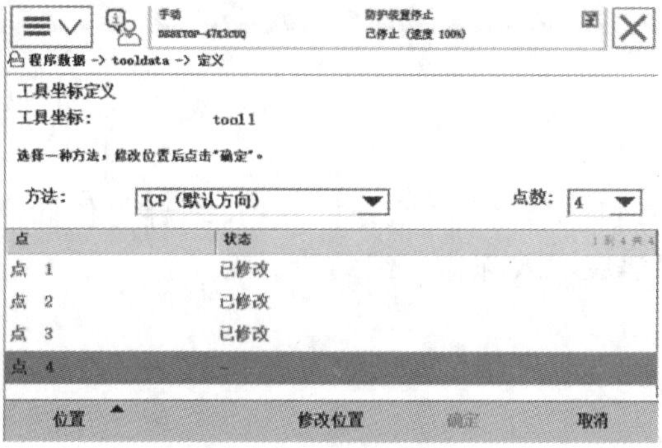

(g) 确定姿态3位置

(h) 姿态4

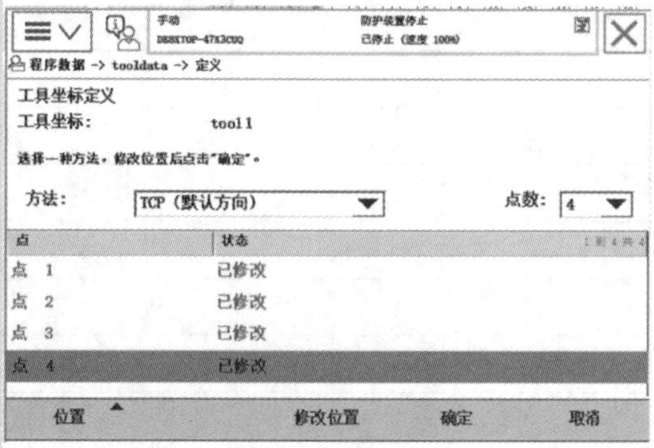

(i) 确定姿态4位置

(j) 完成后的平均误差

续图 2-1-17

(5)设定完成后看平均误差，一般比赛要求小于 0.5 mm 为合格。近年的技能大赛中，裁判不再看平均误差，而是要求完成 TCP 标定后，TCP 可沿参考点做重定位运动，TCP 与参考点间重定位偏移误差小于 3 mm，如图 2-1-18 所示。

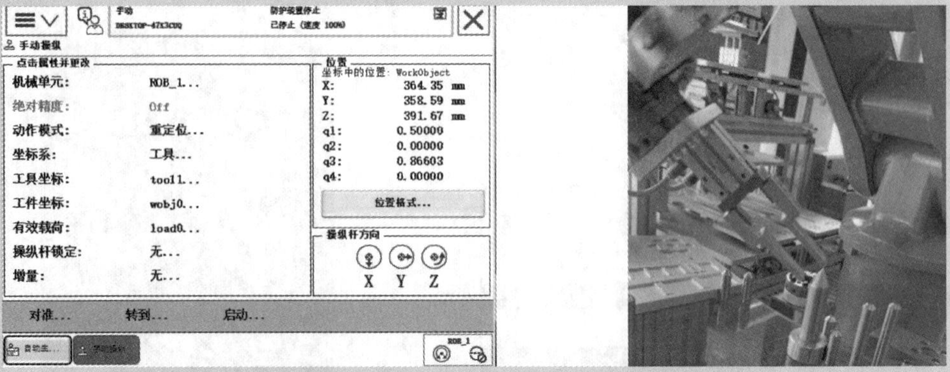

图 2-1-18　重定位检测工件坐标精度

协作探究，实施展示

任务指引：开展小组内讨论，每个同学对小组任务进行讨论分析，组长综合每位同学的意见，确定小组讨论后最终答案，每组派 1 位同学展示或陈述小组结论。

1. 小组组建

小组分工表见表 2-1-2。

表 2-1-2　小组分工表

班级		组名	
组长		学号	
组员	姓名	学号	分工

2. 基础任务

2-1-2　工具坐标建立

任务 1：完成工业机器人 TCP 设定。

目标 1：应用四点法进行 TCP 标定，利用尖点工具的尖点作为参考点，应用胶笔工具完成工具坐标系设定，平均误差小于 0.5 mm，完成后 TCP 沿参考点做重定位运动，TCP 与参考点间重定位偏移误差小于 3 mm。

TCP 设定步骤。

第一步：

____

____

第二步：

____

____

第三步：

____

____

第四步：

____

____

第五步：

____

____

第六步：

____

____

记录 TCP 设定平均误差：____________________。

目标 2：重定位验证误差。

手动操作机器人使得夹爪工具和__________工具靠近，动作模式选择__________运动，坐标系选择__________坐标系，工具坐标选择__________，摇动示教器的操纵杆，观察夹爪工具是否围绕着尖点工具运动，偏移不超过 3 mm。

任务 2：完成 I/O 信号可编程按键设置。

目标 1：根据所学 I/O 信号可编程按键设置方法，小组协作填写以下内容。

I/O 信号可编程按键设置步骤如下。

第一步：

____

____

第二步：

____

____

第三步：

____

____

目标 2：四个快捷键依次设置为工具快换、夹爪、大吸盘、小吸盘，完成表 2-1-3 的检测结果填写。

表 2-1-3　可编程按键设置结果检测表

序号	第一次按下	第二次按下
快捷键Ⅰ		
快捷键Ⅱ		
快捷键Ⅲ		
快捷键Ⅳ		

任务 3:完成物料示教搬运。

目标 1:CPU 芯片和集成电路芯片的示教搬运。

(1)机器人在线性运动模式下移动到料仓 CPU 芯片正上方,在小吸盘吸嘴和芯片刚刚重合时停止,按下设置的小吸盘可编程按键。在此按下示教器使能键,工业机器人线性移动到工位 1 上 PCB 对应的 CPU 芯片空位处,再次按下小吸盘可编程按键,放下 CPU 芯片,完成 CPU 芯片示教搬运。上述过程中,如果选用轴运动,能否实现?和线性运动相比,哪个操纵更快捷?

(2)操作示教器进行集成电路芯片的示教搬运。

示教器要在__________页面设置,动作模式选择__________,坐标系选择__________,工具坐标选择__________。

(3)搬运中如何实现集成电路芯片的拾取和放下?

目标 2:盖板的示教搬运。写出步骤,并进行操作,注意放缓速度,防止相撞。盖板要和 PCB 紧密切合,才算放置完成。

第一步:

____

____

第二步:

____

____

第三步:

____

____

3. 提高任务

岗位任务:实际工作中,PCB 上不止安装一个芯片,一般要求 PCB 上的芯片全部安装,请你和你的小组把工位 1～工位 4 上的 PCB M006～M009 上的芯片空位全部补满，芯片从料仓的原料盘和废料盘拾取，拾取过程中，CPU、集成电路、电容、三极管要和 PCB 紧密切合，同时要注意专业、细致，保证设备和人身安全。

按照表 2-1-4 所示指引，准备相应工具，进行工业机器人线路排查，查找错装的电气元件，并记录相应问题。

表 2-1-4　工业机器人 PCB 板补满工作过程指引

序号	工作内容
1	穿戴工作服、绝缘鞋
2	手动进行工具快换
3	线性移动到料仓，使得吸嘴和芯片靠近
4	轴运动调节方位
5	线性上升到位后，移动到对应工位
6	下降到切合板面，轴运动调节方位
7	放开芯片，重复动作
8	结束后，放回工具

前期准备：

(1)在工位上布置好 M006～M009 四块 PCB，在料仓的原料盘和废料盘上布满各种芯片；

(2)按要求穿戴好防护用具。

现场记录遇到的问题：

____

____

____

____。

4. 决策评估

方案决策单见表 2-1-5。

表 2-1-5　方案决策单

方案决策					
组别		组长		日期	
学习任务	工业机器人物料搬运				
岗位情景	零部件装配				
方案 1 描述					

续表

方案决策					
方案 2 描述					
方案 3 描述					
评估决策					
序号	可行性	经济性	操作性	实施难度	方案等级评价
方案 1	□高 □低	□好 □差	□强 □弱	□高 □低	□优 □良 □中 □差
方案 2	□高 □低	□好 □差	□强 □弱	□高 □低	□优 □良 □中 □差
方案 3	□高 □低	□好 □差	□强 □弱	□高 □低	□优 □良 □中 □差
评价决策	综合评价				
	终选方案	□方案 1　□方案 2　□方案 3			

检查评价，总结反思

1. 学生自评

活动过程自评表见表 2-1-6。

表 2-1-6　活动过程自评表

班级		组名		日期	
序号	评价要素			分值	分数
1	能描述物料搬运的工作流程			10	
2	能熟练操作工业机器人			10	
3	能进行 I/O 信号可编程按键设置			10	
4	能建立工具坐标系			20	
5	能进行示教器芯片搬运			20	
6	能进行示教器盖板搬运			30	
自评分数					
自我总结与反思					

2. 小组互评

活动过程小组互评表见表 2-1-7。

表 2-1-7　活动过程小组互评表

班级		被评组名		日期	
评价指标	评价要素			分值	分数
1	与教师、同学之间能够保持多向、丰富、适宜的信息交流			10	
2	与教师、同学之间相互尊重、理解			10	
3	能处理好合作学习和独立思考之间的关系，做到有效学习			10	
4	能提出有意义的问题或能发表个人见解			20	
5	能按要点正确操作，能够倾听、协作、分享			20	
6	能发现问题、提出问题、分析问题、解决问题、创新问题			20	
7	能严肃、认真地对待自评，并能独立完成自测试题			10	
互评分数					
简要评述					

3. 教师评价

教师评价表见表 2-1-8。

表 2-1-8　教师评价表

姓名		组别		日期	
序号	评分点		分值	评分标准	得分
1	(1)表述仪态自然，吐字清晰		10	表述仪态不自然或吐字模糊酌情扣分	
	(2)表述思路清晰、层次分明、准确			表述思路模糊或层次不清酌情扣分	
2	(1)任务分析关键点准确		10	任务分析不准确酌情扣分	
	(2)理论知识回顾完整，分组分工明确			知识不完整、分工不明确酌情扣分	
3	(1)完成物料搬运工作流程的梳理		10	工作流程不清晰或出错扣 1 分，扣完为止	
	(2)确定工作计划		10	计划错误扣 1 分，扣完为止	
4	(1)设置 I/O 信号可编程按键		10	每少一项扣 1 分，扣完为止	
	(2)建立工具坐标系		10	实操期间步骤出错扣 2 分，扣完为止	
	(3)正确进行芯片搬运		10	芯片放置不紧密扣 2 分，扣完为止	
	(4)正确进行盖板搬运		20	盖板放置不紧密扣 3 分，扣完为止	
5	(1)依据自评分数		5		
	(2)依据个人总结评价报告		5		
	满分		100	得分	

4. 考核评价

工业机器人物料搬运考核任务

2-1-3 工业机器人物料搬运考核任务

姓名：__________ 成绩：__________ 考核时间：60 分钟

(1)设置工业机器人可编程按键，1 为大吸盘，2 为小吸盘，3 为夹爪，4 为快换。

(2)根据提供的尖点工具应用夹爪工具完成工具坐标系设定，平均误差小于 0.5 mm，完成后机器人沿尖点做重定位运动，夹爪工具与尖点间重定位偏移误差小于 3 mm。

(3)示教器操作机器人分别从料仓拿取形状合适的芯片，放置在工位 1 的 M006 PCB 上，并盖上盖板。

评分标准

序号	考核内容	标准	配分	得分
1	可编程按键设置	(1)设置步骤正确，每错一步扣 2 分	6	
		(2)检查四个可编程按键，每错一个扣 3 分	12	
2	工具坐标系设定	(1)夹爪工具设定步骤正确，每错一步扣 2 分	10	
		(2)记录平均误差________，小于 0.5 满分，0.5～0.8 扣 3 分，0.8 以上扣 5 分，不记录平均误差扣 5 分	5	
		(3)重定位验证操作正确	5	
		(4)重定位误差正确，不正确扣 10 分	10	
3	物料搬运	(1)拿取工具过程不碰撞	10	
		(2)拿取芯片过程不碰撞	10	
		(3)补满 M006 零件上 5 个芯片位置，芯片和模型切合严密，一个不严密扣 3 分	15	
		(4)拿取盖板过程不碰撞	10	
		(5)盖板放置紧密切合	7	
合计得分				

5. 总结反思

任务实施完成后，学生需要根据实际情况，通过指导老师对实施情况的点评来分析自身的不足之处，寻找三个关键问题进行思考，填写表 2-1-9，做到及时的自查自省和总结。

表 2-1-9 总结反思问题记录表

序号	任务目标	存在的问题	解决的方法
1			
2			
3			

任务二　工业机器人基础涂胶

情景导入，任务发布

1. 学习情景

涂胶是汽车行业生产场景中极为常见的部件连接操作，传统的人工涂胶比较僵硬和单一，不能满足当今市场产品的需求，缺乏灵活性，且易受人自身因素和环境的影响，导致生产效率低下和产品质量的不一致。人工涂胶需要由有多年经验的专业人士操作。近年来由于受到社会和经济因素的影响，企业员工流动性大，岗位人员频繁变动，另外培养娴熟的技术工人会增加企业的培训和管理费用，需要耗费较多的时间和人力资源。涂胶过程会产生有害物质，会对员工的身体健康造成一定程度的影响。

因此，汽车行业涂胶生产线迫切需要机器人代替人工完成涂胶作业，请你和你的小组协作完成机器人基础涂胶任务。

2. 任务分析

任务分析	
任务名称	工业机器人基础涂胶。
任务地位	基础涂胶，是工业机器人的代表性应用场景之一。
任务流程	(1)识记工业机器人常用运动、等待指令，以及偏移函数。 (2)了解机器人 I/O 信号的定义。 (3)了解 ABB 机器人程序数据的基本类型。 (4)理解 ABB 机器人程序编写方式和运行逻辑。 (5)认识 ABB 机器人程序定点调试的方法。 (6)小组讨论，得出最优程序，总结编程调试步骤。

3. 目标要求

任务目标要求	
岗位要求	本任务要求工业机器人相关技术操作人员能使用 ABB 工业机器人常用运动、等待指令，以及偏移函数，会编写机器人基础程序并完成定点调试。

续表

任务目标要求	
课程目标	知识目标 (1)能理解机器人常用运动指令,包括 MoveAbsJ、MoveJ、MoveL、MoveC,掌握各运动指令的特点。 (2)能理解 WaitTime 等常用指令。 (3)能理解机器人常用偏移函数,包括 Offs、RelTool,掌握各函数的特点和应用场合。 (4)能了解 ABB 机器人程序数据和数组的概念。 技能目标 (1)能通过示教器正确抓取和放下涂胶工具。 (2)能使用运动指令画直线轨迹、圆弧轨迹。 (3)能使用运动指令画复杂涂胶轨迹。 情感目标 (1)通过小组合作学习,培养学生的团队精神和爱岗敬业精神。 (2)通过自主探究式学习,培养学生的钻研精神。 (3)通过 8S 管理,提升学生职业素养和工匠精神。
大赛要求	机器人涂胶运行轨迹基本正确,涂胶工具垂直于涂胶平面,偏移高度满足要求,涂胶过程无碰撞。
证书技能要求	▶对应工业机器人 1+X 证书技能点(工业机器人装调职业技能等级证中级、工业机器人集成应用职业技能等级证中级) (1)能使用工业机器人运动指令进行基础编程。 (2)能完成工业机器人运动指令参数的设置。 (3)能完成工业机器人手动程序调试。 (4)能完成工业机器人的典型手动示教操作(矩形轨迹、三角形轨迹、曲线轨迹和圆弧轨迹等)。 (5)能正确配置常用外部设备 I/O 信号。

问题引导，自主学习

1. 引导问题

引导问题 1:工业机器人常用的程序数据类型有哪些?

引导问题 2:工业机器人常用的运动指令有哪些? 分别有什么特点?

引导问题 3:机器人取工具定点的方法和步骤是什么?

引导问题 4:机器人圆弧涂胶点位定义有哪几种方法? 各有什么不同?

引导问题 5:如何调试编写好的机器人程序?

2. 任务知识点

在 ABB 机器人中,对机器人进行逻辑运算、运动控制以及输入/输出的编程语言叫作

RAPID 语言。RAPID 语言类似于高级编程语言，在结构上与 VB 和 C 语言有相似之处，所以只要在了解一般高级编程语言的基础上，便能快速掌握 RAPID 语言。RAPID 语言给用户提供了丰富的指令，还允许用户根据自己的需要编制专属的指令集来适应具体应用场景，这样一个具有高度灵活性的编程语言为机器人的各种应用提供了无限的潜能。

RAPID 程序的基本组成元素包含数据、指令和函数。RAPID 数据是在 RAPID 语言编程环境下定义的用于存储不同类型数据信息的数据结构类型。RAPID 语言提供了上百种工业机器人可能用到的数据类型，以存放机器人编程所需的各种常量和变量。同时，RAPID 语言允许用户根据这些已经定义好的数据类型，依照实际需求创建新的数据结构。RAPID 语言为了方便用户编程，封装了一些可直接调用的指令和函数，其本质都是一段 RAPID 程序。RAPID 语言的指令和函数多种多样，可以实现运动控制、逻辑运算、输入/输出等不同的功能。比如，MoveJ 和 MoveL 等一些常用的运动指令，可以控制机器人的运动。

1）**程序数据**

(1)程序数据的定义。

程序内声明的数据称为程序数据。数据是信息的载体，它能够被计算机识别、存储和加工处理，是计算机程序加工的原料。应用程序处理各种各样的数据。计算机科学中，所谓数据，就是计算机加工处理的对象，它可以是数值数据，也可以是非数值数据。数值数据是一些整数、实数或复数，主要用于工程计算、科学计算和商务处理等；非数值数据包括字符、文字、图形、图像、语音等。

(2)程序数据的建立。

程序数据的建立一般可以分为两种形式：一种是直接在示教器中的程序数据界面中建立程序数据；另一种是在建立程序指令时，自动生成对应的程序数据。

本任务介绍直接在示教器程序数据界面中建立程序数据的方法。以建立机器人空间点位数据 robtarget 为例进行说明。

①选择“程序数据”。

②在“视图”中选择“全部数据类型”，如图 2-2-1 所示。

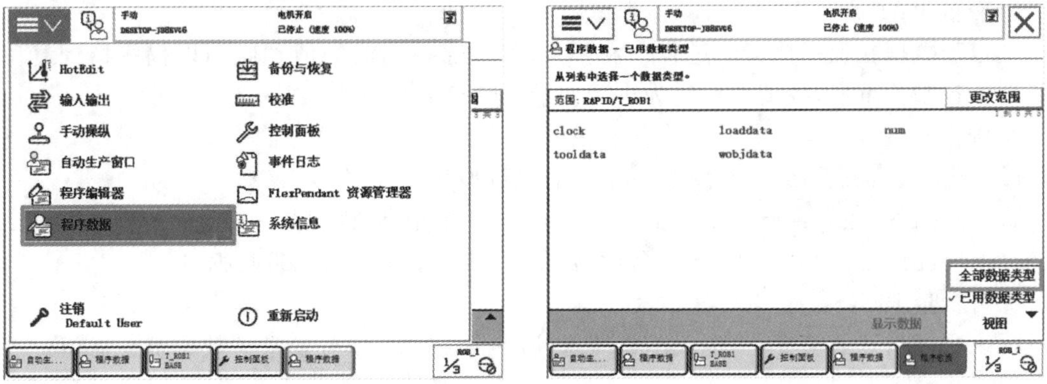

(a)　　　　(b)

图 2-2-1　程序数据界面

③找到“robtarget”。

④单击“新建”，如图 2-2-2 所示。

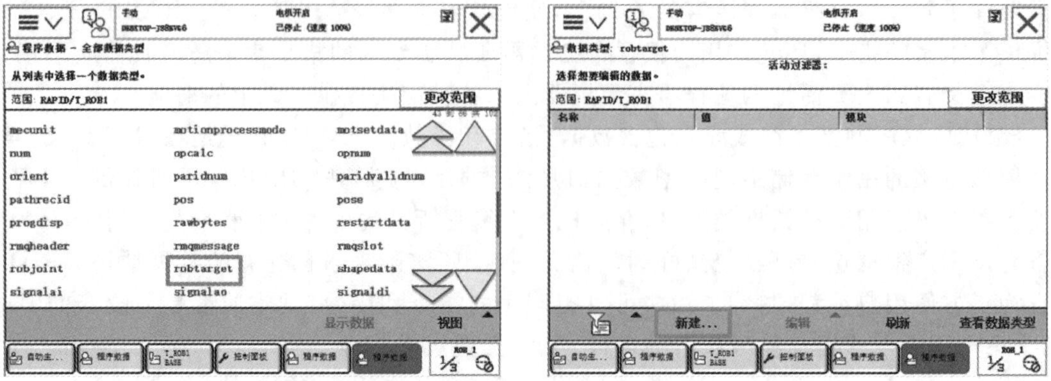

(a) (b)

图 2-2-2 新建 robtarget 数据类型

⑤设定“名称”“存储类型”“维数”等参数，单击“确定”，如图 2-2-3 所示。

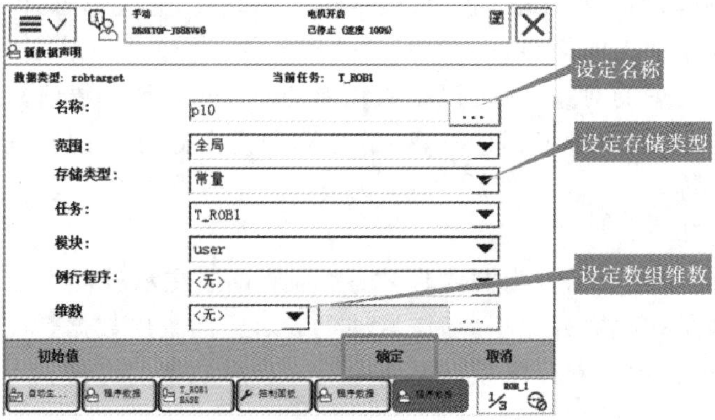

图 2-2-3 程序数据设置

(3)程序数据的存储类型。

①变量 VAR。

变量型数据在程序执行的过程中和停止时，会保持当前的值。但如果程序指针复位或者机器人控制器重启，数值会恢复为声明变量时赋予的初始值。

举例说明：

a. `VAR num length:=0;` 名称为 length 的变量型数值数据；

b. `VAR string name:="Tom";` 名称为 name 的变量型字符数据；

c. `VAR bool finished:=FALSE;` 名称为 finished 的变量型布尔量数据。

②可变量 PERS。

无论程序指针如何变化，也无论机器人控制器是否重启，可变量型数据都会保留最后赋予的值。

举例说明：

a. `PERS num numb:=1;` 名称为 numb 的可变量型数值数据；

b. `PERS string text:="Hello";` 名称为 text 的可变量型字符数据。

③常量 CONST。

常量的特点是在定义时已赋予了数值，且不能在程序中进行修改，只能手动修改。

举例说明：

a. `CONST num gravity:=9.81;` 名称为 gravity 的常量型数值数据。

b. `CONST string greating:="Hello";` 名称为 greating 的常量型字符数据。

(4)程序数据的维数。

程序数据的维数即数组，数组是用于储存多个相同类型数据的集合。若将有限个类型相同的变量的集合命名，那么这个名称为数组名。组成数组的各个变量称为数组的分量，也称为数组的元素，有时也称为**下标变量**。用于区分数组的各个元素的数字编号称为下标。数组是在程序设计中，为了处理方便，将具有相同类型的若干元素按有序的形式组织起来的一种数据结构。这种有序排列的同类数据元素的集合称为数组。

(5)常用程序数据类型。

常用程序数据类型见表 2-2-1。

表 2-2-1　常用程序数据类型

数据类型	定义	说明
num	num 用于存储数值数据；num 数据类型的值可以为：整数，如－5；小数，如 3.45	整数数值，始终将－8388607 与 8388608 之间的整数作为准确的整数储存。小数数值仅为近似值，因此，不得用于等于或不等于对比。ABB 控制器系统默认定义了 reg1～reg5 五个 num 数据。 例如，CONST num px{4} :=[1,3,2,4]; num 数组 px 定义如下：数组长度为 4，数组第一个元素 px{1}为 1，px{2}为 3，px{3}为 2，px{4}为 4
bool	bool 用于存储逻辑值(真/假)数据，即 bool 型数据值可以为 TRUE 或 FALSE	—
string	string 用于存储字符串数据	字符串由一串前后附有引号("")的字符(最多 80 个)组成，例如，"This is a character string"
robtarget	robtarget(robot target)用于存储机器人的空间位置数据	位置数据的内容是在运动指令中机器人将要移动到的空间位置。 例如，CONST robtarget p15 := [[600, 500, 225.3],[1, 0, 0, 0], [1, 1, 0, 0], [11, 12.3, 9E9, 9E9, 9E9, 9E9]]; [600, 500, 225.3]表示机器人在工件坐标系中的位置，即 x=600 mm、y=500 mm、z=225.3 mm。 [1, 0, 0, 0]表示工具的姿态与工件坐标系的方向一致。 [1, 1, 0, 0]表示机器人的轴配置为轴 1 和轴 4 的旋转范围为 90°～180°，轴 6 的旋转范围为 0°～90°

续表

数据类型	定义	说明
jointtarget	jointtarget 用于存储机器人的每个单独轴的角度位置	使用 MoveAbsj 指令，可以使机器人运动到 jointtarget 关节位置处。 CONST jointtarget calib_pos := [[0, 0, 0, 0, 0, 0],[0, 9E9,9E9, 9E9, 9E9, 9E9]]; 通过数据类型 jointtarget，在 calib_pos 中存储机器人的机械原点位置
tooldata	tooldata 用于描述工具（例如焊枪或夹具）的特征。此类特征包括工具中心点（TCP）的位置和方位以及工具负载的物理特征	工具数据在以下方面影响机械臂运动： (1)工具中心点(TCP)需满足指定路径和速率性能； (2)编程位置指的是当前 TCP 位置及其相对于工具坐标系的方位。如果更换了受损工具，只需重新定义工具坐标系，仍可使用现有程序； (3)定义工具坐标系，从而便于工具末端朝工具坐标方向移动或旋转。 例如，PERS tooldata gripper := [TRUE, [[97.4, 0, 223.1], [0.924, 0, 0.383, 0]], [5, [23, 0, 75], [1, 0, 0, 0], 0, 0, 0]]; TRUE 表示机械臂正夹持着工具。 [97.4, 0, 223.1]表示 TCP 与安装法兰间的直线距离为 223.1 mm，且沿腕坐标系 *X* 轴 97.4 mm。 [0.924, 0, 0.383, 0]表示工具的 *X* 方向和 *Z* 方向相对于腕坐标系 *Y* 方向旋转 45°。 5 表示工具质量为 5 kg。 [23, 0, 75]表示工具重心与安装法兰间的直线距离为 75 mm，且沿腕坐标系 *X* 轴 23 mm。 [1, 0, 0, 0]表示所移动夹具力矩主惯性轴的方位为默认方位。 0, 0, 0 表示可将负载视为一个点质量，即不带任何惯性矩
wobjdata	wobjdata 用于描述机械臂涂胶、焊接轨迹移动等的工件	如果在定位指令中定义工件，则 TCP 位置将基于工件的坐标。工件坐标系的优势如下： (1)如果手动输入位置数据，例如进行离线编程时，则通常可从图纸上获得有关值； (2)在机械臂装置改变后，可迅速重新使用程序。例如，如果移动固定装置，则只需重新定义用户坐标系即可

2）**工业机器人基础指令与函数**

工业机器人常用基础指令与函数包括运动指令、等待指令、信号置位指令、偏移函数等。

(1)运动指令。

工业机器人在空间中常用运动指令主要有关节运动(MoveJ)、线性运动(MoveL)、圆弧运动(MoveC)和绝对位置运动(MoveAbsJ)四种指令。

①MoveAbsJ 指令。

该指令将机器人各关节轴运动至给定位置。

例
```
MoveAbsj home\NoEOffs,v1000,z50,tool0;
```

MoveAbsJ 指令数据见表 2-2-2。

表 2-2-2　MoveAbsJ 指令数据

程序数据	定义
home	机器人运动目标关节位置数据,可以在示教器中单击“修改位置”进行修改
\NoEOffs	外轴不带偏移数据,一般可不使用
v1000	运动速度数据(mm/s)。在手动限速状态下,所有运动速度被限速在 250 mm/s 以下
z50	转弯区数据,定义转弯区的大小。转弯区数据设为 fine,表示机器人 TCP 到达目标点,在目标点速度降为零,且等待此条指令执行完再执行下一条指令
tool0	工具数据,定义当前指令使用的工具,默认为法兰末端中心

若在示教器上设置 home 点各关节轴参数——1 轴为 90°,2 轴、3 轴、4 轴、6 轴为 0°,5 轴为 90°,则机器人运行至各关节轴指定位置,程序数据类型为 jointtarget,定义如下,前六个参数为关节轴的绝对角度值。

例
```
CONST jointtarget home:=[[90,0,0,0,90,0],[9E+09,9E+09,9E+09,9E+09,9E+09,9E+09]];
```

②MoveJ 指令。

该指令将工业机器人的 TCP 从一个位置移动到另一个位置,这两个位置之间的路径不一定是直线。该指令适用于对路径精度要求不高的场合。图 2-2-4 所示为 MoveJ 指令运动轨迹。

例
```
MoveJ p10,v1000,z50,tool1\WObj:=wobj1;
```

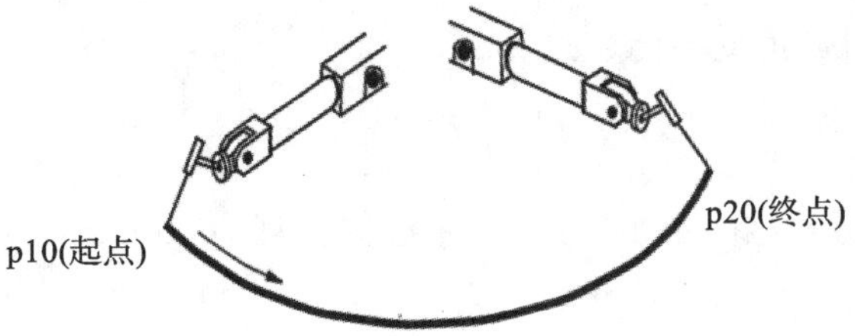

图 2-2-4　MoveJ 指令运动轨迹

MoveJ 指令数据见表 2-2-3。

表 2-2-3　MoveJ 指令数据

程序数据	定义
p10	机器人运动目标 TCP 位置数据,可以在示教器中单击“修改位置”进行修改
v1000	运动速度数据(mm/s)。在手动限速状态下,所有运动速度被限速在 250 mm/s 以下

续表

程序数据	定义
z50	转弯区数据，定义转弯区的大小。转弯区数据设为 fine，表示机器人 TCP 到达目标点，在目标点速度降为零，且等待此条指令执行完再执行下一条指令
tool1	工具数据，定义当前指令使用的工具
wobj1	工件数据，定义当前指令使用的工件坐标

在示教器上修改 p10 位置参数，程序数据类型为 robtarget，定义如下，[302.00，0.00，558.00]为 TCP 在 x、y、z 方向的坐标，[0，0，−1，0]为姿态。

例 `CONST robtarget p10:= [[302.00,0.00,558.00],[0,0,-1,0],[0,0,-1,0],[9E+9,9E+9,9E+9,9E+9,9E+9,9E+9]];`

关节运动指令适用于机器人大范围运动，但在使用时需要谨慎规划路径，以免机器人的关节轴进入机械死点。

③MoveL 指令。

该指令使机器人的 TCP 从起点到终点之间的路径始终保持为直线。在对路径要求高的场合（如焊接、涂胶）可使用此指令。图 2-2-5 所示为 MoveL 指令运动轨迹。

例 `MoveL P10,v1000, z10,tool1\WObj:=wobj1;`

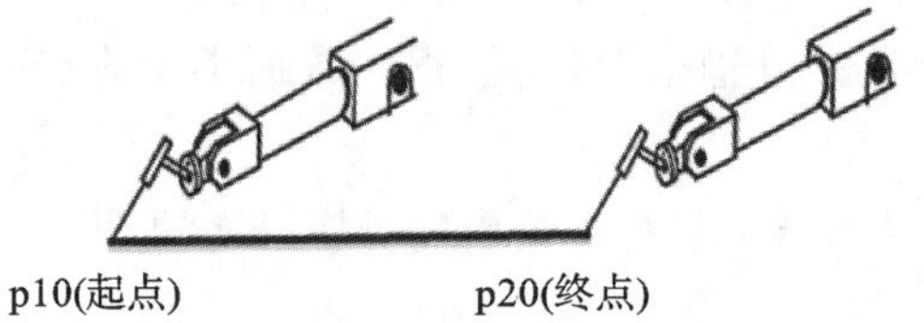

图 2-2-5　MoveL 指令运动轨迹

④MoveC 指令。

该指令使 TCP 沿圆弧移动至给定目标位置。圆弧路径通过在机器人可到达的空间内定义三个位置点来确定：第一个点是圆弧的起点，第二个点通常是影响圆弧曲率的点，第三个点是圆弧的终点。圆弧角度不能超过 240°。

例
```
MoveL p10, v1000, z10, tool1 \WObj:=wobj1;
MoveC p20, p30,v1000, z10, tool1 \WObj:= wobj1;
```

在示教器上修改 p10、p20、p30 位置，程序数据类型为 robtarget。MoveC 指令运动轨迹如图 2-2-6 所示。

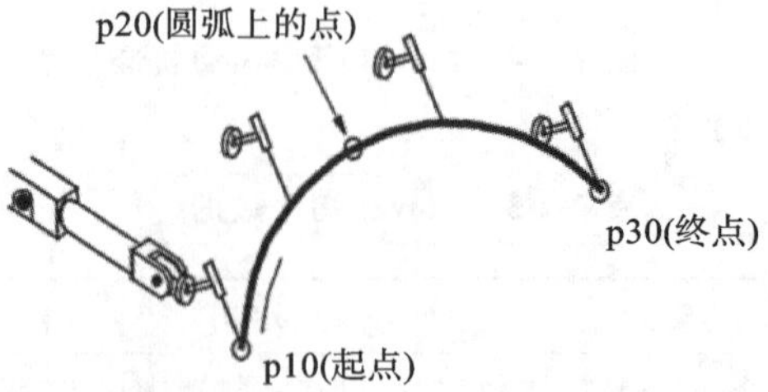

图 2-2-6　MoveC 指令运动轨迹

(2)等待指令。

①WaitTime 指令　等待的时间。

例　`WaitTime 3;`表示等待 3 s。

②WaitDI 指令　等待设置的数字输入信号为设定值。

例　`WaitDI di4, 1`　表示让机器人程序等待,直到 di4 信号变为 1。

(3)信号置位指令。

①Set 指令　置位数字信号为 1。

例　`Set Do10_1` 表示设置 Do10_1 为 1。

②Reset 指令　复位数字信号为 0。

例　`Reset Do10_1` 表示复位 Do10_1 为 0。

③SetDo 指令　设置数字信号为 0 或 1。

例 1　`SetDo10_1,1` 表示设置 Do10_1 为 1。

例 2　`SetDo10_1,0` 表示设置 Do10_1 为 0。

如果 Set、Reset、SetDo 指令前有运动指令 MoveJ、MoveL、MoveC、MoveAbsJ 的转弯区数据,必须使用 fine 才可以准确地输出 I/O 信号状态的变化。

(4)偏移函数。

①Offs 函数。

Offs 用于在机械臂的工件坐标系中添加一个偏移量。

例 1　`MoveL Offs(p10, 0, 0, 10), v1000, z50, tool1;`表示将机械臂移动至距位置 p10(沿 z 方向)10 mm 的一个点。

例 2　`p10 :=Offs (p1, 5, 10, 15);`表示机械臂位置 p10 沿 x 方向移动 5 mm,沿 y 方向移动 10 mm,且沿 z 方向移动 15 mm。

②RelTool 函数。

RelTool 用于在机械臂的工具坐标系中添加一个偏移/旋转。默认工具坐标系方向如图 2-2-7 所示。

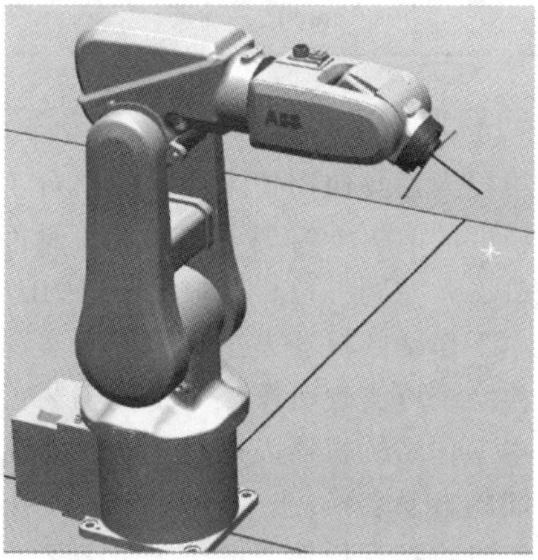

图 2-2-7　默认工具坐标系方向

例 1　`MoveL RelTool (p1, 0, 0, 100), v100, fine, tool1;`表示使用工具 tool1,沿 z 方向,将机械臂移动至距位置 p1 100 mm 的一个点。

例 2　`MoveL RelTool (p1, 0, 0, 0 \Rz:= 25), v100, fine, tool1;`表示使用工具 tool1,沿 z 方向,将机械臂旋转 25°。

常用基础指令与函数见表 2-2-4。

表 2-2-4 常用基础指令与函数

指令与函数	说明
MoveAbsJ	绝对位置运动指令，将机器人各关节轴运动至给定位置。例如：MoveAbsJ jpos10, v1000, z50, tool1
MoveJ	关节运动指令，将工业机器人的 TCP 从一个位置移动到另一个位置
MoveL	线性运动指令，将工业机器人的 TCP 沿直线运动至给定目标位置
MoveC	圆弧运动指令，将工业机器人的 TCP 沿圆弧运动至给定目标位置
WaitTime	等待指令，例如：WaitTime 3;表示等待 3 s
WaitDI	等待设置的数字输入信号为设定值。例如：WaitDI di4, 1 表示让机器人程序等待，直到 di4 信号变为 1
Set	置位数字信号为 1，例如：Set Do10_1 表示设置 Do10_1 为 1
Reset	复位数字信号为 0，例如：Reset Do10_1 表示复位 Do10_1 为 0
SetDo	设置数字信号为 0 或 1，例如：SetDo10_1,1 表示设置 Do10_1 为 1；SetDo10_1,0 表示设置 Do10_1 为 0
Offs	Offs 用于在工件坐标系中对机械臂的位置进行偏移，例如：MoveL Offs(p10,0,0,10),v1000,z50,tool1 表示将机械臂移动至距位置 p10(沿 z 方向)10 mm 的一个点
RelTool	RelTool 用于在工具坐标系中对机械臂进行偏移/旋转，例如：MoveL RelTool (p1, 0, 0, 100), v100, fine, tool1;表示使用工具 tool1，沿 z 方向，将机械臂移动至距位置 p1 100 mm 的一个点

3）**涂胶工具取放**

机器人工具快换技术可以使单台工业机器人完成多个工艺过程，使工业机器人在保证定位精度的前提下实现不同末端工具间的切换，对于工作空间狭窄、工序复杂的情况，可使工业机器人在同一位置完成 2～5 种工序，大大拓展了工业机器人的应用能力。

本工作站的机器人工具根据所实现的工艺不同，分为涂胶工具、夹爪工具等。机器人工具快换系统可实现机器人对不同工艺工具的快速更换，同时保证工具更换后的位置精度。

本工作站的机器人采用工具快换系统，机器人手臂安装有法兰端快换模块，可实现不同工具间的自动切换。

工具快换系统涉及的信号见表 2-2-5，“kh”信号控制工具快换系统的夹紧和松开。

表 2-2-5 工具 I/O 参数设置

I/O 板地址	信号名称(DO)	功能描述	对应关系
7	kh	快换装置	工具

(1)添加 d652 板卡。

① 进入“控制面板”界面,选择“配置”。

② 选择“DeviceNet Device”,如图 2-2-8 所示。

③ 单击“添加”。

④ 选择模板“DSQC 652 24 VDC I/O Device”,如图 2-2-9 所示。

2-2-1　ABB 工业机器人板卡配置

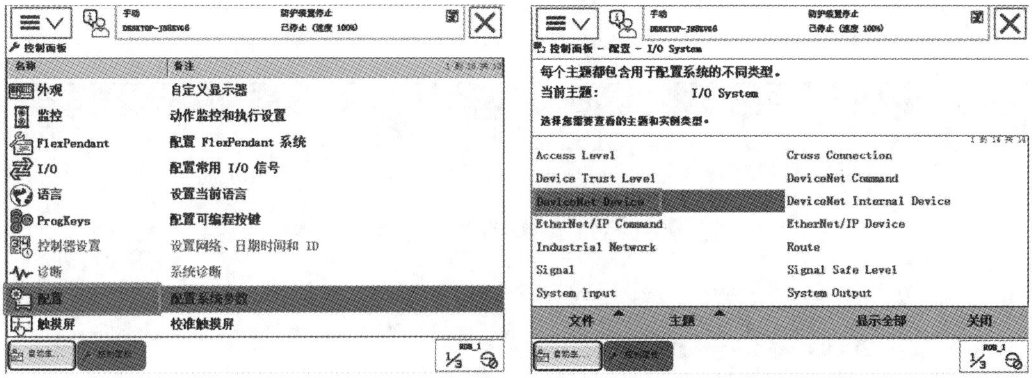

(a)　　(b)

图 2-2-8　建立 DeviceNet Device

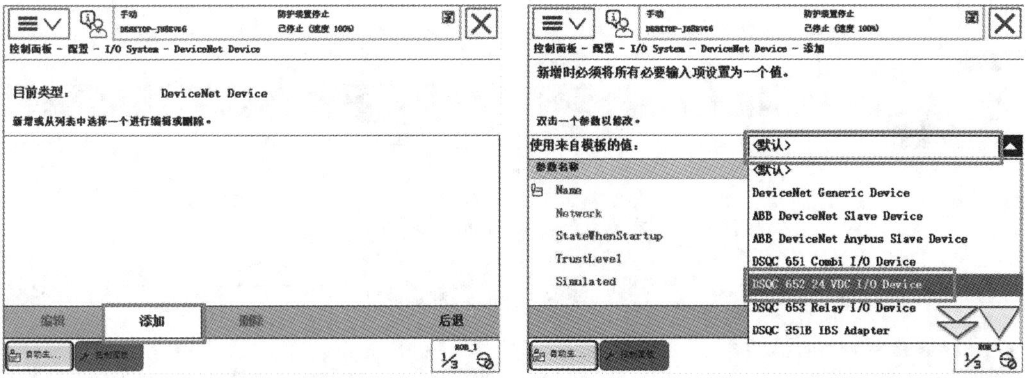

(a)　　(b)

图 2-2-9　选择 DSQC 652 模板

⑤ 将“Address”从 63 改为 10。

⑥ 单击“确定”,如图 2-2-10 所示。

⑦ 在弹出的“重新启动”窗口选择“否”。

⑧ 可以看到名称为“d652“的板卡已经添加完成,如图 2-2-11 所示。

(2)添加信号。

① 返回“控制面板”的“配置”界面,选择“Signal”。

② 单击“添加”,如图 2-2-12 所示。

③ 选择“Name”。

2-2-2　ABB 工业机器人 I/O 信号配置

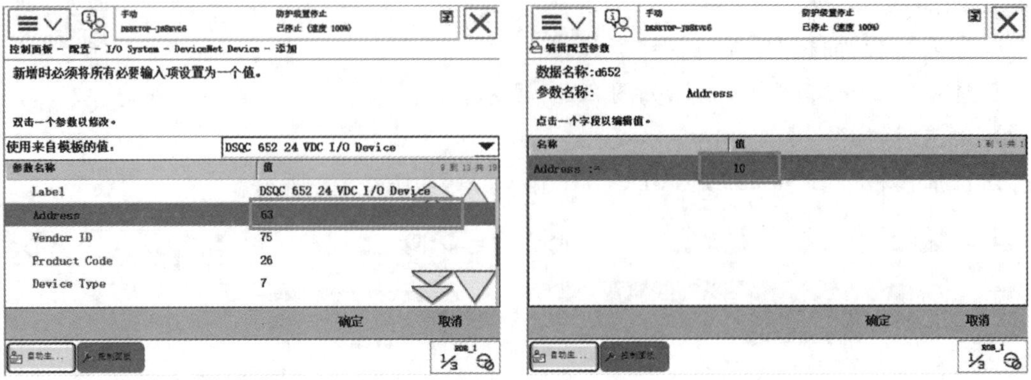

(a) (b)

图 2-2-10　修改 DSQC 652 地址

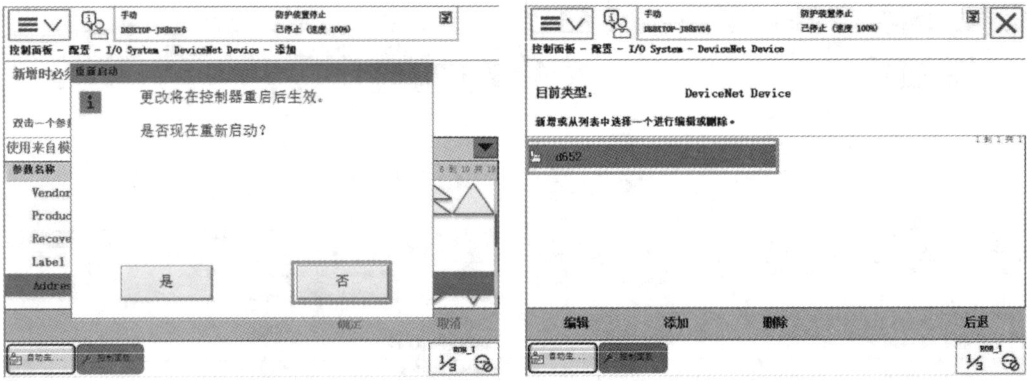

(a) (b)

图 2-2-11　添加 d652 板卡

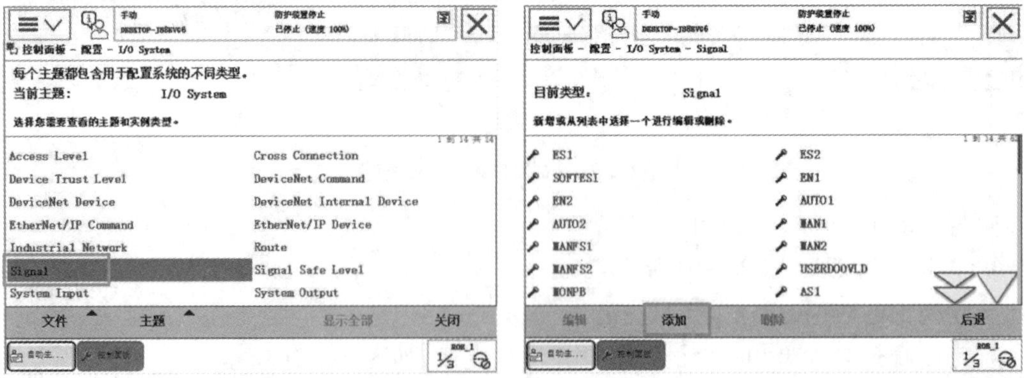

(a) (b)

图 2-2-12　添加信号

④ 将默认的“tmp0”改为“kh”，如图 2-2-13 所示。

⑤ 将“Type of Signal”设置为“Digital Output”。

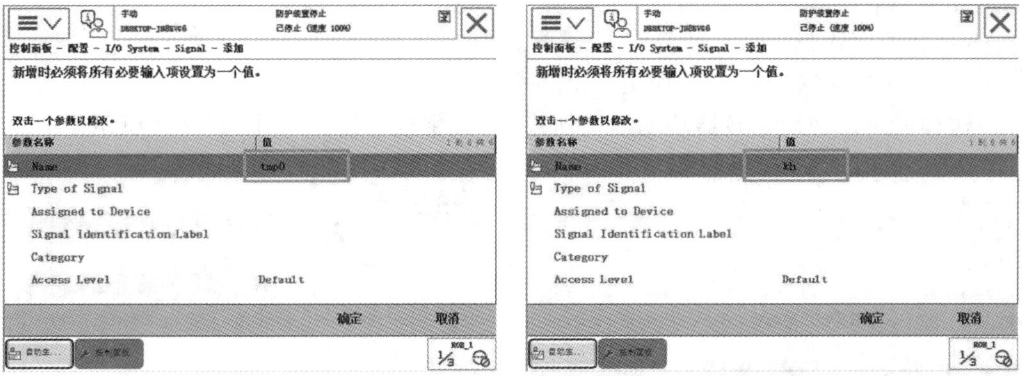

(a)　　　　(b)

图 2-2-13　设置信号名称

⑥ 将“Assigned to Device”设置为“d652”,如图 2-2-14 所示。

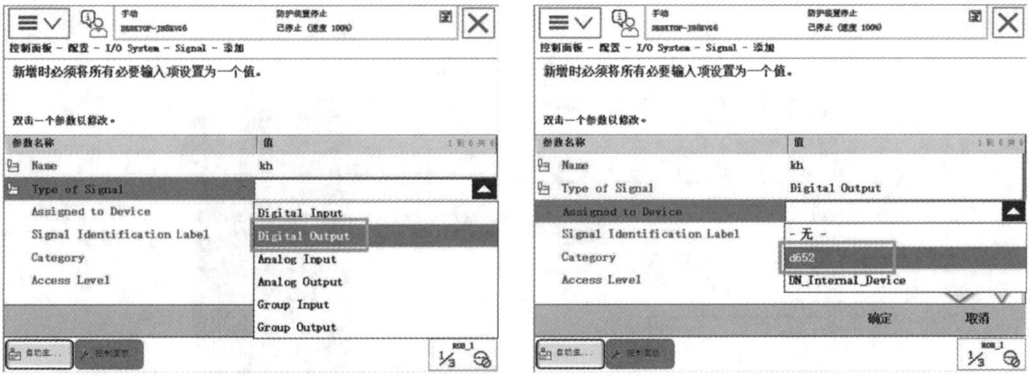

(a)　　　　(b)

图 2-2-14　指定信号类型

⑦ 将“Device Mapping”设置为“7”,单击“确定”。

⑧ 在弹出的“重新启动”窗口选择“是”,即可生效,如图 2-2-15 所示。

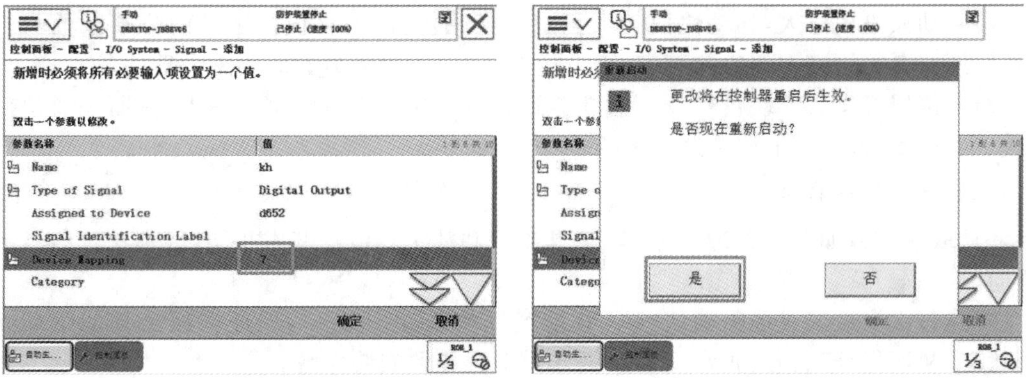

(a)　　　　(b)

图 2-2-15　设置信号地址映射

(3)示教器功能键添加。

① 返回“控制面板”界面，选择“ProgKeys”。

② “按键 1 输出”选择“kh”，如图 2-2-16 所示。

③ 这样就可以使用示教器功能键 1 切换 kh 数字信号输出，如图 2-2-17 所示。

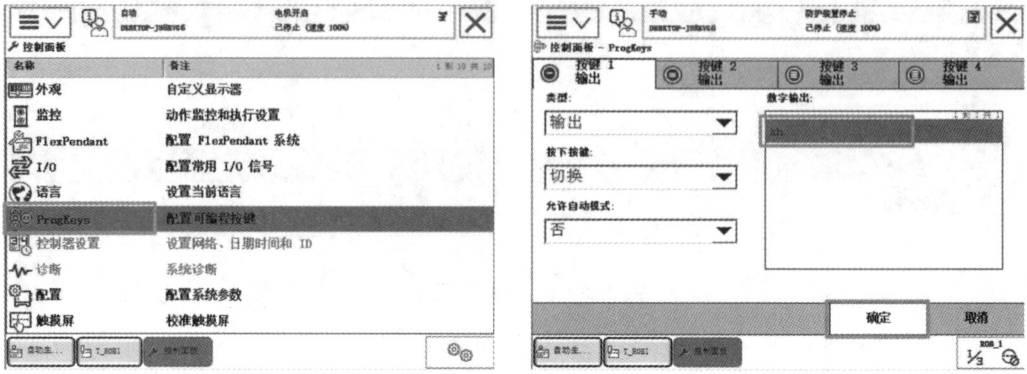

(a) (b)

图 2-2-16 添加示教器功能键

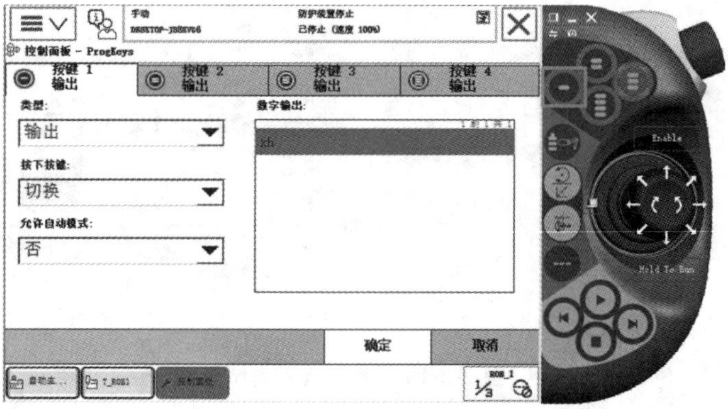

图 2-2-17 功能键使用

4）快换工具的安装定点

(1)手动操纵机器人，移动快换工具至工具架相应位置，将快换工具的公端凹槽与母端凹槽对齐，或者将销钉与销钉孔对齐，记录机器人点位，命名为 gjd，如图 2-2-18 所示。

(2)复位快换工具安装信号“kh”为“0”，这将导致快换工具的钢珠弹出，从而完成快换工具的锁定，如图 2-2-19 所示。

5）工具的取放编程

工具取放流程如图 2-2-20 所示，取工具流程和放工具流程基本相同，区别在于信号的动作不同。

注意：每次安装工具前需确认“kh”处于置位状态，即 kh＝1，保证快换工具的钢珠处于缩回状态，从而保证工具的正常安装。钢珠弹出会导致安装失败。

由于取工具流程和放工具流程基本一致，只有工具点的取放信号设置不一样，可以使用复制的方式编写，取放涂胶工具的程序如下：

(a)　　　　　　　　　　(b)

图 2-2-18　快换工具的对齐

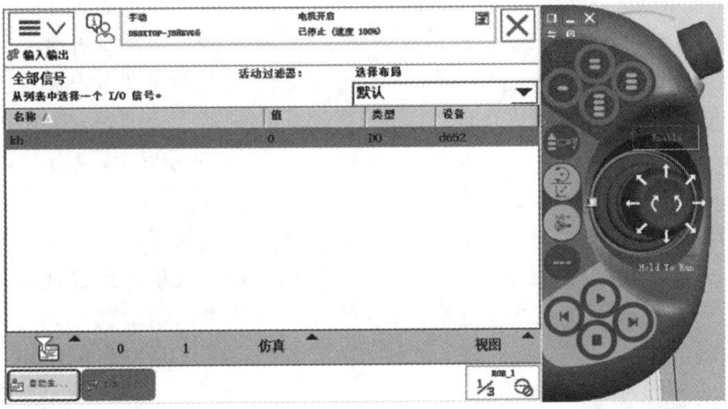

图 2-2-19　信号查看界面

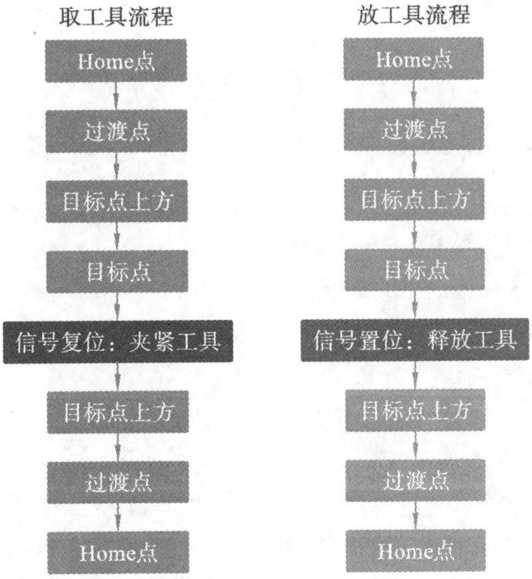

图 2-2-20　工具取放流程

```
proc main()                                             !程序名，此处功能为取工具
    moveabsj home,v1000,fine,tool0;                     !机器人运动到 home 点；
    movel gdd,v1000,z10,tool0;                          !机器人运动到过渡点；
    movel offs(gjd,0,0,200),v1000,z10,tool0;            !机器人运动至安装涂胶工具上方位置；
    movel gjd,v200,fine,tool0;                          !机器人运动至安装涂胶工具目标点位置；
    reset kh;                                           !kh 信号复位,快换工具钢珠弹出夹紧工具；
    waittime 0.5;                                       !等待 0.5 s；
    movel offs(gjd,0,0,200),v200,z10,tool0;             !机器人运动至安装涂胶工具上方位置；
    movel gdd,v1000,z10,tool0;                          !机器人运动到过渡点；
    moveabsj home,v1000,fine,tool0;                     !机器人运动到 home 点；
endproc
```

```
proc main()                                             !程序名,此处功能为放工具
    moveabsj home,v1000,fine,tool0;                     !机器人运动到 home 点；
    movel gdd,v1000,z10,tool0;                          !机器人运动到过渡点；
    movel offs(gjd,0,0,200),v1000,z10,tool0;            !机器人运动至安装涂胶工具上方位置；
    movel gjd,v200,fine,tool0;                          !机器人运动至安装涂胶工具目标点位置；
    set kh;                                             !kh 信号置位,快换工具钢珠缩回放开工具；
    waittime 0.5;                                       !等待 0.5 s；
    movel offs(gjd,0,0,200),v200,z10,tool0;             !机器人运动至安装涂胶工具上方位置；
    movel gdd,v1000,z10,tool0;                          !机器人运动到过渡点；
    moveabsj home,v1000,fine,tool0;                     !机器人运动到 home 点；
endproc
```

2-2-3　取放工具操作

2-2-4　安全点子程序

知识库

※机器人回 home 安全点

这里 home 表示安全点的点位，home 的数据一般在编程中预先定义，比如，如果机器人的安全点要求各关节的角度为：J1、J2、J3、J4、J6 为 0°，J5 为 90°，则需要在“程序数据”中设置“jointtarget”变量，以定义 home 点的关节角度。

(1)单击示教器主菜单，单击“程序数据”，进入程序数据页面，选择右下方“视图”，再选择“全部数据类型”，如图 2-2-21 所示。

(2)在全部数据类型页面，单击右下方的方向箭号，选择“jointtarget”，双击，进入 jointtarget 页面后，单击“新建...”，在弹出的新页面中将“名称”修改为“home”，同时，单击左下方的“初始值”，在弹出的页面中把“rax_1：＝”至“rax_6：＝”六个轴数据按照任务给定的值设定，设定完成后单击“确定”三次，直到完成数值设定，至此安全点建立完成，如图 2-2-22 所示。实际应用中，这里用到了绝对位置运动指令 MoveAbsJ 的含义。

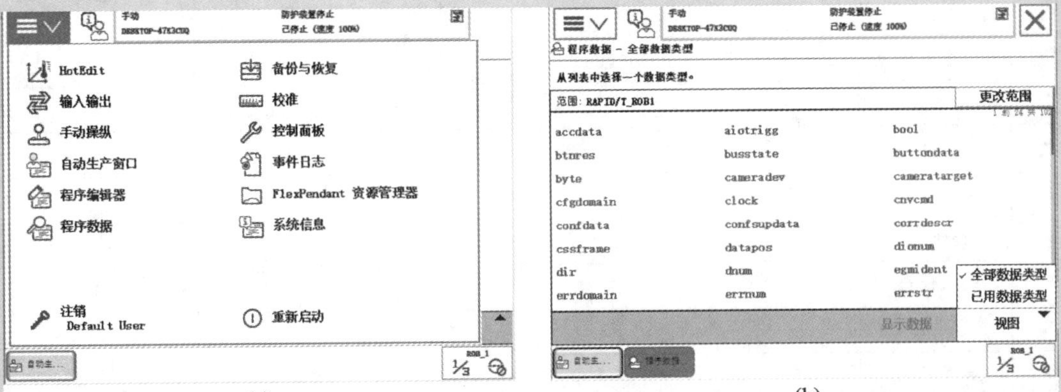

(a)　　　　　　　　　　(b)

图 2-2-21　程序数据页面

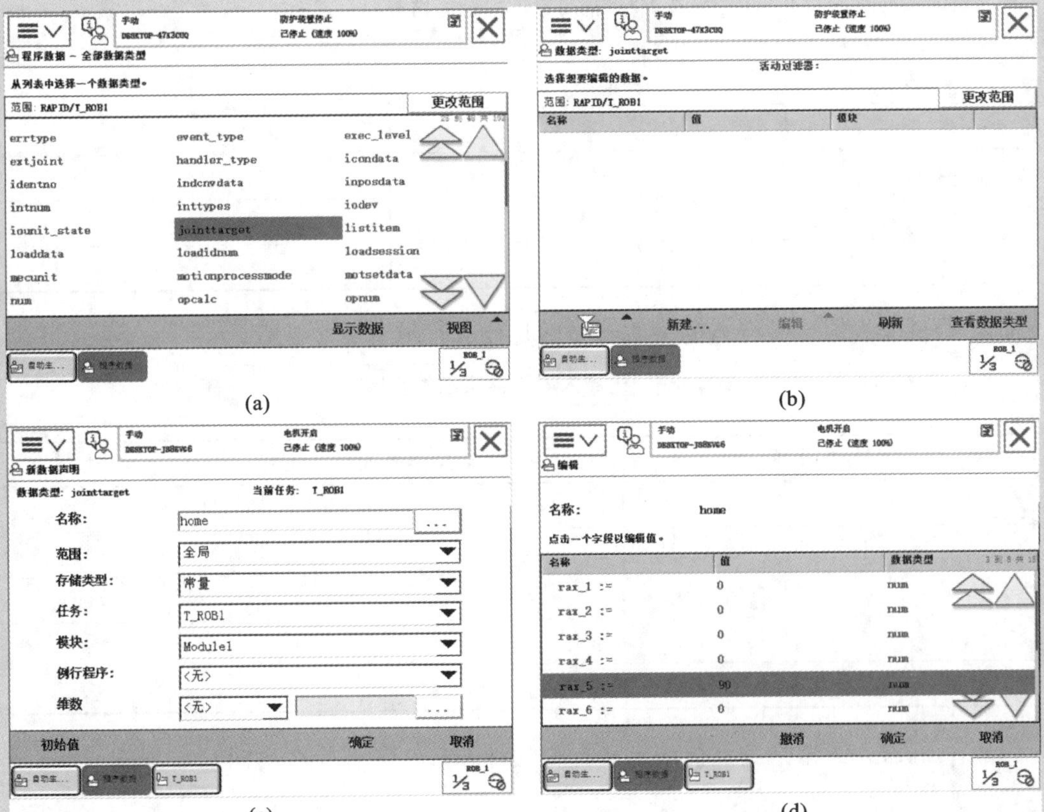

(a)　　　　　　　　　　(b)

(c)　　　　　　　　　　(d)

图 2-2-22　安全点建立过程

3. 掌握新知

问题 1：工业机器人常用的程序数据类型有哪些？填写表 2-2-6。

表 2-2-6　常用程序数据类型总结表

序号	名称	功能	特点
1	num		
2	bool		
3	string		
4	jointtarget		
5	robtarget		
6	tooldata		
7	wobjdata		

问题 2：工业机器人常用运动指令有哪些？分别有什么特点？填写表 2-2-7。

表 2-2-7　常用运动指令总结表

序号	名称	功能	特点
1	MoveAbsJ		
2	MoveJ		
3	MoveL		
4	MoveC		

问题 3：机器人取工具定点的方法和步骤是什么？填写表 2-2-8。

表 2-2-8　机器人取工具定点的步骤

序号	操作步骤	手动操作模式	备注
1			
2			
3			
4			
5			

问题 4：机器人圆弧涂胶点位的定义有哪几种方法？各有什么不同？

知识库

※转弯区域半径

转弯区域半径用于规定机器人如何结束一个位置，并以一定圆弧半径过渡。这有助于机器人在朝下一个位置移动之前，以一种平滑和受控的方式接近编程位置。机器人转弯区域半径如图 2-2-23 所示。

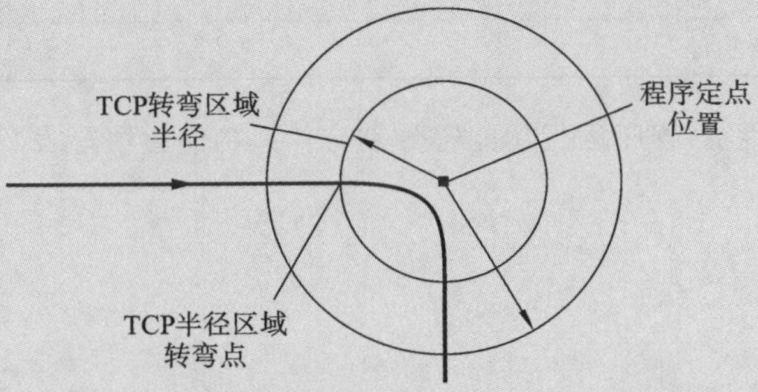

图 2-2-23　机器人转弯区域半径

问题 5：如何调试编写好的机器人程序？

(1)如图 2-2-24 所示，程序编辑器中“任务与程序”“模块”“例行程序”有何作用？

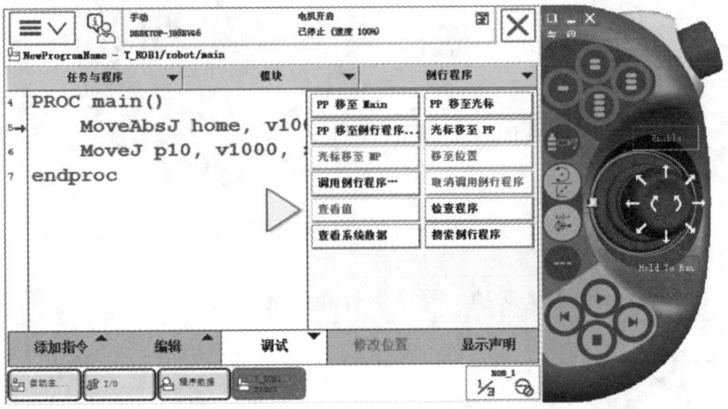

图 2-2-24　程序编辑器

(2)如图 2-2-24 所示，调试窗口中各个按键的功能是什么？填写表 2-2-9。

表 2-2-9　调试窗口功能按键说明

序号	名称	功能	备注
1	PP 移至 Main		
2	PP 移至光标		
3	PP 移至例行程序		
4	光标移至 PP		
5	调用例行程序		
6	检查程序		

(3)如图 2-2-25 所示,程序运行功能键分别有什么功能?填写表 2-2-10。

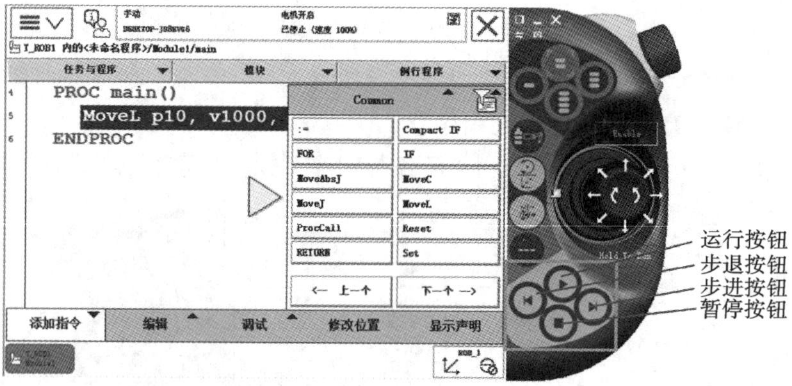

图 2-2-25　程序运行功能键

表 2-2-10　程序运行功能键说明

序号	名称	功能	备注
1	运行按钮		
2	步退按钮		
3	步进按钮		
4	暂停按钮		

协作探究，实施展示

任务指引:开展小组内讨论,每个同学对小组任务进行讨论分析,组长综合每位同学的意见，确定小组讨论后最终答案，每组派 1 位同学展示或陈述小组结论。

1. 小组组建

小组分工表见表 2-2-11。

表 2-2-11　小组分工表

班级		组名	
组长		学号	
组员	姓名	学号	分工

2. 基础任务

任务 1：按下示教器运行按钮，工业机器人拾取涂胶工具，回到 home 点。工业机器人 home 点姿态为：本体的 1 轴为 90°，2 轴、3 轴、4 轴、6 轴为 0°，5 轴为 90°。

目标：根据所学机器人编程知识，小组协作完成以下内容。

程序调试步骤如下。

第一步：

第二步：

第三步：

第四步：

第五步：

第六步：

2-2-5　基础涂胶

任务 2:涂胶工具的 TCP 位于涂胶单元轨迹线槽的中心线,偏离涂胶单元平面上方 10 mm,而且工具 Z 轴垂直于涂胶表面,按照如下步骤完成基础涂胶轨迹(见图 2-2-26)。

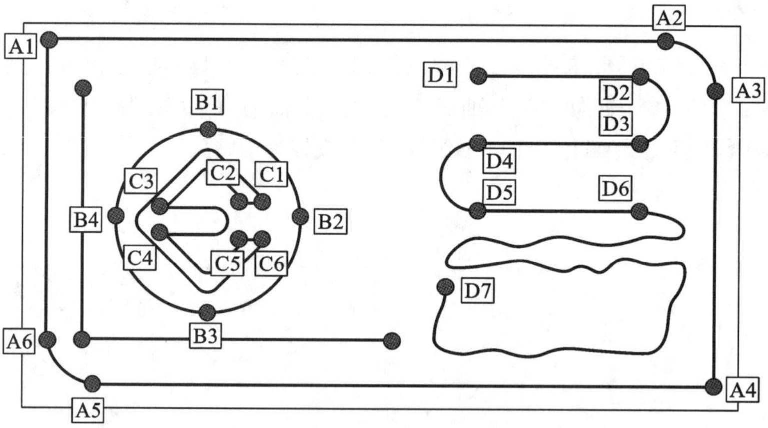

图 2-2-26　基础涂胶轨迹

(1)工业机器人以 A2 点为起始点,以 A5 点为结束点,按照 A2—A1—A6—A5 的顺序完成 A 轨迹基础涂胶,涂胶工具 TCP 速度为 150 mm/s。完成该轨迹后,机器人回 home 点,停留 3 s。

(2)工业机器人以 B1 点为起始点和结束点,按照 B1—B2—B3—B4—B1 的顺序完成 B 轨迹基础涂胶,分别在 B2、B3、B4 点停留 3 s,涂胶工具 TCP 速度为 100 mm/s。完成该轨迹后,机器人回 home 点,暂停涂胶。

目标:根据任务 2 写出程序代码。

3. 提高任务

如图 2-2-26 所示，工业机器人以 C5 点为起始点和结束点，按照 C5—C4—C3—C2—C1—C6—C5 的顺序完成 C 轨迹基础涂胶，分别在 C4、C2 点停留 2 s，涂胶工具 TCP 速度为 150 mm/s。完成该轨迹后，机器人回 home 点，暂停涂胶。

根据提高任务写出程序代码。

4. 决策评估

方案决策单见表 2-2-12。

表 2-2-12　方案决策单

方案决策					
组别		组长		日期	
学习任务	工业机器人基础涂胶				
岗位情景	机器人绘制 A、B、C 涂胶轨迹				
方案 1 描述					
方案 2 描述					
方案 3 描述					
评估决策					
序号	可行性	经济性	操作性	实施难度	方案等级评价
方案 1	□高 □低	□好 □差	□强 □弱	□高 □低	□优 □良 □中 □差
方案 2	□高 □低	□好 □差	□强 □弱	□高 □低	□优 □良 □中 □差
方案 3	□高 □低	□好 □差	□强 □弱	□高 □低	□优 □良 □中 □差
评价决策	综合评价				
	终选方案	□方案 1　□方案 2　□方案 3			

检查评价，总结反思

1. 学生自评

活动过程自评表见表 2-2-13。

表 2-2-13　活动过程自评表

班级		组名		日期	
序号	评价要素			分值	分数
1	能熟知工业机器人常用运动指令、偏移函数等			10	
2	能理解常用的程序数据类型的含义			10	
3	能掌握机器人取工具定点的方法和步骤			10	
4	能了解并熟知工业机器人程序的调试方法			10	

续表

序号	评价要素	分值	分数
5	能够完成工业机器人取放工具程序的编写与调试	15	
6	能够完成工业机器人 A 轨迹、B 轨迹的涂胶程序的编写与调试	25	
7	能够完成工业机器人 C 轨迹的涂胶程序的编写与调试	20	
自评分数			
自我总结与反思			

2. 小组互评

活动过程小组互评表见表 2-2-14。

表 2-2-14　活动过程小组互评表

班级		被评组名		日期	
评价指标	评价要素			分值	分数
1	与教师、同学之间能够保持多向、丰富、适宜的信息交流			10	
2	与教师、同学之间相互尊重、理解			10	
3	能处理好合作学习和独立思考之间的关系，做到有效学习			10	
4	能提出有意义的问题或能发表个人见解			20	
5	能按要点正确操作，能够倾听、协作、分享			20	
6	能发现问题、提出问题、分析问题、解决问题、创新问题			20	
7	能严肃、认真地对待自评，并能独立完成自测试题			10	
互评分数					
简要评述					

3. 教师评价

教师评价表见表 2-2-15。

表 2-2-15　教师评价表

姓名		组别		日期		
序号	评分点		分值	评分标准		得分
1	(1)表述仪态自然，吐字清晰		10	表述仪态不自然或吐字模糊酌情扣分		
	(2)表述思路清晰、层次分明、准确			表述思路模糊或层次不清酌情扣分		

续表

序号	评分点	分值	评分标准	得分
2	(1)理解编程指令关键点准确	10	理解不准确酌情扣分	
	(2)理论知识回顾完整,分组分工明确		知识不完整、分工不明确酌情扣分	
3	(1)完成机器人取放工具程序的编写与调试	5	一处表述不清扣1分,扣完为止	
	(2)确定整体工作思路	5	一处步骤错误扣1分,扣完为止	
4	(1)完成机器人A轨迹涂胶编程	10	每漏一项扣1分,扣完为止	
	(2)完成机器人A轨迹涂胶定点调试	10	操作不当扣1分,扣完为止	
	(3)完成机器人B轨迹涂胶编程	10	每漏一项扣1分,扣完为止	
	(4)完成机器人B轨迹涂胶定点调试	10	操作不当扣1分,扣完为止	
	(5)完成机器人C轨迹涂胶编程	10	每漏一项扣1分,扣完为止	
	(6)完成机器人C轨迹涂胶定点调试	10	操作不当扣1分,扣完为止	
5	(1)依据自评分数	5		
	(2)依据个人总结评价报告	5		
	满分	100	得分	

4. 考核评价

工业机器人基础涂胶考核任务

2-2-6 工业机器人基础涂胶考核任务

姓名:____________ 成绩:____________ 考核时间:60分钟

(1) RAPID 程序的基本组成元素包括________、________、________。

(2)程序数据的存储类型可以分为三大类,分别为________、________、________。

(3)请解释如下指令的含义,包括指令功能、数据类型等。

```
MoveAbsJ home,v1000,z10,tool0;
MoveL p10,v100,fine, MyTool;
MoveC p60, p70, v150, z10, MyTool;
MoveJ Offs(p20,0,0,10),v500,z5, MyTool;
```

(4)根据表1,完成快换工具信号的配置和可编程按键的添加,并以思维导图形式画出操作步骤。

表1

I/O板地址	信号名称(DO)	功能描述	对应关系
7	kh	快换装置	工具

(5)按下示教器运行按钮，工业机器人拾取涂胶工具，回到 home 点。工业机器人 home 点姿态为：本体的 1 轴为 90°，2 轴、3 轴、4 轴、6 轴为 0°，5 轴为 90°。

(6)涂胶工具的 TCP 位于涂胶单元轨迹线槽的中心线，偏离涂胶单元平面上方 10 mm，而且工具 Z 轴垂直于涂胶表面，按照如下步骤完成基础涂胶轨迹(见图 1)。

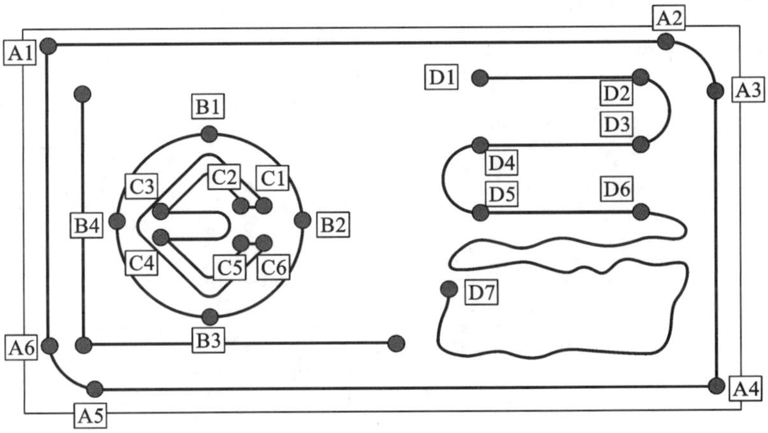

图 1

①工业机器人以 A1 点为起始点，以 A4 点为结束点，按照 A1—A2—A3—A4 的顺序完成 A 轨迹基础涂胶，涂胶工具 TCP 速度为 150 mm/s。完成该轨迹后，机器人回 home 点，停留 3 s。

②工业机器人以 C1 点为起始点，以 C6 点为结束点，按照 C1—C2—C3—C4—C5—C6 的顺序完成 C 轨迹基础涂胶，分别在 C2、C4 点停留 2 s，涂胶工具 TCP 速度为 100 mm/s。完成该轨迹后，机器人回 home 点，暂停涂胶。

评分标准

序号	考核内容	标准	配分	得分
1	理论知识	(1)RAPID 程序概念的理解，每错一项扣 1 分	3	
		(2)程序数据概念的理解，每错一项扣 1 分	3	
		(3)机器人指令的理解，每错一项扣 1 分	4	
2	快换工具 I/O 信号配置	(1)能够完成 d652 板卡的创建	5	
		(2)能够完成快换工具信号的添加	9	
		(3)能够使用可编程按键切换快换工具	6	
3	机器人取工具，回 home 点	(1)机器人 home 点正确	5	
		(2)机器人运行轨迹无误	10	
		(3)机器人运行过程中无停机现象	5	

续表

序号	考核内容	标准	配分	得分
4	基础涂胶 A 轨迹	(1)起始点 A1、结束点 A4	4	
		(2)涂胶顺序 A1—A2—A3—A4	5	
		(3)涂胶工具 TCP 速度 150 mm/s	4	
		(4)工具垂直于涂胶平面	4	
		(5)回 home 点,停留 3 s	5	
		(6)若碰撞则(1)～(5)项不得分	0	
5	基础涂胶 C 轨迹	(1)起始点 C1、结束点 C6	4	
		(2)涂胶顺序 C1—C2—C3—C4—C5—C6	5	
		(3)涂胶工具 TCP 速度 100 mm/s	4	
		(4)C2、C4 点停留 2 s	6	
		(5)工具垂直于涂胶平面	4	
		(6)回 home 点,暂停涂胶	5	
		(7)若碰撞则(1)～(6)项不得分	0	
合计得分				

5. 总结反思

任务实施完成后,学生需要根据实际情况,通过指导老师对实施情况的点评来分析自身的不足之处,寻找三个关键问题进行思考,填写表 2-2-16,做到及时的自查自省和总结。

表 2-2-16　总结反思问题记录表

序号	任务目标	存在的问题	解决的方法
1			
2			
3			

项目总结

本项目主要讲 ABB 工业机器人操作与编程,包括两个任务。任务一为工业机器人物料搬运。该任务以工业机器人工作站 PCB 异形插件设备 DS-01 为载体,以 ABB IRB 120 机器人为对象。学习目标包括:掌握机器人开启和关闭的方法,熟练使用示教器操纵工业机器人进行轴运动、线性运动和重定位运动,能进行机器人可编程按键的设置,理解工业机器人坐标系的概念,会建立工具坐标系。任务二为工业机器人基础涂胶,学习目标包括:理解工业机器人板卡配置、输入/输出信号配置的方法,理解工业机器人程序框架、程序数据的含义,了解基本的运动指令和偏移函数的用法,能进行基础涂胶任务编程,能进行程序调试。

拓展升华

人形机器人产业化可期

2013 年，波士顿动力的 Atlas 人形机器人首次对外亮相；2015 年，挪威 1X Technologies 推出 EVE 人形机器人；2018 年，中国人形机器人产业开始崭露头角，优必选 Walker 第一代产品参加国际消费类电子产品展览会(CES)。

近年来，行业催化事件密集，产业进展加速，多家商业巨头也逐渐入局人形机器人行业。2022 年，特斯拉 Optimus 原型机正式亮相，并在短短一年内实现快速优化更新；同年，小米首个全尺寸人形仿生机器人 CyberOne 亮相其秋季新品发布会；2023 年 7 月，在世界人工智能大会开幕式上，傅利叶智能发布了其最新研发的一款通用人形机器人 GR-1，引起业内强烈关注，被视为通用机器人时代的里程碑。2023 年 8 月，在北京的世界机器人大会上，四足机器人公司宇树科技和云深处科技，以及智元机器人公司相继推出人形机器人。至此，人形机器人行业已经进入百花齐放的新阶段。

人形机器人数据闭环的实现主要分为三个阶段：发布产品、工厂场景应用、消费级场景应用。在发布产品阶段需要完成人形机器人产品的理论验证，主要包括行走测试、接入第三方大模型数据、执行特定的任务(如分拣任务)，而国内人形机器人主要处在刚发布产品阶段，并未完成行走测试、接入第三方大模型数据和执行特定的任务。

随着人形机器人功能的多样化和普适化，产业分工日趋成熟，成本持续下降，潜在应用场景有望涵盖制造业、家庭服务等多个领域，市场前景广阔。根据测算分析，在中性假设下，2035 年全球人形机器人制造和家庭服务市场销量 1318 万台，2025—2035 年复合年增长率(CAGR)为 98.2%；若考虑价格变动因素，市场规模为 1103 亿美元，2025—2035 年 CAGR 为 68.6%。

项目三
工业机器人系统集成

项目描述

工业机器人系统集成商处于机器人产业链的下游，为终端客户提供应用解决方案，其负责工业机器人应用二次开发和周边自动化配套设备的集成，是工业机器人自动化应用的重要组成部分。只有机器人本体是不能完成任何工作的，需要通过系统集成之后才能为终端客户所用。工业机器人系统集成就是把工业机器人本体、机器人控制软件、机器人应用软件、机器人周边设备结合起来，形成系统而应用于焊接、打磨、上下料、搬运、机加工等工业自动化任务。

本项目以职业院校技能大赛中职组北京华航唯实机器人科技股份有限公司生产的工业机器人工作站 CHL-DS-01 设备为载体，学生在完成任务的过程中能够认识智能制造行业典型零部件、工具，理解工业机器人典型任务的要求，能完成工业机器人、可编程控制器(PLC)、触摸屏三者通信设置，能执行涂胶、码垛、印刷电路板(PCB)装配的典型工作任务。在任务实施部分，通过智能制造典型应用案例帮助学生将所学知识运用到实际工作中，将理论与实际相结合。

学习提纲

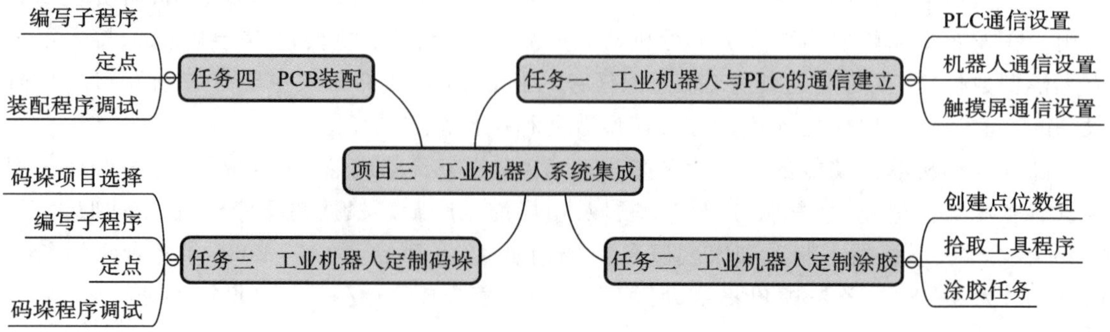

任务一　工业机器人与 PLC 的通信建立

情景导入，任务发布

1. 学习情景

在传统生产模式下，汽车生产线上的机器人只能执行单一的任务，无法适应多样化的市场需求。而采用工业机器人系统集成解决方案后，机器人可以通过更换不同的工具实现不同车型的定制化生产。消费者可以根据自己的喜好和需求，选择不同的配置和款式，得到符合个性化要求的汽车。

然而，要满足客户定制化要求，首先需要完成触摸屏与 PLC、机器人之间的信号连接，并通过触摸屏按钮实现功能验证。现在，请你和你的小组通过查阅相关资料，完成相应任务。

2. 任务分析

任务分析	
任务名称	工业机器人与 PLC 的通信建立。
任务地位	工业机器人与 PLC 的通信建立，是工业机器人定制化加工的必要一步。
任务流程	(1)了解 PLC、触摸屏、机器人之间的数据传输方式。 (2)掌握 PLC、触摸屏、机器人的 IP 地址设置和以太网接口连接。 (3)使用 FTP(文件传输协议)配置 I/O 信号和导入机器人程序。 (4)理解 S7-200 SMART 型号 PLC 的 TCP 通信模块设置。 (5)理解 ABB 机器人的 socket(套接字)通信指令。 (6)编写 PLC 和 ABB 机器人的 TCP 通信程序。 (7)掌握 PLC、触摸屏、机器人之间的 TCP 通信调试方法。 (8)小组讨论，得出最优程序，总结程序编写与调试步骤。

3. 目标要求

任务目标要求	
岗位要求	本任务要求工业机器人相关技术操作人员能够掌握触摸屏、PLC 与机器人之间的通信建立方式，编写通信程序并完成测试。

续表

任务目标要求	
课程目标	知识目标 (1)能认识机器人与 PLC 的以太网通信方式。 (2)理解 FTP(文件传输协议)。 (3)能理解机器人 socket 通信指令,包括 socketcreate、socketconnect、socketsend 等。 (4)能理解 PLC 的通信指令。 技能目标 (1)能完成机器人、PLC、触摸屏的 IP、端口等参数设置。 (2)能够使用 FTP(文件传输协议)配置 I/O 信号和导入机器人程序。 (3)能编写机器人程序、PLC 通信程序。 (4)能完成机器人、PLC、触摸屏通信程序调试。 情感目标 (1)通过小组合作学习,培养学生的团队精神和爱岗敬业精神。
	(2)通过自主探究式学习,培养学生的钻研精神。 (3)通过 8S 管理,提升学生职业素养和工匠精神。
证书技能要求	▶对应工业机器人 1+X 证书技能点(工业机器人装调职业技能等级证中级、工业机器人集成应用职业技能等级证中级) (1)能安装 PLC 编程软件。 (2)能进行 PLC 简单逻辑编程。

问题引导，自主学习

1. 引导问题

引导问题 1:机器人控制器的网线接口有哪些？作用分别是什么？

引导问题 2:如何检验各设备 IP 设置是否成功？

引导问题 3:机器人和 PLC 的通信程序中,需要使用的指令有哪些？

引导问题 4:如何将用户电脑机器人程序传输至机器人控制器？

引导问题 5:若在机器人通信程序调试过程中连接不上 PLC,该如何解决？程序指针停留在 socketconnect 指令行。

2. 任务知识点

1) IP 设置

用户电脑、机器人、PLC 和触摸屏都通过网线端口连接到网络中,使用路由器或交换机作为连接设备。为了确保这些设备能够互相通信,它们的 IP 地址需要配置在同一个网段内。例如,如果用户电脑的 IP 地址是 192.168.0.10,而 PLC、机器人和触摸屏的 IP 地址分别是 192.168.0.1、192.168.0.2 和 192.168.0.3,它们都具有相同的网络部分 192.168.0,

并且假设子网掩码是255.255.255.0,那么这些设备的网络部分与子网掩码进行按位与运算后是相同的,因此它们处于同一网段。

(1)用户电脑 IP 设置。

①打开“有线网络设置”(见图3-1-1(a))。

②打开“更改适配器选项”(见图3-1-1(b))。

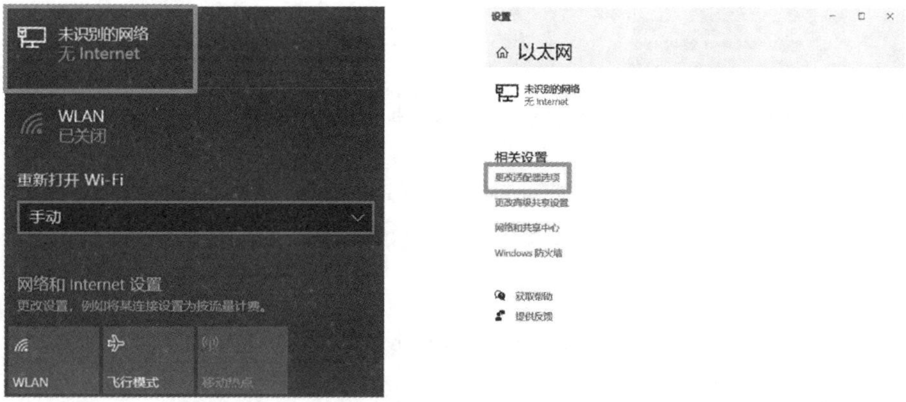

(a)　　(b)

图3-1-1　用户电脑 IP 设置

③选择连接好的以太网端口,单击“属性”(见图3-1-2)。

图3-1-2　以太网端口属性

④单击“Internet 协议版本 4(TCP/IPv4)”(见图3-1-3(a))。

⑤更改“IP 地址(I)”为“192.168.0.10”(见图3-1-3(b))。

(2)机器人 IP 设置。

①选择“控制面板”(见图3-1-4(a))。

②单击“配置”(见图3-1-4(b))。

③单击“主题”,选择“Communication”(见图3-1-5(a))。

④选择“IP Setting”(见图3-1-5(b))。

⑤单击“添加”(见图3-1-6(a))。

⑥将“IP”设置为“192.168.0.2”,将“Interface”设置为“LAN3”(见图3-1-6(b))。

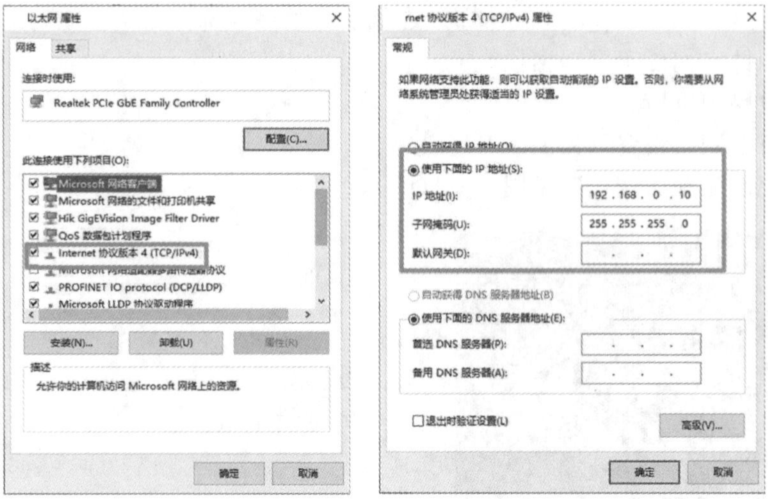

(a) (b)

图 3-1-3　IP 地址设置

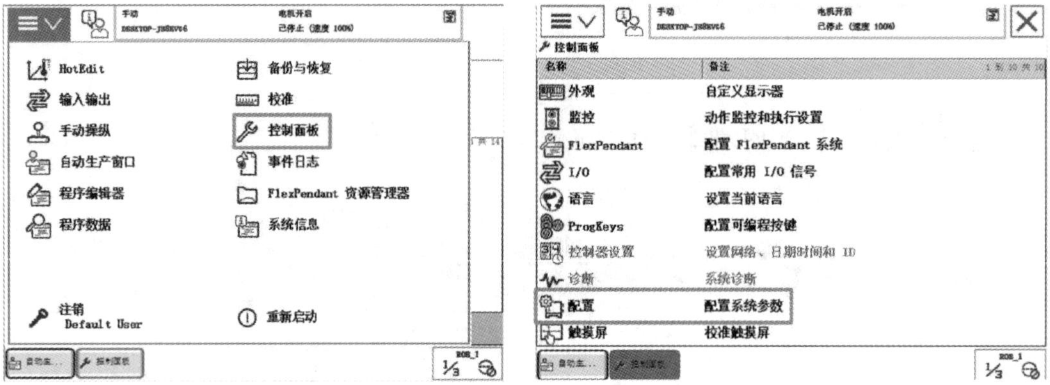

(a) (b)

图 3-1-4　机器人系统参数配置

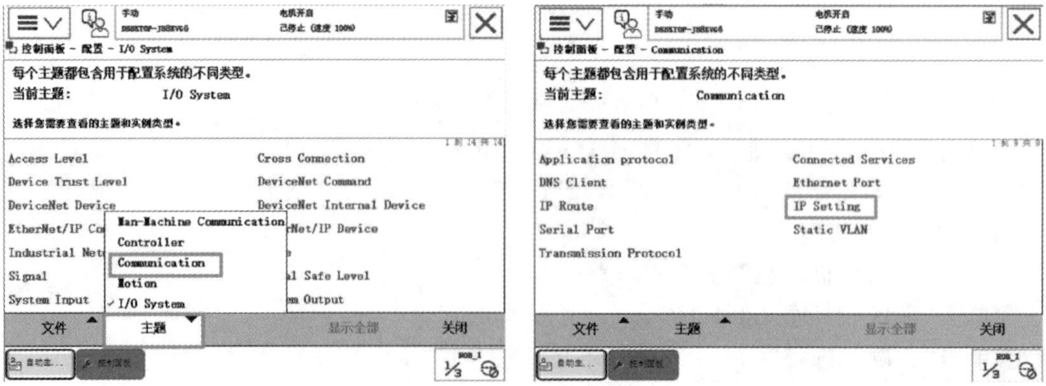

(a) (b)

图 3-1-5　机器人通信界面

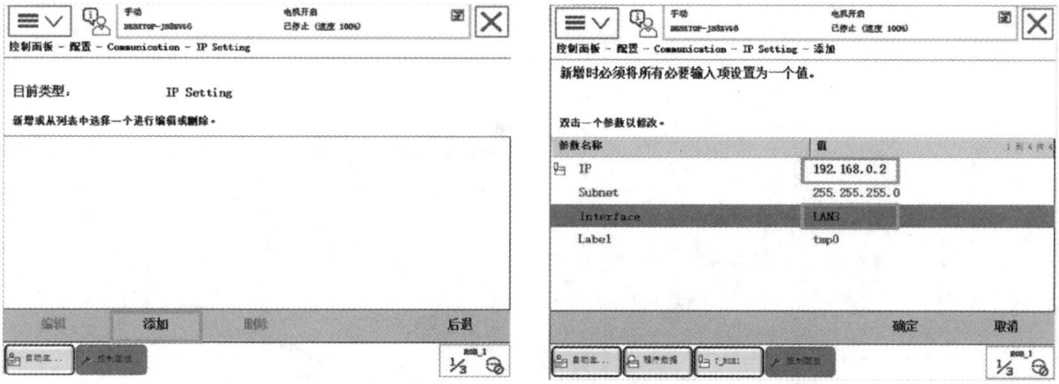

(a)　　　　　　　　　　　　　　　　(b)

图 3-1-6　机器人 IP 设置

(3)PLC IP 设置。

单击通信设置图标,单击“查找 CPU”,单击“编辑”,单击“设置”,单击“确定”,如图 3-1-7 所示。

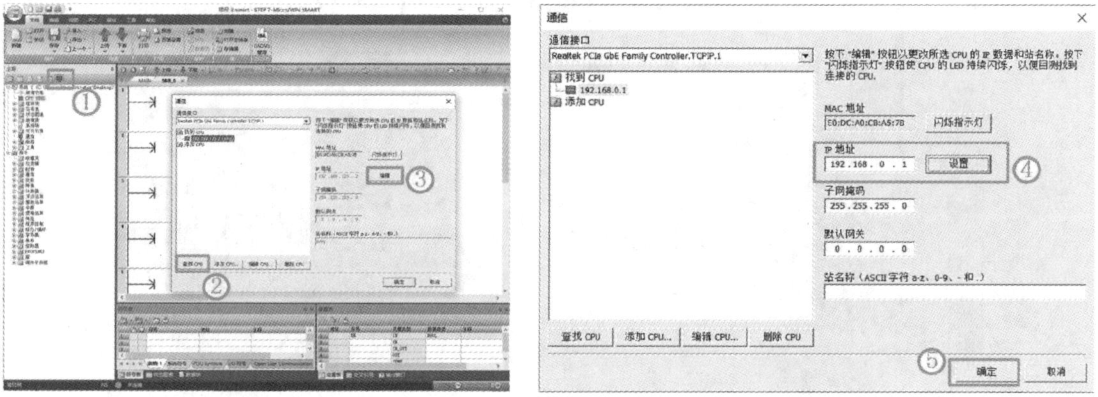

(a)　　　　　　　　　　　　　　　　(b)

图 3-1-7　PLC IP 设置

(4)触摸屏 IP 设置。

①单击触摸屏右下角箭头(见图 3-1-8(a))。

②单击设置图标(见图 3-1-8(b))。

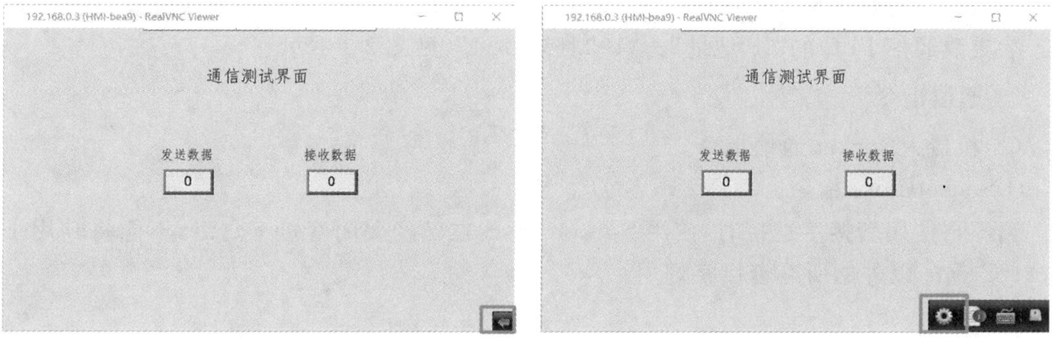

(a)　　　　　　　　　　　　　　　　(b)

图 3-1-8　触摸屏 IP 设置一

③输入密码，默认为 111111(见图 3-1-9(a))。

④将“IP 地址”设置为“192.168.0.3”(见图 3-1-9(b))。

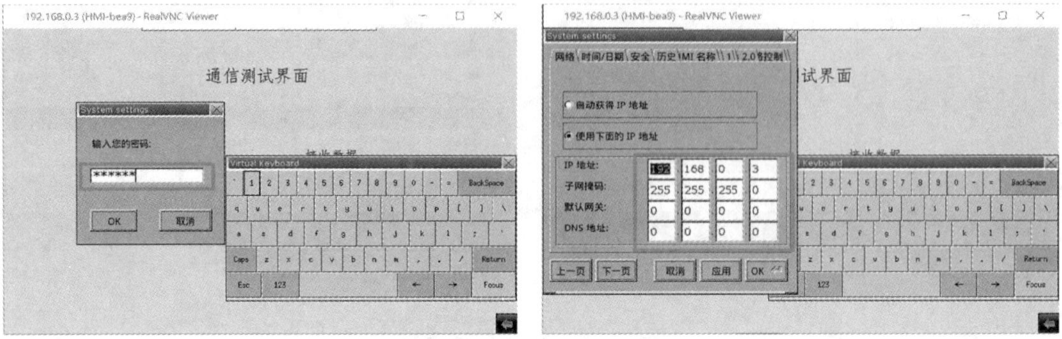

(a)　　　　(b)

图 3-1-9　触摸屏 IP 设置二

⑤选择“系统参数”，单击“新增设备/服务器...”(见图 3-1-10)。

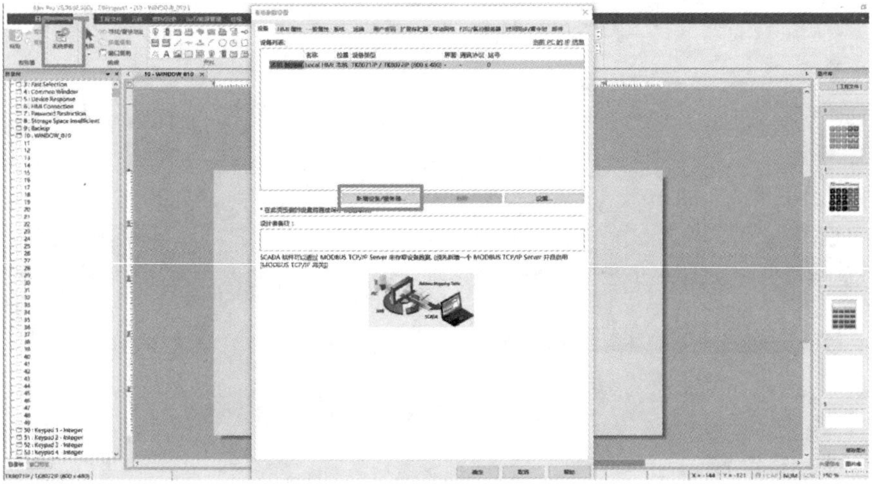

图 3-1-10　触摸屏系统设备添加

⑥“设备类型”选择“Siemens S7-200 SMART(Ethernet)”(见图 3-1-11)。

⑦更改通信 PLC 的“IP 地址”为“192.168.0.1”(见图 3-1-12)。

2）**通信指令**

(1)机器人 socket 通信指令。

①SocketClose 指令。

当不再使用套接字连接时，使用 SocketClose，在已经关闭套接字之后，不能将其用于除 SocketCreate 以外的所有套接字调用。

例　`SocketClose socket1;`

关闭套接字，且不能继续使用。

SocketClose 指令解释见表 3-1-1。

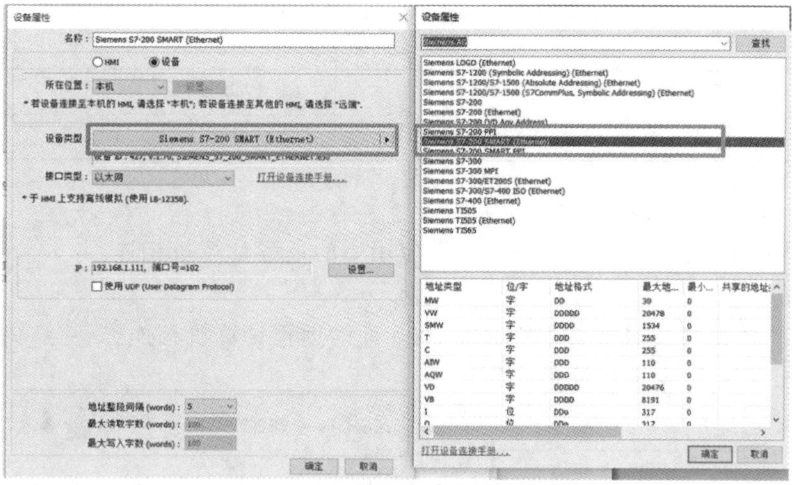

图 3-1-11　触摸屏中 PLC 型号指定

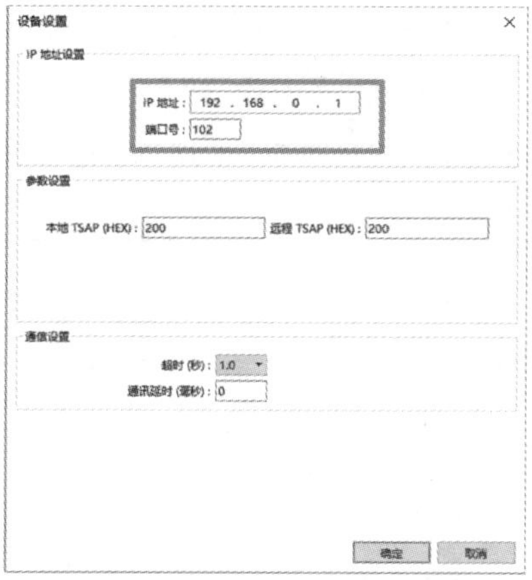

图 3-1-12　触摸屏中 PLC IP 设置

表 3-1-1　SocketClose 指令解释

程序数据	数据类型	说明
socket1	socketdev	socketdev(套接字设备)用于同其他网络计算机的通信,或在 RAPID 任务之间通信,套接字设备是另一台网络计算机通信链路的处理器

②SocketCreate 指令。

SocketCreate 通常用于创建一个新的套接字,支持 TCP/IP 和 UDP/IP 两种协议。

例　`SocketCreate socket1;`

创建使用流型协议 TCP/IP 的新套接字设备,并分配到变量 socket1。

SocketCreate 指令解释见表 3-1-2。

表 3-1-2　SocketCreate 指令解释

程序数据	数据类型	说明
socket1	socketdev	套接字变量

③SocketConnect 指令(仅客户端)。

SocketConnect 用于将套接字与客户端应用中的远程计算机相连。

例
```
SocketConnect socket1,"192.168.0.1", 1025;
```

尝试与 IP 地址 192.168.0.1 和端口 1025 处的远程计算机相连。

SocketConnect 指令解释见表 3-1-3。

表 3-1-3　SocketConnect 指令解释

程序数据	数据类型	说明
socket1	socketdev	有待连接的服务器套接字。必须创建尚未连接的套接字
"192.168.0.1"	string	远程计算机的地址。必须将远程计算机指定为一个 IP 地址,不可使用远程计算机的名称
1025	num	位于远程计算机上的端口。通常可自由使用端口 1025～4999,不建议使用低于 1025 的端口

④SocketSend 指令。

SocketSend 用于向远程计算机发送数据。SocketSend 可应用于客户端和服务器。

例 1
```
SocketSend socket1 \Str :="Hello world";
```

将消息“Hello world”发送给远程计算机。

例 2
```
var byte fss[200];
SocketSend socket1 \data :=fss;
```

SocketSend 指令解释见表 3-1-4。

表 3-1-4　SocketSend 指令解释

程序数据	数据类型	说明
socket1	socketdev	在客户端应用中,用于发送的套接字必须已经被创建和连接;在服务器应用中,用于发送的套接字必须已经被接收
\Str := "Hello world"	string	将 string 发送到远程计算机
\data := fss	array of byte	将 byte 数组中的数据发送到远程计算机

⑤SocketReceive 指令。

SocketReceive 用于从远程计算机接收数据。SocketReceive 可应用于客户端和服务器。

例 1
```
VAR string str_data;
...
```

```
SocketReceive socket1 \Str :=str_data;
```

从远程计算机接收数据,并将其储存在字符串变量 str_data 中。

例 2

```
var byte fss[200];
SocketSend socket1 \data :=jss;
```

SocketReceive 指令解释见表 3-1-5。

表 3-1-5　SocketReceive 指令解释

程序数据	数据类型	说明
socket1	socketdev	在客户端应用中,用于发送的套接字必须已经被创建和连接;在服务器应用中,用于发送的套接字必须已经被接收
\Str ：= str_data	string	应当储存接收 string 数据的变量。最多可处理 80 个字符
\data ：= jss	array of byte	应当储存接收字节数据的变量。最多可处理 1024 个字节

⑥SocketGetStatus 指令。

SocketGetStatus 返回一个套接字的当前状态。

例

```
VAR socketdev socket1;
VAR socketstatus state;
...
SocketCreate socket1;
state :=SocketGetStatus( socket1 );
```

套接字状态 SOCKET_CREATED 将储存在变量 state 中。

SocketGetStatus 指令解释见表 3-1-6。

表 3-1-6　SocketGetStatus 指令解释

程序数据	数据类型	说明
socket1	socketdev	套接字变量
state	socketstatus	套接字状态,仅 socketstatus 型预定义符号常量可用于检查状态。预定义套接字状态有 SOCKET_CREATED、SOCKET_CONNECTED、SOCKET_BOUND、SOCKET_LISTENING、SOCKET_CLOSED

(2)PLC 的 TCP 通信指令。

①TCP_CONNECT 指令。

TCP_CONNECT 用于通过 TCP 创建到另一设备的连接。

当 Active 输入设置为 FALSE 时,S7-200 SMART CPU 会创建被动(服务器)连接。在这种情况下,CPU 打开请求的本地端口(LocPort)并接收来自远程设备的连接请求。如果要接收来自任何远程 IP 地址的连接请求,应将 IP 地址设为 0.0.0.0。如果 IP 地址不为零,则 CPU 只接收来自指定 IP 地址的连接请求。对于被动连接,CPU 会忽略远程端口号(RemPort),RemPort 可以设置为零。

TCP_CONNECT 指令解释见表 3-1-7。TCP_CONNECT 指令参数见表 3-1-8。

表 3-1-7　TCP_CONNECT 指令解释

梯形图	参数	说明
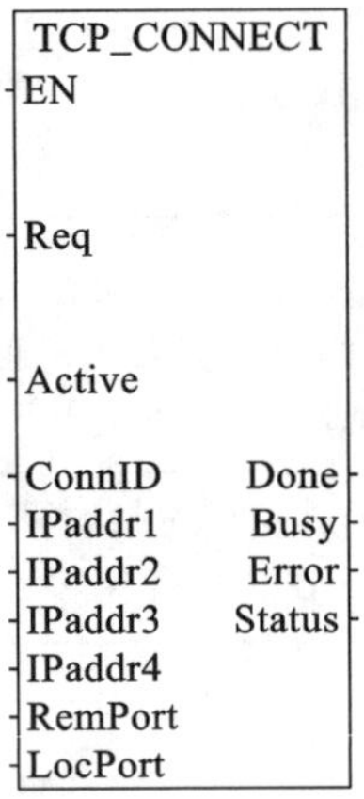	输入：EN，Req，Active，ConnID，IPaddr1，IPaddr2，IPaddr3，IPaddr4，RemPort，LocPort。 输出：Done，Busy，Error，Status	TCP_CONNECT 用于创建从 CPU 到通信对象的 TCP 通信连接

表 3-1-8　TCP_CONNECT 指令参数

参数	数据类型	说明
EN	BOOL	使能输入
Req	BOOL	如果 Req = TRUE,CPU 启动连接操作;如果 Req = FALSE,则输出显示连接的当前状态
Active	BOOL	TRUE = 主动连接(客户端),则需要指定 IP 和远程端口号(RemPort);FALSE = 被动连接(服务器),则 RemPort 可以设置为零
ConnID	WORD	CPU 使用连接 ID (ConnID)为其他指令标识该连接。可能的 ConnID 范围为 0 到 65534。若需要创建多个连接,则需指定不同的 ConnID
IPaddr1～IPaddr4	BYTE	这些是 IP 地址的四个八位字节。IPaddr1 是 IP 地址的最高有效字节,IPaddr4 是 IP 地址的最低有效字节
RemPort	WORD	RemPort 是远程设备上的端口号。远程端口号范围为 1 到 49151。对于被动连接,端口号使用零
LocPort	WORD	LocPort 是本地设备上的端口号。本地端口号范围为 1 到 49151,不能使用端口号 20、21、25、80、102、135、161、162、443,以及 34962 到 34964。建议采用的端口号范围为 2000 到 5000。对于被动连接,本地端口号必须唯一

续表

参数	数据类型	说明
Done	BOOL	当连接操作完成且没有错误时,指令置位 Done 输出
Busy	BOOL	当连接操作正在进行时,指令置位 Busy 输出
Error	BOOL	当连接操作完成但发生错误时,指令置位 Error 输出
Status	BYTE	如果指令置位 Error 输出,Status 输出会显示错误代码;如果指令置位 Busy 或 Done 输出,Status 为零(无错误)

例　TCP_CONNECT 指令如图 3-1-13 所示。

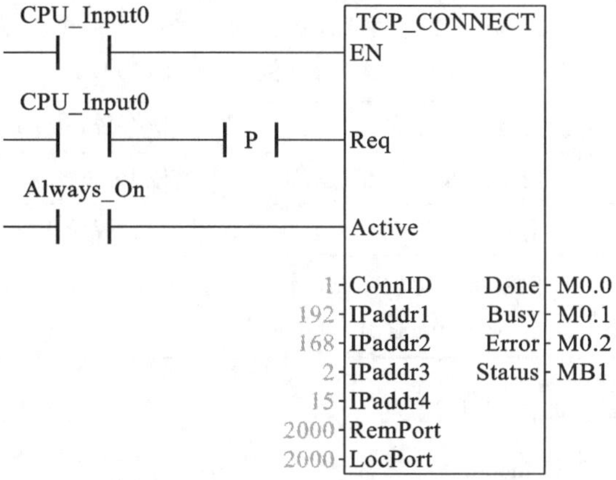

图 3-1-13　TCP_CONNECT 指令

②TCP_SEND 指令。

TCP_SEND 通过现有连接(ConnID)传输来自缓冲区位置(DataPtr)的请求字节数(DataLen)。

TCP_SEND 指令解释见表 3-1-9。TCP_SEND 指令参数见表 3-1-10。

表 3-1-9　TCP_SEND 指令解释

梯形图	参数	说明
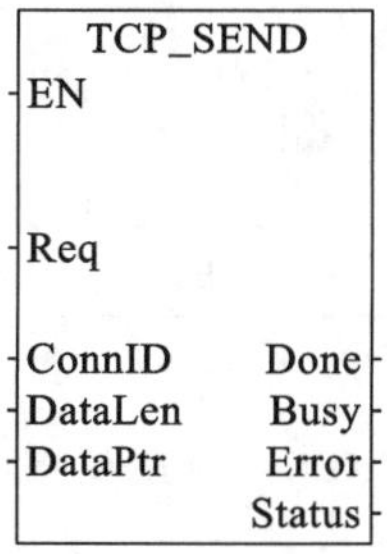	输入:EN,Req,ConnID,DataLen,DataPtr。 输出:Done,Busy,Error,Status	TCP_SEND 通过现有连接传输来自缓冲区位置的请求字节数

表 3-1-10　TCP_SEND 指令参数

参数	数据类型	说明
EN	BOOL	使能输入
Req	BOOL	如果 Req＝TRUE，CPU 启动发送操作；如果 Req＝FALSE，则输出显示发送操作的当前状态
ConnID	WORD	连接 ID（ConnID）是此发送操作所用连接的编号。使用 TCP_CONNECT 操作选择 ConnID
DataLen	WORD	DataLen 是要发送的字节数（从 1 到 1024 字节）
DataPtr	DWORD	DataPtr 是指向待发送数据的指针。这里是指向 I、Q、M 或 V 存储器的 S7-200 SMART 的指针（例如 &VB1000）
Done	BOOL	当发送操作完成且没有错误时，指令置位 Done 输出
Busy	BOOL	当发送操作正在进行时，指令置位 Busy 输出
Error	BOOL	当发送操作完成但发生错误时，指令置位 Error 输出
Status	BYTE	如果指令置位 Error 输出，Status 输出会显示错误代码；如果指令置位 Busy 或 Done 输出，Status 为零（无错误）

例　TCP_SEND 指令如图 3-1-14 所示。

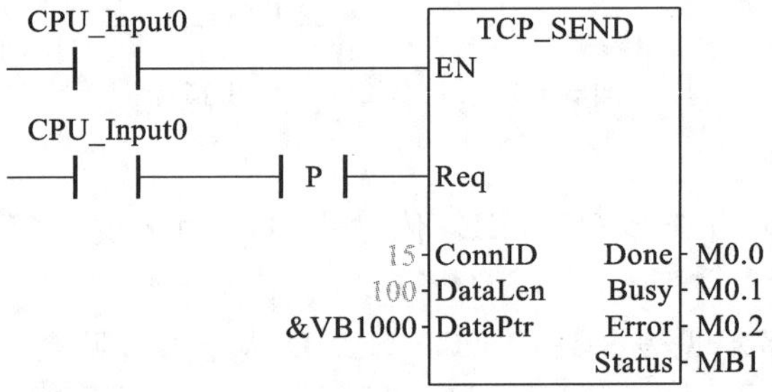

图 3-1-14　TCP_SEND 指令

③TCP_RECV 指令。

TCP_RECV 通过现有连接检索数据。

TCP_RECV 指令解释见表 3-1-11。TCP_RECV 指令参数见表 3-1-12。

表 3-1-11　TCP_RECV 指令解释

梯形图	参数	说明
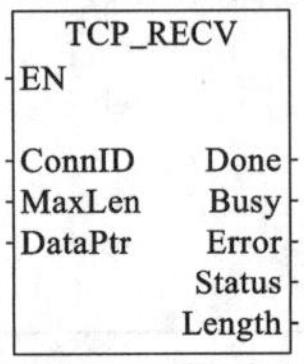	输入：EN，ConnID，MaxLen，DataPtr。 输出：Done，Busy，Error，Status，Length	TCP_RECV 通过现有连接检索数据

表 3-1-12　TCP_RECV 指令参数

参数	数据类型	说明
EN	BOOL	使能输入
ConnID	WORD	连接 ID(ConnID)是此接收操作所用连接的编号(连接过程中定义)
MaxLen	WORD	MaxLen 是要接收的最大字节数(例如 DataPtr 中缓冲区的大小(从 1 到 1024 字节))
DataPtr	DWORD	DataPtr 是指向接收数据存储位置的指针。这里是指向 I、Q、M 或 V 存储器的 S7-200 SMART 的指针(例如 &VB2000)
Done	BOOL	当接收操作完成且没有错误时,指令置位 Done 输出
Busy	BOOL	当接收操作正在进行时,指令置位 Busy 输出
Error	BOOL	当接收操作完成但发生错误时,指令置位 Error 输出
Status	BYTE	如果指令置位 Error 输出,Status 输出会显示错误代码;如果指令置位 Busy 或 Done 输出,Status 为零(无错误)
Length	WORD	Length 是实际接收的字节数。仅当指令置位 Done 或 Error 输出时,Length 才有效。如果指令置位 Done 输出,则指令接收整条消息;如果指令置位 Error 输出,则消息超出缓冲区大小(MaxLen)并被截短

例　TCP_RECV 指令如图 3-1-15 所示。

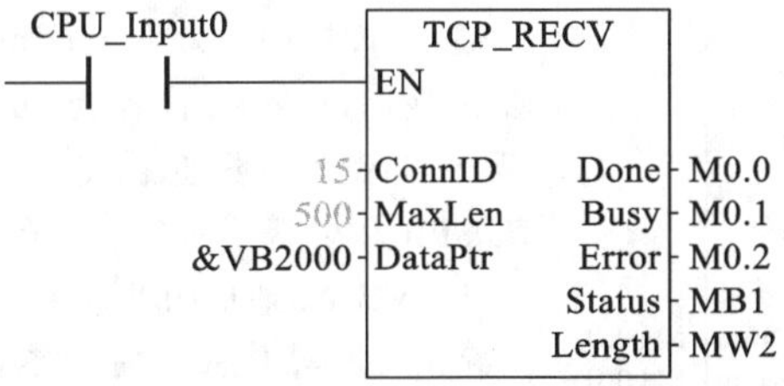

图 3-1-15　TCP_RECV 指令

3）通信程序编写

(1)机器人程序。

```
proc main()                        !程序名
    socketclose plc;               !关闭套接字 plc,为防止已有套接字运行,先进行关闭;
    socketcreate plc;              !创建套接字;
    waittime 0.1;                  !等待 0.1 s,等待套接字创建完成;
    socketconnect plc,"192.168.0.1",2000;  !连接套接字 plc,IP 地址:192.168.0.1,端口:2000;
    socketsend plc\data:=fs;       !发送数据,fs 为 num 数据类型数组,长度为 200,强制转化成 byte 类型;
    socketreceive plc\data:=jss;   !接收数据,jss 为 byte 数据类型数组,长度为 200;
```

```
    for i from 1 to 200 do            !循环 200 次
    js{i}:=jss{i};                    !将 byte 数据类型数组 jss 赋值给 num 数据类型数组 js;
    endfor                            !结束循环
endproc
```

(2)PLC 程序编写。

PLC 参考程序见表 3-1-13。

表 3-1-13　PLC 参考程序

梯形图	参数	说明
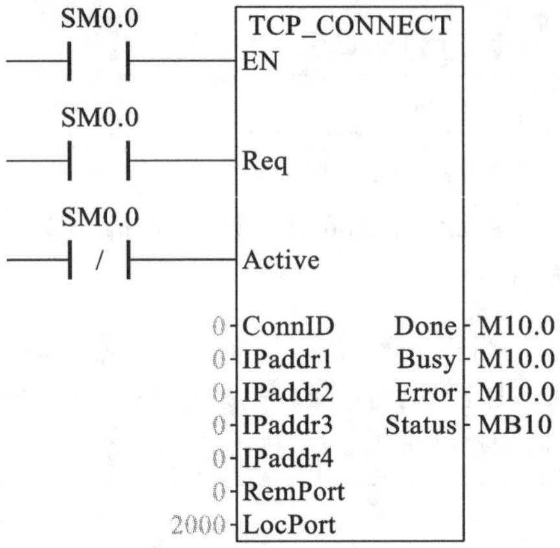	输入：EN；Req 为常闭；Active 为常开，作为被动连接；ConnID 设置为 0；IPaddr1～IPaddr4、RemPort 设置为 0，被动连接不需要指定 IP 地址和端口；LocPort 本地端口设置为 2000，与机器人程序保持一致。 输出：Done，Busy，Error，Status。由于不需要使用输出信息，可使用同一地址 MB10	TCP_CONNECT 创建服务器作为被动连接，接收机器人端的数据
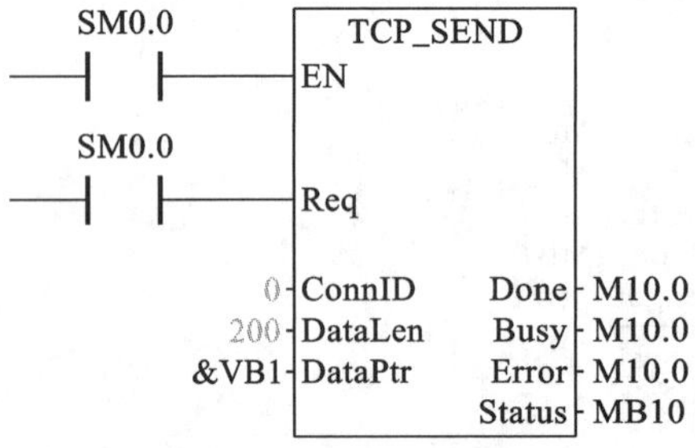	输入：EN；Req 为常闭；ConnID 设置为 0；DataLen 设置为 200，表示 PLC 发送的数据长度为 200；DataPtr 指针为 &VB1，表示发送 VB1～VB200 地址的数据。 输出：Done，Busy，Error，Status。由于不需要使用输出信息，可使用同一地址 MB10	TCP_SEND 发送 VB1～VB200 地址的数据
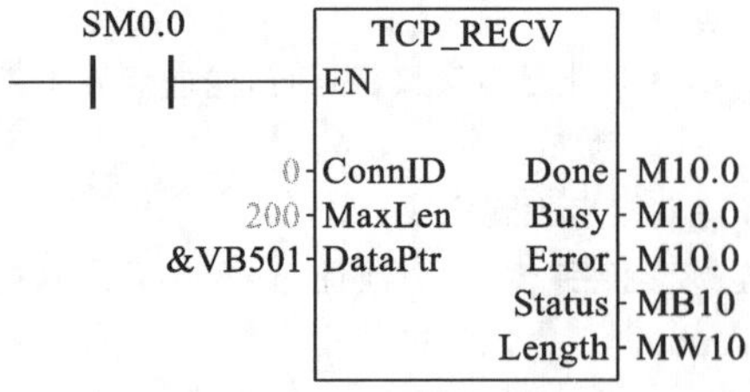	输入：EN；ConnID 设置为 0；MaxLen 设置为 200，表示 PLC 接收的数据最大长度为 200；DataPtr 指针为 &VB501，表示发送 VB501～VB700 地址的数据。 输出：Done，Busy，Error，Status，Length。由于不需要使用输出信息，可使用同一地址 MW10	TCP_RECV 指令接收 VB501～VB700 地址的数据

4）FTP **的使用**

FTP 的英文全称为 file transfer protocol，即文件传输协议。这是一种网络/通信协议，用于通过 TCP/IP（传输控制协议/互联网协议）网络在计算机之间传输文件。

（1）FTP 访问机器人控制器。

①设置用户电脑 IP 为 192.168.0.10。

②用户电脑网线连接机器人控制柜 LAN3 接口，设置机器人控制器的“IP”为“192.168.0.2”（见图 3-1-16）。

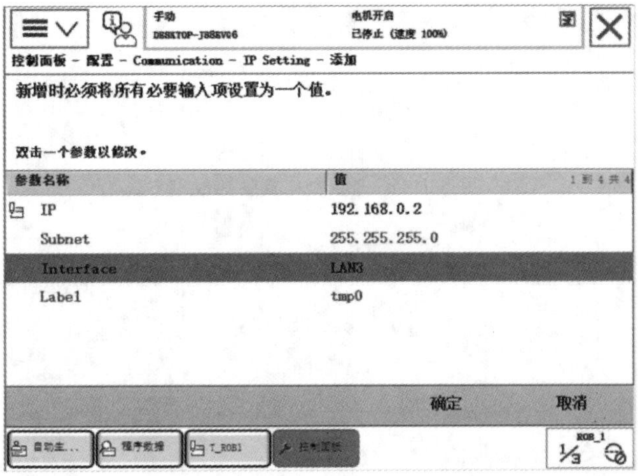

图 3-1-16　机器人 IP 设置

③在文件资源管理器输入“ftp://192.168.0.2/”，按下回车键，输入用户名“Default User”，密码设置为“robotics”，单击“登录（L）”，则可看到机器人控制器文件，如图 3-1-17 和图 3-1-18 所示。

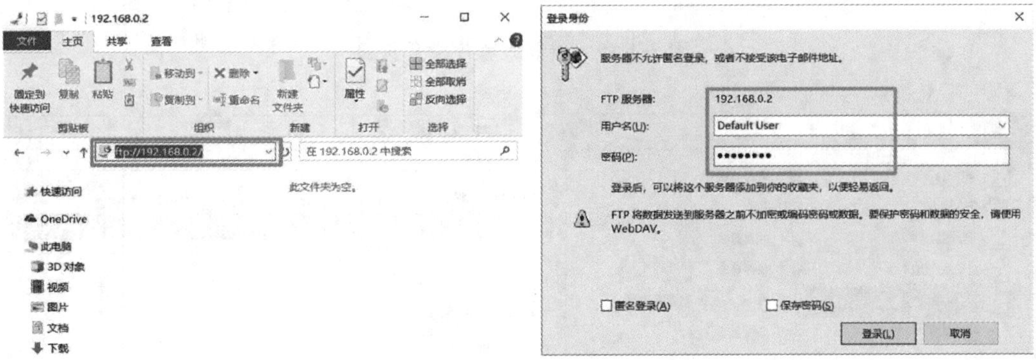

(a)　　　　　　　　　　　　(b)

图 3-1-17　FTP 用户登录

（2）FTP 修改机器人程序文件。

①将“robot.mod”的机器人程序文件拷贝到控制器（见图 3-1-19）。

②示教器选择“程序编辑器”，在“模块”界面，单击“文件”，选择“加载模块...”，如图 3-1-20所示。

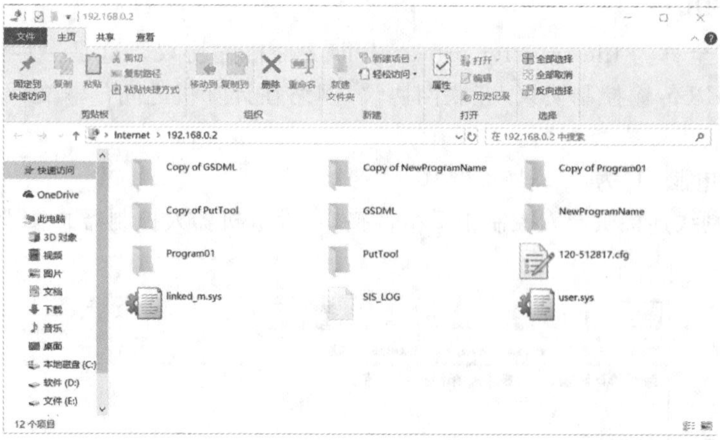

图 3-1-18　机器人控制器文件

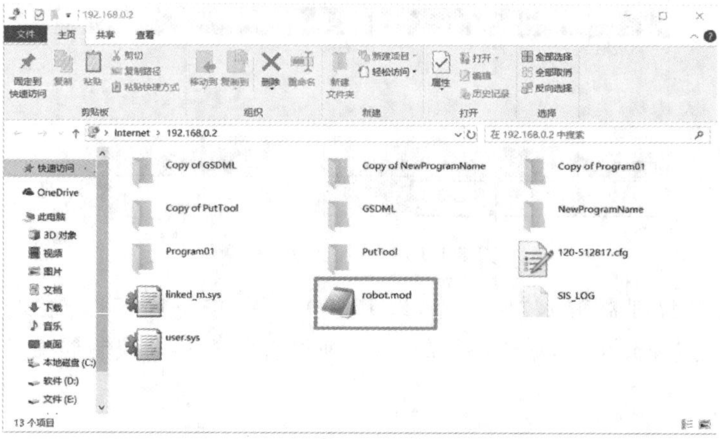

图 3-1-19　机器人程序文件拷贝

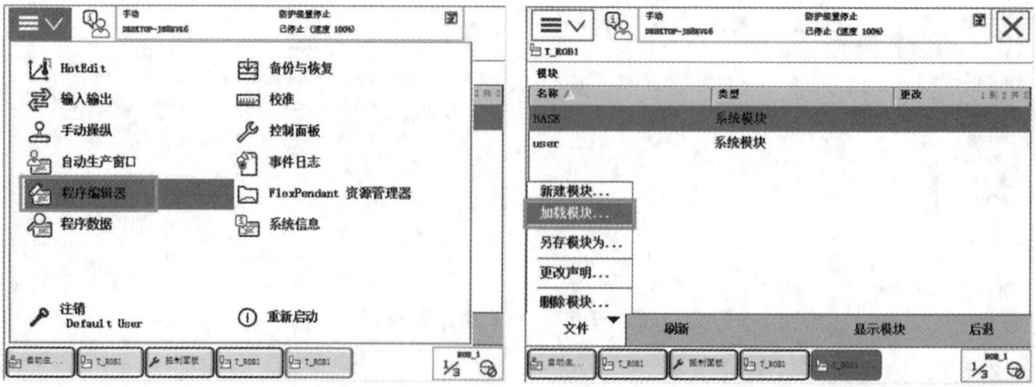

(a)　　　　　　　　　　　　　　　　(b)

图 3-1-20　机器人加载模块

③找到复制进去的“robot. mod”机器人程序文件，单击“确定”，即可看到已加载机器人文件，但是此时未创建机器人程序数据，需自行创建，如图 3-1-21 所示。

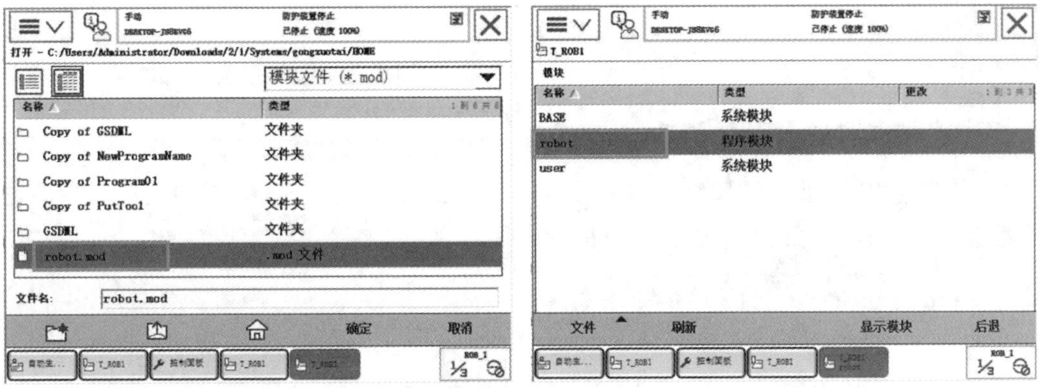

(a)　　(b)

图 3-1-21　机器人模块导入

(3)FTP 批量配置 I/O。

①在“配置”界面，单击“文件”，选择“‘EIO’另存为”，保存至当前文件目录，单击“确定”，如图 3-1-22 所示。

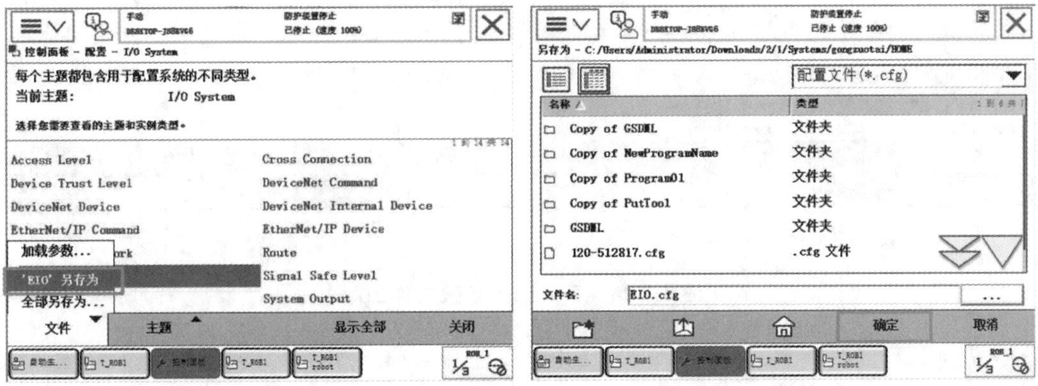

(a)　　(b)

图 3-1-22　I/O 配置文件另存

②修改保存的 EIO. cfg 文件，可以看到 DEVICENET_DEVICE 为创建的板卡内容，EIO_SIGNAL 为信号配置内容，按照对应格式修改 Name(名称)、SignalType(信号类型，输入为 DI，输出为 DO)、Device(指定的板卡)、DeviceMap(信号映射的地址)，如图 3-1-23 所示。

③在机器人示教器“配置”界面，单击“文件”，选择“加载参数...”，选择“加载参数并替换副本”，如图 3-1-24 所示。

④单击“加载”，找到修改好的 EIO. cfg 文件完成加载，在“重新启动”界面选择“是”，如图 3-1-25 所示。

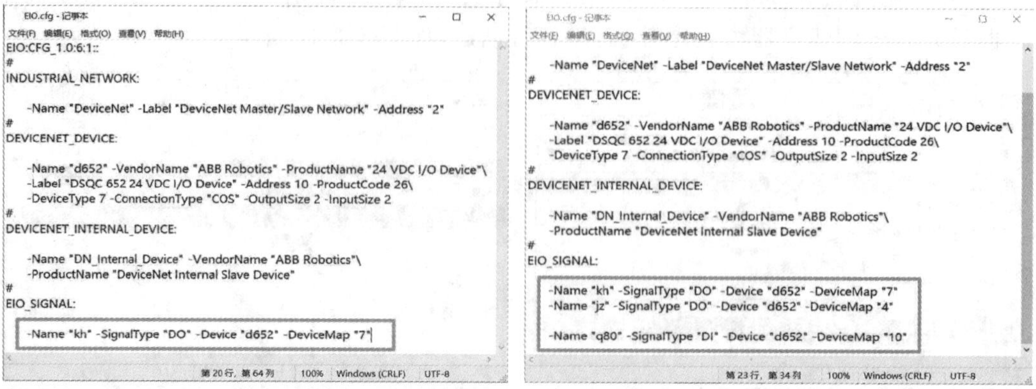

(a) (b)

图 3-1-23 EIO. cfg 文件修改

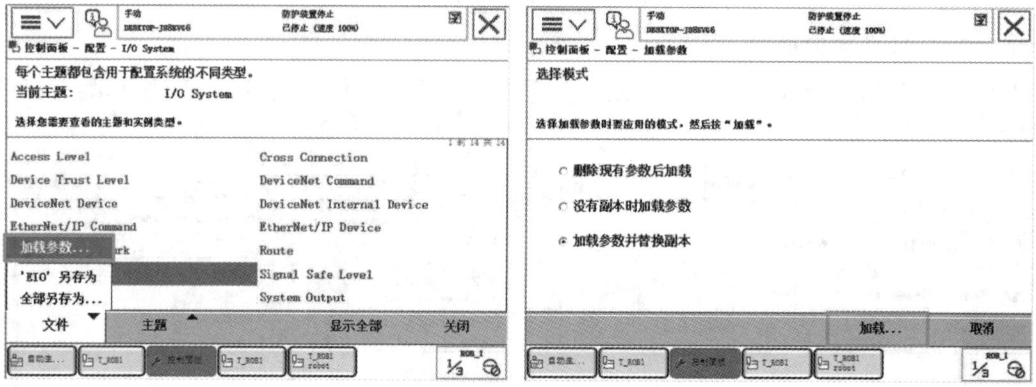

(a) (b)

图 3-1-24 系统配置参数文件加载

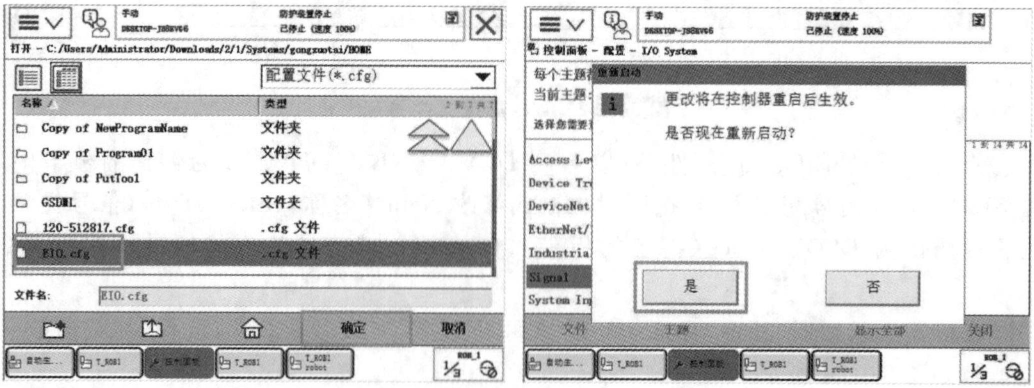

(a) (b)

图 3-1-25 EIO. cfg 配置文件导入

3. 掌握新知

问题 1:机器人控制器的网线接口(见图 3-1-26)有哪些?其作用是什么?将答案填入表 3-1-14中。

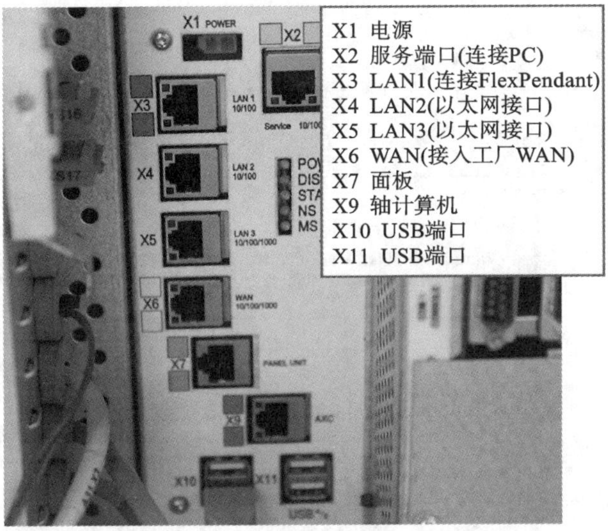

图 3-1-26 机器人控制器的网线接口

表 3-1-14 机器人控制器的网线接口说明

序号	名称	作用	特点
X2	服务端口		
X3	LAN1		
X4	LAN2		
X5	LAN3		
X6	WAN		

问题 2:如何检验各设备 IP 设置是否成功?

知识库

※ping 命令

ping(packet internet groper,互联网分组探索器)命令是一个用于测试网络连接量的程序,作为当前使用频率极高的网络诊断工具,在 Windows、Unix 和 Linux

系统下均适用。它是 TCP/IP 的一部分，用于确定本地主机能否与另一台主机交换数据报。根据返回的信息，我们可以推断 TCP/IP 参数设置是否正确以及运行是否正常。

※操作步骤

(1)首先用快捷键 Win+R 调出运行命令框，输入“cmd”，单击“确定”，如图 3-1-27所示，会弹出 DOS 窗口。

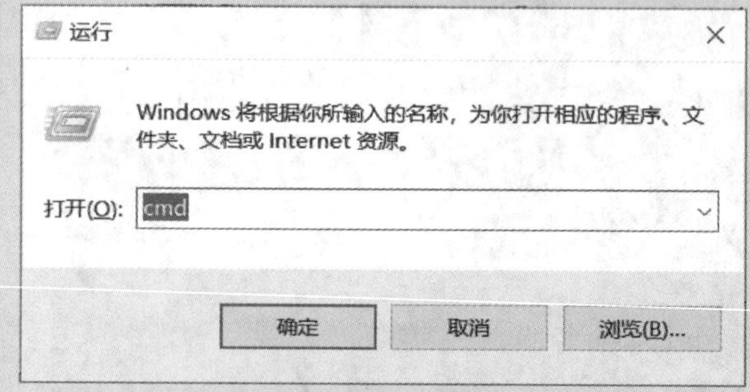

图 3-1-27　运行命令框

(2)ping 命令的应用：ping+IP 地址。

例如，用 ping 命令来测试设置好的 PLC 地址 192.168.0.2，如图 3-1-28 所示。bytes 表示发送数据包的大小，默认为 32 个字节；time 表示从发出数据包至接收到返回数据包所用的时间；TTL 表示生存时间值，该字段指定 IP 包被路由器丢弃之前允许通过的最大网段数量。若返回“无法访问目标主机”，则表示 IP 设置失败。

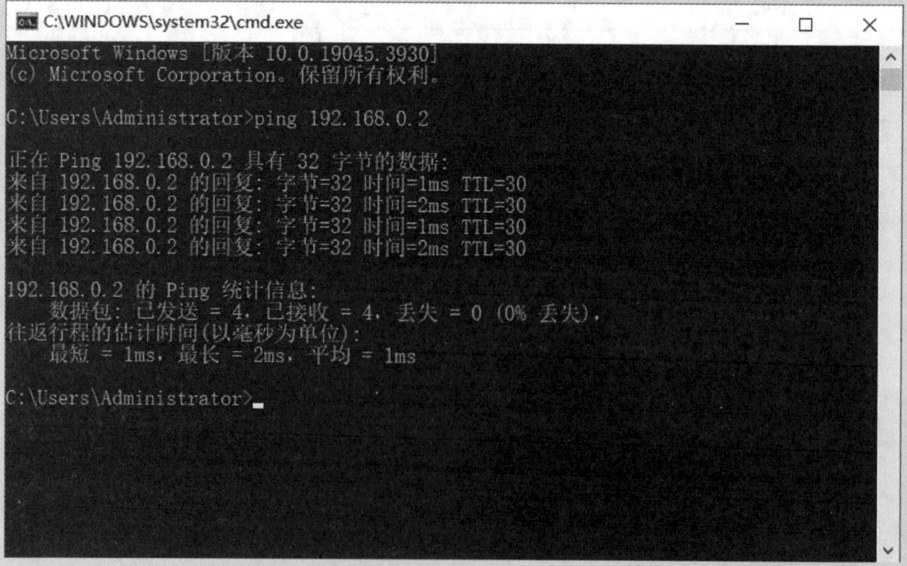

图 3-1-28　系统命令行

问题 3:机器人和 PLC 的通信程序中,机器人需要使用的通信指令有哪些? 将答案填入表 3-1-15 中。

表 3-1-15　通信指令总结表

序号	名称	功能	特点
1			
2			
3			
4			
5			

问题 4:将记事本编写的机器人程序传输至机器人控制器后,一般会有哪些错误需要解决?

问题 5:若在机器人通信程序调试过程中连接不上 PLC,如何解决? 程序指针停留在 SocketConnect 指令行。将通信问题解决思路填入表 3-1-16 中。

表 3-1-16　通信问题解决思路

序号	操作步骤	备注
1		
2		
3		
4		
5		

协作探究，实施展示

任务指引：开展小组内讨论，每个同学对小组任务进行讨论分析，组长综合每位同学的意见，确定小组讨论后最终答案，每组派 1 位同学展示或陈述小组结论。

1. 小组组建

小组分工表见表 3-1-17。

表 3-1-17 小组分工表

班级		组名	
组长		学号	
组员	姓名	学号	分工

2. 基础任务

任务 1：设置用户电脑、PLC、机器人、触摸屏的 IP。
目标：根据所学知识，小组合作制作 IP 设置思维导图。

任务 2：绘制触摸屏界面，编写 PLC 和机器人通信程序，要求触摸屏和机器人能够同时收发数据并能够显示和查看，如图 3-1-29 所示。

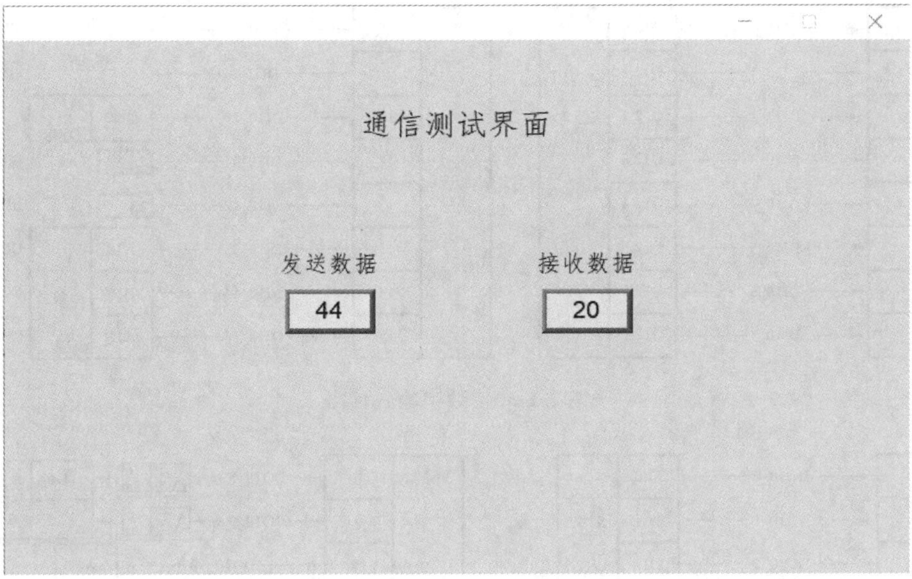

图 3-1-29　通信测试界面

目标：根据任务 2 写出实现思路。

3. 提高任务

根据机器人 I/O 表（见图 3-1-30 和图 3-1-31），使用 FTP 批量配置 I/O 信号：输出信号包括 I3.0(DO10_0)、快换(DO10_7)、夹爪(DO10_4)、小吸盘(DO10_9)、大吸盘(DO10_8)，输入信号包括 Q12.0(DI10_0)、Q8.0(DI10_10)，共 7 个信号。完成配置后，添加功能键，以便进行调试。

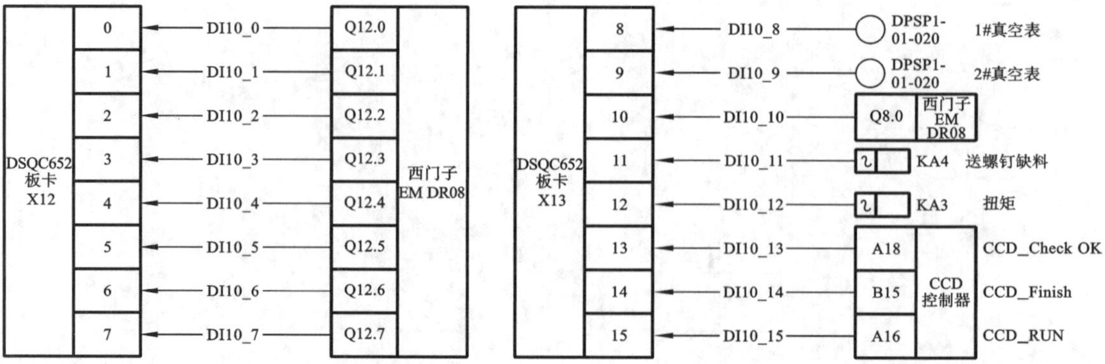

图 3-1-30　数字输入信号

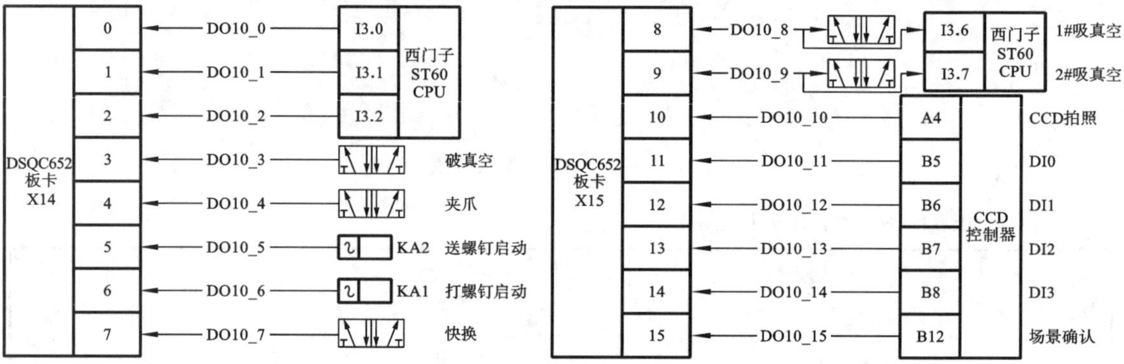

图 3-1-31　数字输出信号

目标：根据提高任务画出操作步骤的思维导图。

4. 决策评估

方案决策单见表 3-1-18。

表 3-1-18　方案决策单

方案决策					
组别		组长		日期	
学习任务	工业机器人与 PLC 的通信建立				
岗位情景	机器人与 PLC 建立通信并传输数据				
方案 1 描述					
方案 2 描述					
方案 3 描述					
评估决策					
序号	可行性	经济性	操作性	实施难度	方案等级评价
方案 1	□高 □低	□好 □差	□强 □弱	□高 □低	□优 □良 □中 □差
方案 2	□高 □低	□好 □差	□强 □弱	□高 □低	□优 □良 □中 □差
方案 3	□高 □低	□好 □差	□强 □弱	□高 □低	□优 □良 □中 □差
评价决策	综合评价				
	终选方案	□方案 1　□方案 2　□方案 3			

检查评价，总结反思

1. 学生自评

活动过程自评表见表 3-1-19。

表 3-1-19　活动过程自评表

班级		组名		日期	
序号	评价要素			分值	分数
1	能识记机器人控制器的网线接口			10	
2	能理解机器人和 PLC 通信指令的含义			10	
3	能掌握各设备 IP 设置的步骤			10	

续表

序号	评价要素	分值	分数
4	能够使用 FTP	10	
5	能够分析通信失败的解决思路	10	
6	能够编写机器人通信程序	10	
7	能够编写 PLC 通信程序	10	
8	能够建立通信并调试收发数据	20	
9	能够批量配置 I/O 信号	10	
自评分数			
自我总结与反思			

2. 小组互评

活动过程小组互评表见表 3-1-20。

表 3-1-20　活动过程小组互评表

班级		被评组名		日期	
评价指标	评价要素			分值	分数
1	与教师、同学之间能够保持多向、丰富、适宜的信息交流			10	
2	与教师、同学之间相互尊重、理解			10	
3	能处理好合作学习和独立思考之间的关系，做到有效学习			10	
4	能提出有意义的问题或能发表个人见解			20	
5	能按要点正确操作，能够倾听、协作、分享			20	
6	能发现问题、提出问题、分析问题、解决问题、创新问题			20	
7	能严肃、认真地对待自评，并能独立完成自测试题			10	
互评分数					
简要评述					

3. 教师评价

教师评价表见表 3-1-21。

表 3-1-21　教师评价表

姓名		组别		日期	
序号	**评分点**	**分值**	**评分标准**	**得分**	
1	(1)表述仪态自然,吐字清晰	10	表述仪态不自然或吐字模糊酌情扣分		
	(2)表述思路清晰、层次分明、准确		表述思路模糊或层次不清酌情扣分		
2	(1)理解编程指令关键点准确	10	描述不准确酌情扣分		
	(2)理论知识回顾完整,分组分工明确		知识不完整、分工不明确酌情扣分		
3	(1)完成 IP 设置调试	10	一处表述不清扣 1 分,扣完为止		
	(2)确定整体工作思路	10	一处步骤错误扣 1 分,扣完为止		
4	(1)完成机器人通信程序编写	10	每错一项扣 1 分,扣完为止		
	(2)完成 PLC 通信程序编写	10	每错一项扣 1 分,扣完为止		
	(3)建立通信连接并调试	20	操作不当扣 1 分,扣完为止		
	(4)完成 I/O 信号的批量配置	10	操作不当扣 1 分,扣完为止		
5	(1)依据自评分数	5			
	(2)依据个人总结评价报告	5			
	满分	100	得分		

4. 考核评价

工业机器人与 PLC 的通信建立考核任务

姓名:____________　成绩:____________　考核时间:60 分钟

3-1-1　工业机器人与 PLC 的通信建立考核任务

(1)完成机器人、PLC、触摸屏的网络物理接口连接,并按照表 1 进行设置,要求能够使用命令行方式进行检测。

表 1

机器人的 IP	PLC 的 IP	触摸屏的 IP
192.168.2.1	192.168.2.2	192.168.2.3

(2)根据表 2,使用 FTP 批量配置 I/O 信号:输出信号包括快换(DO10_7)、夹爪(DO10_4)、小吸盘(DO10_9)、大吸盘(DO10_8),输入信号包括 Q12.0(DI10_0),共 5 个信号。完成配置后,添加功能键以便进行调试。

表 2

输入信号	信号地址	输出信号	信号地址
Q12.0	0	快换	7
—	—	夹爪	4
—	—	小吸盘	9
—	—	大吸盘	8

(3)编写 PLC 和机器人通信程序。

(4)通信程序编写完成后,能够通过触摸屏控制机器人,设定机器人工具中心点(TCP)运动距离,完成通信验证。提示:可采用 Offs 函数。

评分标准

序号	考核内容	标准	配分	得分
1	IP 设置	(1)物理接口连接正确	5	
		(2)各 IP 设置正确,每错一项扣 3 分	10	
		(3)能够完成 IP 检验	5	
2	FTP 批量配置 I/O 信号	(1)能够正确使用 FTP	6	
		(2)能够完成 I/O 信号批量配置	8	
		(3)正确完成功能键的添加	6	
3	PLC 和机器人通信	(1)机器人通信程序编写正确	10	
		(2)PLC 通信程序编写正确	10	
		(3)能够正确完成通信验证	10	
4	触摸屏控制机器人运动	(1)通信程序运行正确	10	
		(2)触摸屏画面合理	10	
		(3)完成触摸屏控制机器人运动的验证	10	
合计得分				

5. 总结反思

任务实施完成后,学生需要根据实际情况,通过指导老师对实施情况的点评来分析自身的不足之处,寻找三个关键问题进行思考,填写表 3-1-22,做到及时的自查自省和总结。

表 3-1-22　总结反思问题记录表

序号	任务目标	存在的问题	解决的方法
1			
2			
3			

任务二　工业机器人定制涂胶

情景导入，任务发布

1. 学习情景

汽车制造技术的发展日新月异，随着性能要求的不断提高，粘贴剂、密封胶这类重要辅助材料的应用也越来越广泛。粘贴技术用于汽车制造不仅可以起到提升汽车结构稳定性、防锈、隔热减震和装饰的作用，还能够代替某些部件的焊接、铆接等传统工艺，实现相同或不同材料之间的连接，简化生产工序，优化产品结构。现在某汽车公司正在进行生产升级，需要采用机器人实现定制化涂胶加工。可根据不同车型采取不同涂胶方案，或者针对客户个性化需求进行定制化生产。其中，产品加工轨迹信息需要通过人机界面添加，并通过数组地址访问形式发送至 PLC 和机器人，现在需要你和你的小组完成定制化涂胶任务。

涂胶设定画面如图 3-2-1 所示，机器人定制涂胶轨迹如图 3-2-2 所示。涂胶单元板默认随机放置在检测工位（三号工位或四号工位）。具体工艺过程要求如下。

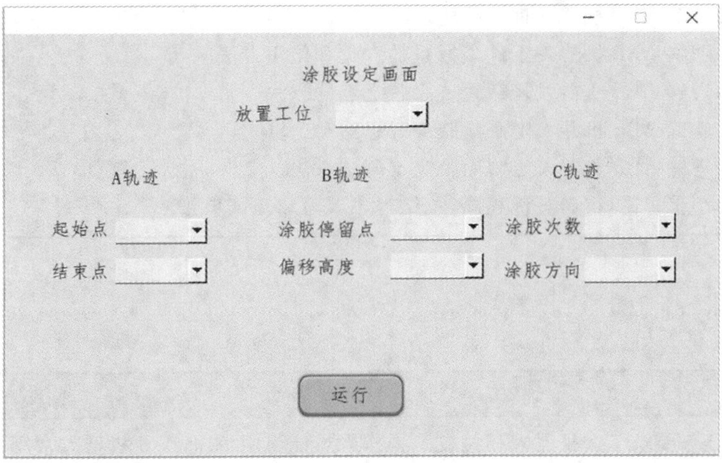

图 3-2-1　涂胶设定画面

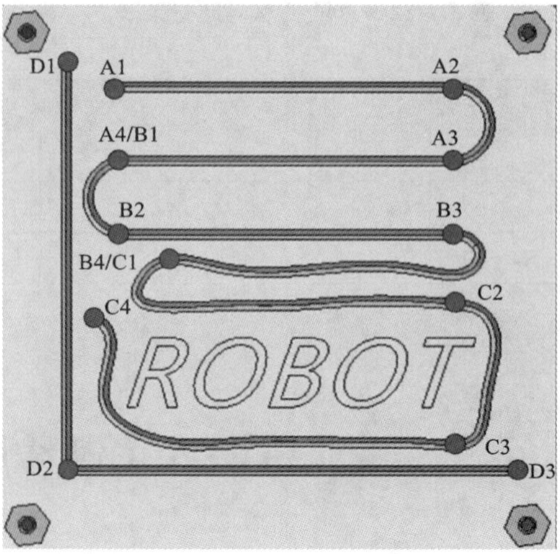

图 3-2-2 机器人定制涂胶轨迹

(1)按下触摸屏运行按钮,按照触摸屏设定参数,拾取涂胶笔快换工具,按照指定的起始点、结束点、涂胶停留点、偏移高度、涂胶次数、涂胶方向等要求完成涂胶轨迹。完成该轨迹后,机器人回安全点。

(2)完成定制涂胶后,工业机器人放回涂胶工具,工业机器人回到安全点,暂停涂胶,产品的涂胶流程结束。

2. 任务分析

任务分析	
任务名称	工业机器人定制涂胶。
任务地位	工业机器人定制涂胶,是工业机器人系统集成的代表性应用场景之一。
任务流程	(1)识记工业机器人高级编程指令。 (2)理解 ABB 机器人程序结构。 (3)理解 ABB 机器人工件坐标系的含义和使用方法。 (4)理解 ABB 机器人复杂轨迹涂胶定点的方法。 (5)掌握 ABB 机器人定制涂胶编程思路和逻辑。 (6)理解 ABB 机器人定制涂胶定点调试方法。 (7)小组讨论,得出最优程序,总结程序编写和调试步骤。

3. 目标要求

任务目标要求	
岗位要求	本任务要求工业机器人相关技术操作人员能使用 ABB 工业机器人常用高级编程指令,会编写机器人定制涂胶程序并完成定点调试。

续表

任务目标要求	
课程目标	知识目标 (1)能理解机器人常用赋值指令、运算指令等,掌握各编程指令的特点。 (2)能理解机器人常用条件、循环指令,包括 IF、TEST、FOR、WHILE,掌握各指令的特点和应用场合。 (3)能理解 ABB 机器人程序结构和带参数子程序概念。 (4)能理解机器人工件坐标系的含义。 技能目标 (1)能定义工件坐标系。 (2)能定义复杂涂胶轨迹点位。 (3)能完成定制涂胶程序编写和调试。 情感目标 (1)通过小组合作学习,培养学生的团队精神和爱岗敬业精神。 (2)通过自主探究式学习,培养学生的钻研精神。 (3)通过 8S 管理,提升学生职业素养和工匠精神。
大赛要求	对应工业机器人技能大赛评价标准 触摸屏画面完整,机器人涂胶起始点、结束点、停留点、偏移高度等参数要求无误,涂胶工具垂直于涂胶平面,涂胶过程无碰撞。
证书技能要求	▶对应工业机器人 1+X 证书技能点(工业机器人装调职业技能等级证中级、工业机器人集成应用职业技能等级证中级) (1)能使用工业机器人运动指令进行基础编程。 (2)能完成工业机器人运动指令参数的设置。 (3)能完成工业机器人手动程序调试。 (4)能完成工业机器人的典型手动示教操作(矩形轨迹、三角形轨迹、曲线轨迹和圆弧轨迹等)。 (5)能建立工业机器人工具、工件等坐标系,并测试其准确性。

问题引导,自主学习

1. 引导问题

引导问题 1:工业机器人常用高级指令有哪些?分别有什么特点?请归纳总结。

引导问题 2:ABB 工业机器人程序的结构是什么样的?请画出思维导图。

引导问题 3:编写机器人定制涂胶程序前需要完成哪些准备工作?触摸屏地址信息和机器人信号之间如何进行信息交互?

引导问题 4:调试机器人程序时,若使用 MoveL 出现了不可达点,该如何解决?

引导问题 5:机器人工件坐标系能否以不同工具姿态定义?

2. 任务知识点

1）工业机器人常用高级指令

工业机器人常用高级指令包括赋值指令、运算指令、条件指令、循环指令等。

(1)赋值指令。

ABB 机器人常用赋值指令有：=、Incr、Decr 等。

①：=指令。

赋值是两个相同程序数据之间的一种操作运算，将一个数据值赋给另一个数据（也可以赋值给自身），用：=表示赋值指令。

例 1
```
reg1:=reg1+1
```

将 reg1+1 的结果赋值给 reg1，即自增 1。

例 2
```
var num n{4}:=[4,3,2,1];
var num m{4}:=[0,0,0,0];
m{4}:=n{1};
```

将 n 数组第一个元素赋值给 m 数组第四个元素。

②Incr 指令。

数值变量或者永久数据对象增加 1。

例
```
Incr reg1;
```

③Decr 指令。

数值变量或者永久数据对象减去 1。

例
```
Decr reg1;
```

(2)运算指令。

①AND 指令。

AND 为用于对两个条件表达式（真/假）取逻辑与运算的函数。

例
```
VAR num a;
VAR bool b;
...
b :=a>3 AND a<5;
```

如果 a 大于 3 且 a 小于 5，则 b 的值为 TRUE，否则为 FALSE。

②OR 指令。

OR 为用于对两个条件表达式（真/假）取逻辑或运算的函数。

例
```
VAR num a;
VAR bool b;
...
b :=a>3 OR a<5;
```

如果 a 大于 3 或 a 小于 5，则 b 的值为 TRUE，否则为 FALSE。

③MOD 指令。

MOD 用于计算两个整数相除的余数。

例　`reg1 :=14 MOD 4;`

返回值为 2,因为 14 除以 4,得到余数 2。

(3)条件指令。

①IF 指令。

如果满足条件,那么……;否则……。根据是否满足条件,执行不同的指令时,使用 IF。

例 1
```
IF reg1 >5 THEN
Set do1;
ENDIF
```
仅当 reg1 大于 5 时,设置信号 do1。

例 2
```
IF reg1 >5 THEN
Set do1;
ELSE
ReSet do1;
ENDIF
```
根据 reg1 是否大于 5,设置或重置信号 do1。

例 3
```
IF reg1 >100 THEN
reg1 :=100;
ELSEIF reg1 <0 THEN
reg1 :=0;
ELSE
reg1 :=reg1 +1;
ENDIF
```
先判断 reg1 是否大于 100。如果是"IF reg1 ＞ 100",则将 reg1 的值设置为 100(reg1:=100;)。如果 reg1 不大于 100,则判断 reg1 是否小于 0。如果是"ELSEIF reg1 ＜ 0",则将 reg1 的值设置为 0(reg1 := 0;)。如果上述两个条件都不满足,即 reg1 不大于 100 且 reg1 不小于 0,则执行 ELSE 分支,reg1 的值将增加 1(reg1 := reg 1＋1;)。

②TEST 指令。

根据表达式或数据的值,当执行不同的指令时,使用 TEST(多种选择时使用)。如果没有太多的替代选择,则亦可使用 IF...ELSE 指令。

例
```
TEST reg1
CASE 1,2,3 :
    routine1;
CASE 4 :
    routine2;
DEFAULT :
    routine;
ENDTEST
```
根据 reg1 的值,执行不同的指令。如果该值为 1、2 或 3,则执行 routine1;如果该值为 4,则执行 routine2;否则,执行 routine。

(4)循环指令。

①FOR 指令。

当一个或多个指令需要重复多次时,使用 FOR。

例 1
```
FOR i FROM 1 TO 10 DO
routine1;
ENDFOR
```
重复 routine1 无返回值程序 10 次。

例 2
```
FOR i FROM 10 TO 2 STEP -2 DO
a{i} :=a{i-1};
ENDFOR
```
将数组中的数值向上调整,以便 a{10}:=a{9},a{8}:=a{7},…,a{2}:=a{1}。

②WHILE 指令。

只要给定条件表达式评估为 TRUE 值,则重复一些指令,这时使用 WHILE。

例
```
WHILE reg1 <reg2 DO
reg1 :=reg1 +1;
ENDWHILE
```
只要 reg1 < reg2,则重复 reg1 自增 1 指令。

(5)其他指令。

①GOTO 指令。

GOTO 用于将程序执行转移到相同程序内的另一标签。

例 1
```
GOTO next;
...
next:
```
程序执行跳转到 next:的位置继续执行。

例 2
```
reg1 :=1;
next:
...
reg1 :=reg1 +1;
IF reg1<=5 GOTO next;
```
将执行转移至 next 四次(reg1= 2、3、4、5)。

②ConfL 指令。

ConfL(Configuration Linear)用于确定是否在线性或圆周运动期间监测机械臂的轴配置。如果未对其进行监测,则执行期间的轴配置可能与编程期间的轴配置有所不同。

例 1
```
ConfL \On;
MoveL *, v1000, fine, tool1;
```
当不能从当前位置到达编程配置时,停止程序执行。

例 2
```
ConfL \Off;
MoveL *, v1000, fine, tool1;
```
不会停止程序执行,但其实际位置可能与编程定点位置不一致,与当前的轴配置最为接近。

③TPReadFK 指令。

TPReadFK(FlexPendant Read Function Key)用于在功能键上显示文本并查找哪个键被按下。

例 `TPReadFK reg1, "More? ", stEmpty, stEmpty, stEmpty, "Yes", "No";`

使用 TPReadFK 函数在 FlexPendant 示教器显示器上显示文本"More?",并为功能键 4 和 5 分配文本标签"Yes"和"No"。程序随后进入等待状态,直到功能键 4 或 5 被按下。按下功能键 4 时,将值 4 分配给 reg1;按下功能键 5 时,将值 5 分配给 reg1。

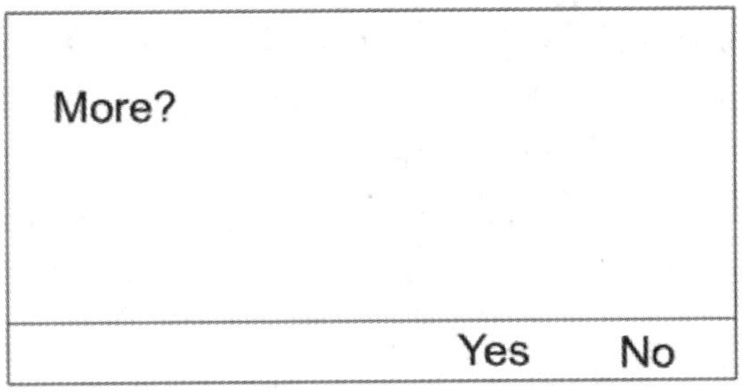

图 3-2-3　TPReadFK 指令选择

④ProcCall 指令。

ProcCall 指令是示教器中使用的指令,用于调用一个新的无返回值程序。这个调用将程序的执行流程转移到被调用的无返回值程序上。一旦该无返回值程序执行完毕,控制流将返回到调用它的程序中的下一条指令。通常,可以通过 ProcCall 指令向被调用的程序传递一系列的参数,这些参数用来控制被调用程序的行为,从而使同一个无返回值程序能够根据不同的参数执行不同的任务。

例 1　`weldpipe1;`

调用 weldpipe1 无返回值程序。

例 2　`weldpipe2 10, lowspeed;`

调用包含两个参数的 weldpipe2 无返回值程序。

2)例行程序与参数传递

在 ABB 机器人的 RAPID 编程中,例行程序可以定义参数,这样的设计允许我们将一些常用的功能封装为带参数的例行程序。通过向这些例行程序传递参数,可以控制其行为,使得同一个例行程序能够根据不同的参数执行不同的任务,从而有效提高编程的效率。在声明例行程序时,参数表中括号内的数据指定了调用该程序时需要提供的参数,即实际参数。

(1)例行程序。

一个模块可以包含多个例行程序,其中必须只有一个 main 主程序,作为程序执行的起点。例行程序通常用来精简重复程序行,可以提高程序编写效率和简洁性。

例　通常机器人回 home 点需要使用指令"moveabsj home,v1000,z10,tool0;",且其在程序中使用非常多,所以可通过子程序进行简化。

```
proc main()
gh;                                  !调用 gh 例行程序;
```

```
endproc
proc gh()                            !gh 例行程序定义
moveabsj home,v1000,z10,tool0;       !机器人回到 home 点指令；
endproc
```

(2)带参数例行程序。

带参数例行程序属于普通程序的一种，只是在编写例行程序时，可以附带参数。

①带参数例行程序中的参数可以有多个，参数的数据类型可以不相同，但在调用时要一一对应。

②带参数例行程序的编写和普通程序一致，可以有各种指令类型。

③带参数例行程序不可以像其他普通程序一样，在手动调试时，PP 指针不能直接进入带参数例行程序里面，只能通过程序调用来进入和执行。

例 1　等待时间指令通常使用“waittime 3;”，其表示等待 3 s，此时为了简化，可以使用带参数子程序。

```
proc main()
w 3;                  !调用 w 例行程序，将 3 传递给参数 a；
endproc
proc w(num a)         !w 例行程序定义，带一个 num 参数
waittime a;           !等待 a s；
endproc
```

例 2　将取放工具程序进行优化，使用参数 a 表示快换工具信号的开关。

```
proc main()
gj 1;                                 !调用子程序，参数 a 为 1，取工具；
gj 0;                                 !调用子程序，参数 a 为 0，放工具；
endproc

proc gh()                             !gh 子程序定义
moveabsj home,v1000,fine,tool0;       !机器人运动到 home 点；
endproc

proc gj(num a)                        !程序名，带参数 a，a 为 1 时取工具，a 为 0 时放工具
    gh;                               !调用 gh 子程序，机器人运动到 home 点；
    movel gdd,v1000,z10,tool0;        !机器人运动到过渡点；
    movel offs(gjd,0,0,200),v1000,z10,tool0;  !机器人运动至安装涂胶工具上方位置；
    movel gjd,v200,fine,tool0;        !机器人运动至安装涂胶工具目标点位置；
    setdo kh,1-a;                     !快换工具信号设置为 1-a，a 为 1 时快换工具钢珠弹
                                      出夹紧工具，取工具，a 为 0 时反之；
    waittime 0.5;                     !等待 0.5 s；
    movel offs(gjd,0,0,200),v200,z10,tool0;  !机器人运动至安装涂胶工具上方位置；
    movel gdd,v1000,z10,tool0;        !机器人运动到过渡点；
    gh;                               !调用 gh 子程序，机器人运动到 home 点；
endproc
```

3）**工件坐标系**

(1)工件坐标系定义。

工件坐标系对应工件，它定义为工件相对于大地坐标系(或其他坐标系)的位置。机器人可以拥有若干工件坐标系，可以表示不同工件，也可以表示同一工件在不同位置的若干副本。

机器人进行编程时使用工件坐标系创建目标和路径，具有以下优点：

①重新定位工作站中的工件时，只需更改工件坐标系的位置，所有路径就可随之更新。

②操作者可以沿着外轴或传送导轨移动工件，因为整个工件连同其路径可一起移动。

如图 3-2-4 所示，Ⓐ是机器人的大地坐标系，为了方便编程，为第一个工件建立一个工件坐标系Ⓑ，并用这个工件坐标系Ⓑ进行轨迹编程。如果平台上还有一个一样的工件需要走一样的轨迹，则只需要再建立一个工件坐标系Ⓒ，将工件坐标系Ⓑ中的轨迹复制一份，然后将工件坐标系从Ⓑ更新为Ⓒ即可，无须对一样的工件进行重复的轨迹编程。

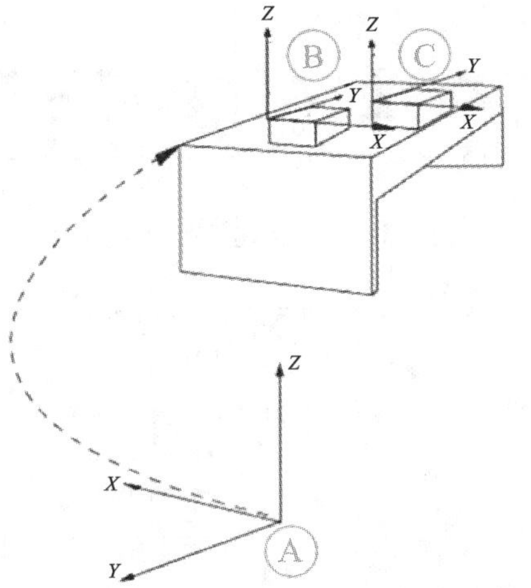

图 3-2-4　工件坐标系说明

(2)工件坐标系设定。

在对象的平面上，只需要定义三个点，就可以建立一个工件坐标系，如图 3-2-5 所示。

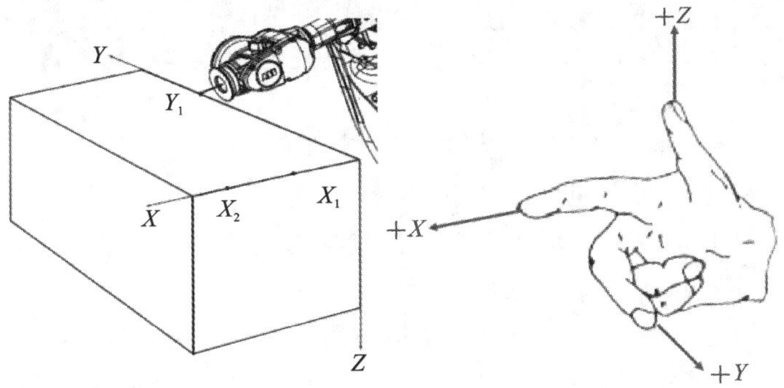

图 3-2-5　工件坐标系定义

3-2-1　工件坐标的建立

①X_1 点确定工件坐标系的原点。

②X_1 点、X_2 点确定工件坐标系 X 轴正方向。

③Y_1 点确定工件坐标系 Y 轴正方向。

④工件坐标系符合右手定则。

用三点法创建一个工件坐标系 wobj1,步骤如下。

①在“程序数据”界面中,选择“wobjdata”,显示数据(见图 3-2-6(a))。

②单击“新建”(见图 3-2-6(b))。

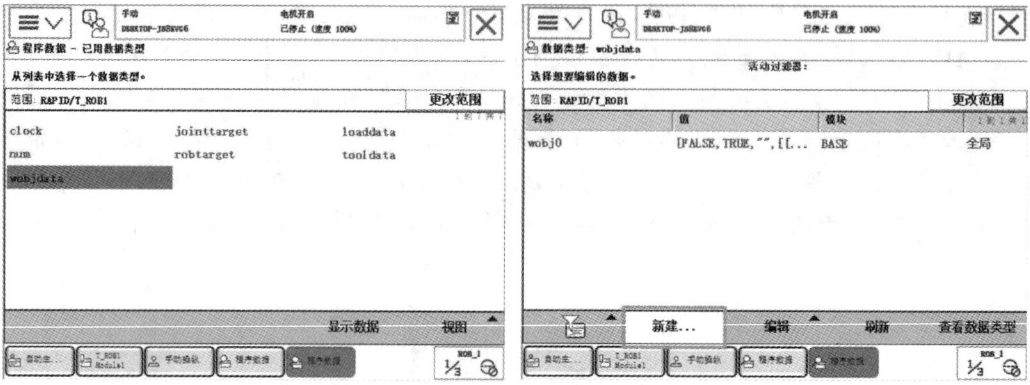

(a) (b)

图 3-2-6　工件坐标系参数建立

③对工件数据属性进行设定后,单击“确定”(见图 3-2-7(a))。

④打开“编辑”菜单,选择“定义”(见图 3-2-7(b))。

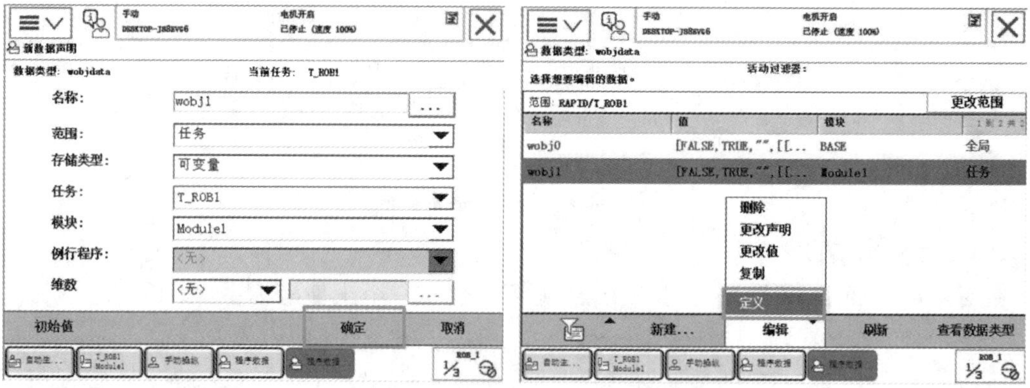

(a) (b)

图 3-2-7　工件坐标系参数定义

⑤将“用户方法”设定为“3 点”(见图 3-2-8(a))。

⑥手动操作机器人的工具参考点靠近定义工件坐标系的 X_1 点(见图 3-2-8(b))。

⑦单击“修改位置”,将 X_1 点记录下来(见图 3-2-9(a))。

⑧手动操作机器人的工具参考点靠近定义工件坐标系的 X_2 点(见图 3-2-9(b)),然后在示教器中单击“修改位置”。

⑨手动操作机器人将工具参考点靠近定义工件坐标系的 Y_1 点(见图 3-2-10(a)),然后在示教器中单击“修改位置”。

⑩在窗口中单击“确定”(见图 3-2-10(b))。

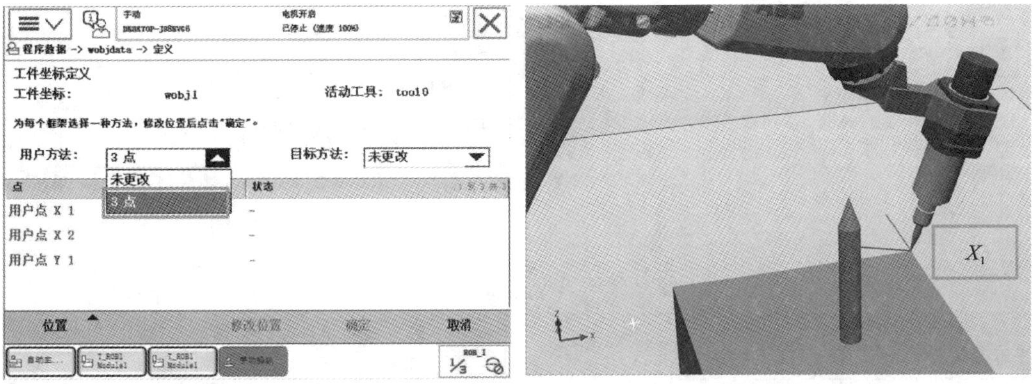

(a) (b)

图 3-2-8 工件坐标系 X_1 点定义

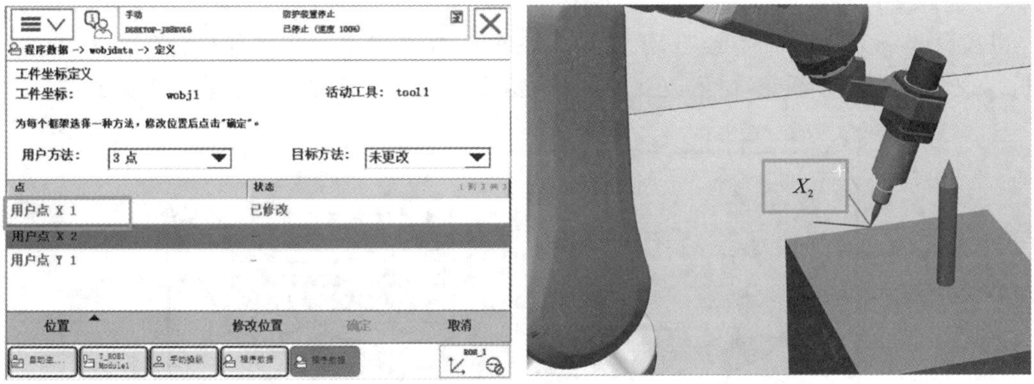

(a) (b)

图 3-2-9 工件坐标系 X_2 点定义

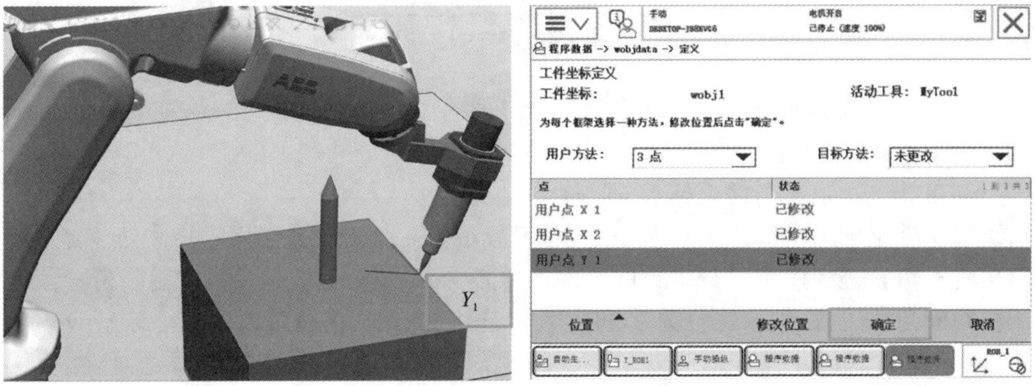

(a) (b)

图 3-2-10 工件坐标系 Y_1 点定义

⑪对工件位置进行确认后，单击"确定"（见图 3-2-11(a)）。

⑫查看 wobj1，工件坐标系已建立完成（见图 3-2-11(b)）。

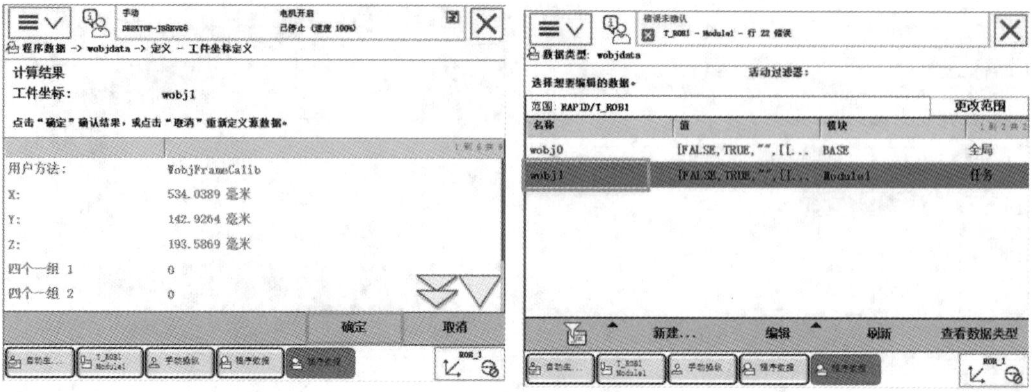

(a) (b)

图 3-2-11 工件坐标系查看

(3)工件坐标系应用。

以工件坐标系 wobj1 为参照,示教编辑三角形轨迹程序。若工件坐标系 wobj1 偏移到 wobj2,该轨迹的外形不变,位置改变,则只需要改变工件坐标系,如图 3-2-12 所示。

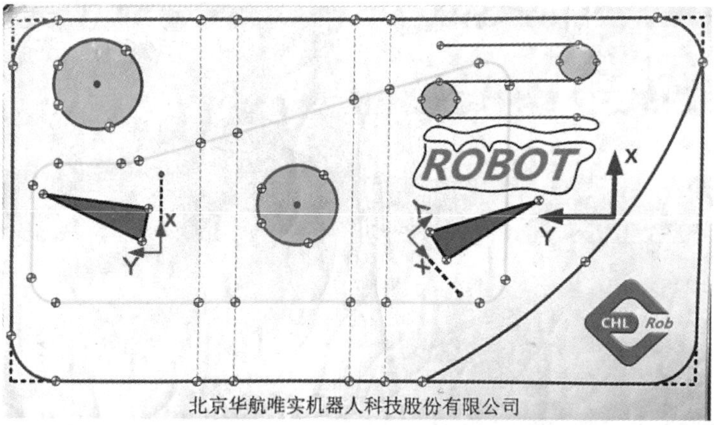

图 3-2-12 工件坐标系应用

任务实施步骤如下:

① 利用 3 点法定义工件坐标系 wobj1 和 wobj2;

② 以工件坐标系 wobj1 为参照坐标系,示教编辑三角形轨迹程序;

③ 将三角轨迹程序中每行指令的工件坐标系 wobj1 修改为 wobj2,复制一份;

④ 判断当前工位,如果工位为 2,机器人运行轨迹不变,但位置改变至坐标系 wobj2 下。

程序示例如下。

```
proc tj(num gw)                                  !程序名带参数 gw
    if gw=1 then                                 !判断工位是否为 1,若是则使用 wobj1;
    movel sjd1,v1000,fine,tool0\wobj:=wobj1;     !机器人运动到三角形涂胶点 1;
    movel sjd2,v1000,fine,tool0\wobj:=wobj1;     !机器人运动到三角形涂胶点 2;
    movel sjd3,v1000,fine,tool0\wobj:=wobj1;     !机器人运动到三角形涂胶点 3;
```

```
    movel sjd1,v1000,fine,tool0\wobj:=wobj1; !机器人运动到三角形涂胶点 1,形成闭环;
    elseif gw=2 then                          !判断工位是否为 2,若是则使用 wobj2;
    movel sjd1,v1000,fine,tool0\wobj:=wobj2;  !机器人运动到三角形涂胶点 1;
    movel sjd2,v1000,fine,tool0\wobj:=wobj2;  !机器人运动到三角形涂胶点 2;
    movel sjd3,v1000,fine,tool0\wobj:=wobj2;  !机器人运动到三角形涂胶点 3;
    movel sjd1,v1000,fine,tool0\wobj:=wobj2; !机器人运动到三角形涂胶点 1,形成闭环;
    endif                                     !结束 IF
endproc
```

3. 掌握新知

问题 1:工业机器人常用高级指令有哪些?分别有什么特点?将答案填入表 3-2-1 中。

表 3-2-1　常用高级指令总结表

指令	说明
:=	
Incr	
Decr	
AND	
OR	
MOD	
IF	
TEST	
FOR	
WHILE	
GOTO	
ConfL	
TPReadFK	

问题 2:请理解以下机器人程序,解释各子程序及参数的含义。将答案填入表 3-2-2 中。

```
proc main()
gh;
w 3;
gj 1,1;
gh;
w 3;
gj 1,0;
gh;
endproc
```

```
proc gj(num a,num b)
movel gdd,v1000,z10,tool0;
movel offs(gjd{a},0,0,200),v1000,z10,tool0;
movel gjd{a},v200,fine,tool0;
gn a,1;
movel offs(gjd{a},0,0,200),v500,z10,tool0;
movel gdd,v1000,z10,tool0;
endproc

proc gn(num a,num b)
if a=1 setdo kh,1-b;
if a=2 setdo jz,1-b;
if a=3 setdo xxp,b;
if a=4 setdo dxp,b;
w 0.5;
endproc

proc w(num a)
waittime a;
endproc
proc gh()
moveabsj home,v1000,z10,tool0;
endproc
```

表 3-2-2　子程序说明

子程序	说明	参数
gh		
w		
gn		
gj		

问题 3:编写机器人定制涂胶程序前需要完成哪些准备工作？触摸屏地址信息和机器人信号之间如何进行信息交互？

知识库

※定制涂胶的定点

1. 定制涂胶点位编号

因为定制涂胶轨迹可以随机设置起始点，有许多的不确定性，所以必须使用 MoveL 指令，然后插入多个中间点，并统一编号，各轨迹点位编号如图 3-2-13 所示，一共有 25 个点位。

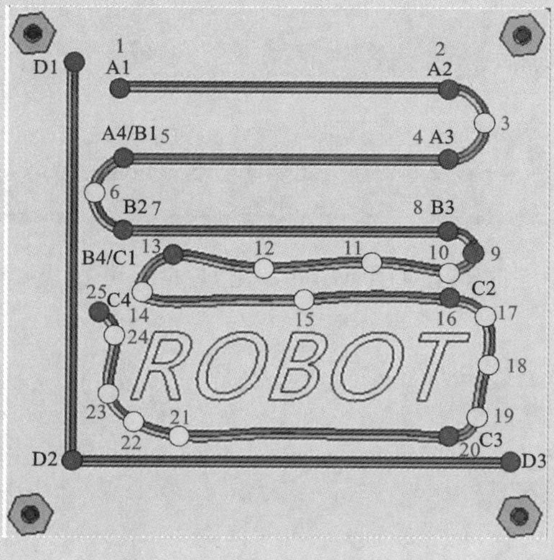

图 3-2-13　定制涂胶点位编号

2. 触摸屏画面

触摸屏画面使用 VB1～VB200 作为 PLC 传递给机器人的参数，并按照编号循序修改涂胶点位。例如，A 轨迹：A2 为编号 2，A3 为编号 4，A4 为编号 5，以此类推。定制涂胶画面如图 3-2-14 所示。定制涂胶点位设置如图 3-2-15 所示。

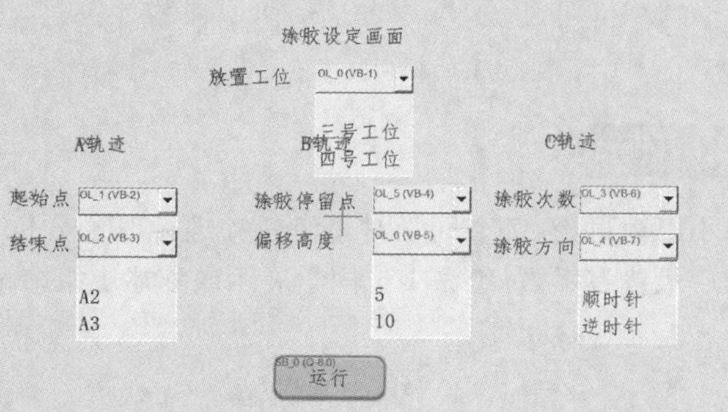

图 3-2-14　定制涂胶画面

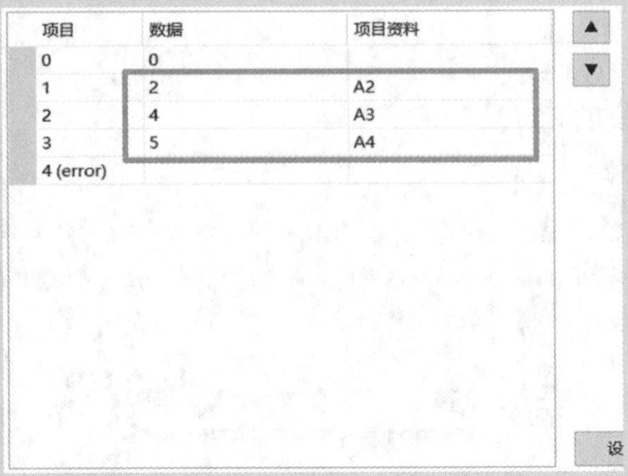

图 3-2-15　定制涂胶点位设置

问题 4:调试机器人程序时,若使用 MoveL 出现了不可达点,该如何解决?

问题 5:机器人工件坐标系能否以不同工具姿态定义?

协作探究，实施展示

任务指引:开展小组内讨论,每个同学对小组任务进行讨论分析,组长综合每位同学的意见,确定小组讨论后最终答案,每组派 1 位同学展示或陈述小组结论。

1. 小组组建

小组分工表见表 3-2-3。

表 3-2-3 小组分工表

班级		组名	
组长		学号	
组员	姓名	学号	分工

2. 基础任务

任务 1:完成三号工位、四号工位工件坐标系定义(见图 3-2-16)。

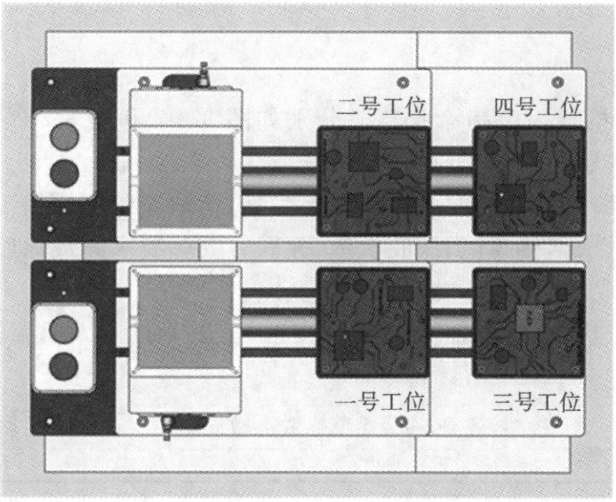

图 3-2-16 工位分布

目标:根据所学机器人知识,小组协作完成以下内容。

定义工件坐标系步骤。

第一步:

第二步:

第三步：

第四步：

第五步：

第六步：

任务 2：定制涂胶。

涂胶设定画面和机器人定制涂胶轨迹分别如图 3-2-1 和图 3-2-2 所示。具体工艺过程要求如下（涂胶单元放置在三号工位）。

（1）按下触摸屏运行按钮，按照触摸屏设定参数，拾取涂胶笔快换工具，按照指定的起始点、结束点、涂胶停留点、偏移高度、涂胶次数、涂胶方向等要求完成涂胶轨迹。（定制涂胶参数设定见表 3-2-4）完成该轨迹后，机器人回安全点。

（2）完成定制涂胶后，工业机器人放回涂胶工具，工业机器人回到安全点，暂停涂胶，产品的涂胶流程结束。

表 3-2-4　定制涂胶参数设定

轨迹段	定制工艺参数	可选参数	参数说明
放置工位	放置工位	三号工位、四号工位	—
A 轨迹	起始点	A1、A2、A3	—
	结束点	A2、A3、A4	起始点编号小于结束点编号
B 轨迹	涂胶停留点	B1、B2、B3、B4	运行 B 轨迹可选，在停留点停留 3 s
	偏移高度	5 mm、10 mm、15 mm	—
C 轨迹	涂胶次数	1～3 次	运行 C 轨迹可选，在停留点停留 3 s
	涂胶方向	顺时针、逆时针	涂胶方向可选

目标:根据任务 2 写出程序代码。

知识拓展卡

定制涂胶轨迹 A 编程示例

```
proc main()
gj 1;                                   !取工具;
waitDI q80,1;                           !等待触摸屏运行信号;
tx;                                     !调用通信子程序,收发数据;
movel tjgd,v1000,z10,tool0;             !涂胶过渡点;
for i from js{1} to js{2} do            !从涂胶 A 起始点到涂胶结束点涂胶,VB1 对
                                         应 js{1}
movel reltool(tjj,0,0,-10),v1000,z10,tool0;
endfor
movel tjgd,v1000,z10,tool0;             !涂胶过渡点;
gj 0;                                   !放涂胶工具;
endproc

proc gh()
moveabsj home,v1000,fine,tool0;
```

```
endproc

proc gj(num a)
gh;
movel gdd,v1000,z10,tool0;
movel offs(gjd,0,0,200),v1000,z10,tool0;
movel gjd,v200,fine,tool0;
setdo kh,1-a;
waittime 0.5;
movel offs(gjd,0,0,200),v200,z10,tool0;
movel gdd,v1000,z10,tool0;
gh;
endproc

proc tx()
socketclose plc;
socketcreate plc;
waittime 0.1;
socketconnect plc,"192.168.0.1",2000;
socektsend plc\data:=fs;
socketreceive plc\data:=jss;
for i from 1 to 200 do
js{i}:=jss{i};
endfor
endproc
```

3. 提高任务

涂胶单元板默认随机放置在检测工位(三号工位或四号工位),完成上述定制涂胶任务。目标:根据基础任务修改程序代码。

4. 决策评估

方案决策单见表 3-2-5。

表 3-2-5　方案决策单

<table>
<tr><th colspan="6">方案决策</th></tr>
<tr><td>组别</td><td></td><td>组长</td><td></td><td>日期</td><td></td></tr>
<tr><td>学习任务</td><td colspan="5">工业机器人定制涂胶</td></tr>
<tr><td>岗位情景</td><td colspan="5">机器人定制涂胶完成 A、B、C 轨迹</td></tr>
<tr><td>方案 1
描述</td><td colspan="5"></td></tr>
<tr><td>方案 2
描述</td><td colspan="5"></td></tr>
<tr><td>方案 3
描述</td><td colspan="5"></td></tr>
<tr><th colspan="6">评估决策</th></tr>
<tr><td>序号</td><td>可行性</td><td>经济性</td><td>操作性</td><td>实施难度</td><td>方案等级评价</td></tr>
<tr><td>方案 1</td><td>□高 □低</td><td>□好 □差</td><td>□强 □弱</td><td>□高 □低</td><td>□优 □良 □中 □差</td></tr>
<tr><td>方案 2</td><td>□高 □低</td><td>□好 □差</td><td>□强 □弱</td><td>□高 □低</td><td>□优 □良 □中 □差</td></tr>
<tr><td>方案 3</td><td>□高 □低</td><td>□好 □差</td><td>□强 □弱</td><td>□高 □低</td><td>□优 □良 □中 □差</td></tr>
<tr><td rowspan="2">评价决策</td><td>综合评价</td><td colspan="4"></td></tr>
<tr><td>终选方案</td><td colspan="4">□方案 1　□方案 2　□方案 3</td></tr>
</table>

检查评价，总结反思

1. 学生自评

活动过程自评表见表 3-2-6。

表 3-2-6　活动过程自评表

班级		组名		日期	
序号	评价要素			分值	分数
1	能熟知工业机器人常用高级赋值、条件判断、循环等指令			10	
2	能理解 ABB 机器人程序结构的含义			10	
3	能掌握机器人复杂轨迹定制涂胶定点的方法和步骤			10	
4	能够定义和使用机器人工件坐标系			10	
5	能够完成三、四号工位工件坐标系定义			10	
6	能够完成机器人 A 轨迹定制涂胶			10	
7	能够完成机器人 B 轨迹定制涂胶			10	
8	能够完成机器人 C 轨迹定制涂胶			10	
9	能够完成工位定制涂胶			20	
自评分数					
自我总结与反思					

2. 小组互评

活动过程小组互评表见表 3-2-7。

表 3-2-7　活动过程小组互评表

班级		被评组名		日期	
评价指标	评价要素			分值	分数
1	与教师、同学之间能够保持多向、丰富、适宜的信息交流			10	
2	与教师、同学之间相互尊重、理解			10	
3	能处理好合作学习和独立思考之间的关系，做到有效学习			10	

续表

评价指标	评价要素	分值	分数
4	能提出有意义的问题或能发表个人见解	20	
5	能按要点正确操作，能够倾听、协作、分享	20	
6	能发现问题、提出问题、分析问题、解决问题、创新问题	20	
7	能严肃、认真地对待自评，并能独立完成自测试题	10	
互评分数			
简要评述			

3. 教师评价

教师评价表见表 3-2-8。

表 3-2-8　教师评价表

姓名		组别		日期	
序号	评分点	分值	评分标准	得分	
1	(1)表述仪态自然，吐字清晰	10	表述仪态不自然或吐字模糊酌情扣分		
	(2)表述思路清晰、层次分明、准确		表述思路模糊或层次不清酌情扣分		
2	(1)理解高级编程指令关键点准确	10	描述不准确酌情扣分		
	(2)理论知识回顾完整，分组分工明确		知识不完整、分工不明确酌情扣分		
3	(1)完成机器人点位划分及触摸屏设置	10	一处表述不清扣 1 分，扣完为止		
	(2)确定整体工作思路	10	一处步骤错误扣 1 分，扣完为止		
4	(1)完成机器人工件坐标系定义	10	操作不当扣 1 分，扣完为止		
	(2)完成机器人 A 轨迹程序编写与调试	10	每错一项扣 1 分，扣完为止		
	(3)完成机器人 B 轨迹程序编写与调试	10	每错一项扣 1 分，扣完为止		
	(4)完成机器人 C 轨迹程序编写与调试	10	每错一项扣 1 分，扣完为止		
	(5)完成机器人工位定制涂胶程序编写与调试	10	每错一项扣 1 分，扣完为止		
5	(1)依据自评分数	5			
	(2)依据个人总结评价报告	5			
	满分	100	得分		

4. 考核评价

工业机器人定制涂胶考核任务

3-2-2 工业机器人定制涂胶考核任务

姓名：____________ 成绩：____________ 考核时间：60 分钟

涂胶设定画面和机器人定制涂胶轨迹分别如图 1 和图 2 所示。具体工艺过程要求如下。

(1)按下触摸屏运行按钮，机器人从安全点出发，按照触摸屏设定参数，拾取涂胶笔快换工具，完成指定的轨迹起始点、停留点、涂胶速度、偏移高度等要求。(定制涂胶参数设定见表 1)完成该轨迹后，机器人回安全点。

(2)完成定制涂胶后，工业机器人放回涂胶工具，工业机器人回到安全点，暂停涂胶，产品的涂胶流程结束。

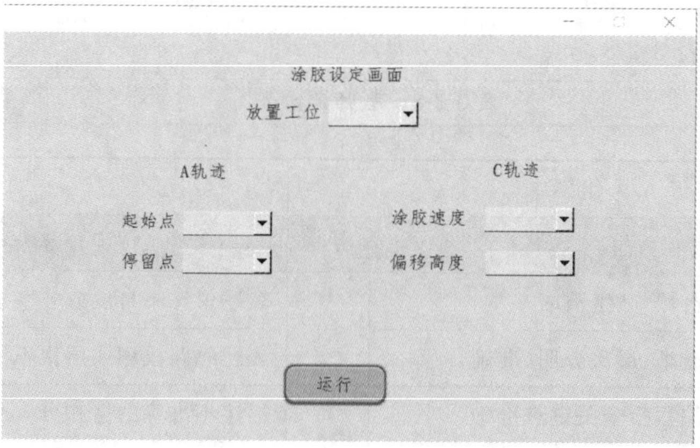

图 1

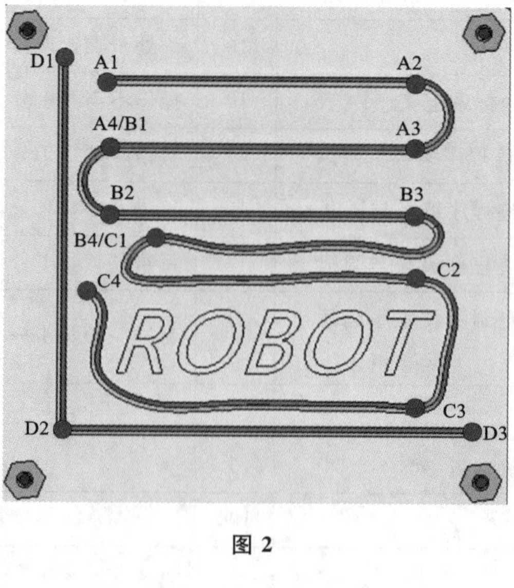

图 2

表 1

轨迹段	定制工艺参数	可选参数	参数说明
放置工位	放置工位	三号工位、四号工位	—
A 轨迹	起始点	A1、A2、A3	结束点为 A4
	停留点	A1、A2、A3、A4	运行 A 轨迹可选，在停留点停留 3 s
C 轨迹	涂胶速度	50 mm/s、100 mm/s、200 mm/s	—
	偏移高度	5 mm、10 mm、15 mm	—

评分标准

序号	考核内容	标准	配分	得分
1	定制涂胶	触摸屏画面正确	5	
2		触摸屏、机器人、PLC 三者通信正确	5	
3		按下运行键，机器人从安全点出发	5	
4		机器人拾取涂胶工具	10	
5		机器人涂胶工位正确	10	
6		机器人 A 轨迹起始点、结束点正确	10	
7		机器人 A 轨迹停留点、停留时间正确	10	
8		机器人 C 轨迹涂胶速度正确	10	
9		机器人 C 轨迹偏移高度正确	10	
10		机器人放回涂胶工具	10	
11		机器人回到安全点	5	
12		运行过程无碰撞、无停机	10	
合计得分				

5. 总结反思

任务实施完成后，学生需要根据实际情况，通过指导老师对实施情况的点评来分析自身的不足之处，寻找三个关键问题进行思考，填写表 3-2-9，做到及时的自查自省和总结。

表 3-2-9　总结反思问题记录表

序号	任务目标	存在的问题	解决的方法
1			
2			
3			

任务三　工业机器人定制码垛

情景导入，任务发布

1. 学习情景

3C 行业发展迅速，随着机器人性能要求的不断提高，物料搬运、堆叠应用也越来越广泛。现某汽车公司为了提高汽车性能，需要采用机器人实现自动化物料堆叠工艺，具体要求如下。

(1)按下启动按钮(见图 3-3-1)，按照表 3-3-1 的定制工艺参数拾取码垛工具，按照定制码垛要求完成底层码垛，完成底层码垛后，机器人回到安全点。

(2)再次按下启动按钮，按照表 3-3-1 的定制工艺参数拾取码垛工具，按照定制码垛要求完成顶层码垛，完成顶层码垛后，机器人回到安全点。

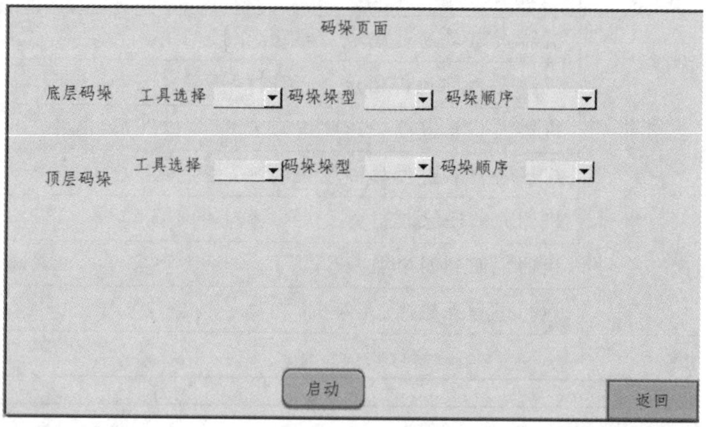

图 3-3-1　码垛页面

表 3-3-1　定制码垛要求

定制工艺参数	底层可选参数	顶层可选参数
码垛工具	夹爪、吸盘	夹爪、吸盘
码垛顺序	1—2—3、3—1—2	2—1—3、3—2—1
码垛垛型	垛型一、垛型二	垛型一、垛型三

2. 任务分析

任务分析	
任务名称	工业机器人定制码垛。
任务地位	正确编写定制码垛程序,并完成程序调试,通过任务理解机器人的码垛工作方式。
任务流程	(1)理解码垛任务。 (2)编写机器人与 PLC 通信程序,确保选择的码垛参数能被机器人端接收。 (3)编写码垛程序。 (4)调试码垛程序,实现定制化码垛工作任务。 (5)小组讨论,得出码垛任务的一般编程思路。

3. 目标要求

任务目标要求	
岗位要求	本任务要求工业机器人相关技术操作人员能理解机器人码垛的工作方式,包含使用机器人进行物料的堆叠,堆垛完成后,将货物推出,货物被推出后,叉车可以将货物运输到仓库进行存储。
课程目标	知识目标 (1)能理解码垛任务。 (2)能掌握程序调用的方法。 (3)能理解带参数例行程序的原理,简化程序。 (4)掌握定制码垛任务程序调试流程。 技能目标 (1)能通过触摸屏进行码垛任务工具选择、垛型选择、码垛顺序选择。 (2)能实现 PLC、触摸屏、机器人三者即时通信,为码垛任务做好准备。 (3)能编写定时、工具拾取带参数程序。 (4)会按照定制信息执行码垛和拆垛任务。 情感目标 (1)通过小组合作学习,培养学生的团队精神和爱岗敬业精神。 (2)通过自主探究式学习,培养学生的钻研精神。 (3)通过 8S 管理,提升学生职业素养和工匠精神。
大赛要求	编写工业机器人程序、PLC 程序,完成触摸屏设计以及产品的基础码(拆)垛、定制码(拆)垛。
证书技能要求	▶对应工业机器人 1+X 证书技能点(工业机器人操作与运维职业技能等级证初级和中级、工业机器人集成应用职业技能等级证中级) (1)能使用工业机器人运动指令进行基础编程。 (2)能完成工业机器人运动指令参数的设置。 (3)能完成工业机器人手动程序调试。 (4)能进行多工位码垛程序编写。

问题引导，自主学习

1. 引导问题

引导问题 1：工业机器人码垛任务通常包含哪些工作过程？
引导问题 2：工业机器人程序中如何实现定时引用？
引导问题 3：码垛中如何记录码垛点位来优化编程？
引导问题 4：码垛任务可以由几个子程序完成？

2. 任务知识点

1）程序模块建立方法

工业机器人编程中，为了提高编程速度，自动化工作人员一般会要求进行离线编程，对于 ABB 机器人而言，常用的离线编程方法有 ABB 公司的 RobotStudio 软件编程和 txt 文档编程两种，但是某些特定的场合中，计算机并没有安装 RobotStudio 软件，所以 txt 文档编程就显得尤为重要。

（1）用 txt 文档建立程序模块。

①建立一个 txt 文档，把扩展名改为 mod，如图 3-3-2 所示，程序模块建立，名称为示例程序。

(a) (b)

图 3-3-2 程序模块建立

②以文档的方式打开建立的程序模块文件，并建立主程序与例行程序，在文档中建立主程序与例行程序的方法是在英文状态下输入以下内容。

```
module ab                                  !模块名称为 ab
proc main()                                !主程序
movel gd1,v1500,z50,tool0;
gj1;
gh;
endproc
proc  gj1()                                !子程序
......
endproc
proc gh()                                  !子程序
......
```

```
endproc
endmodule
```

说明：一般用 txt 文档建立的程序模块包含主程序和例行程序，主程序和例行程序必须有返回值，否则会报错。

③加载用 txt 文档编写的程序。

用 txt 文档编写完程序后，以网络通信的方式把程序上传至工业机器人存储空间，在示教器上打开主菜单，选择“程序编辑器”，如图 3-3-3 所示，进入界面后选择“加载模块...”，选择建立的“slcx. mod”，如图 3-3-4 所示，至此，完成程序模块加载。

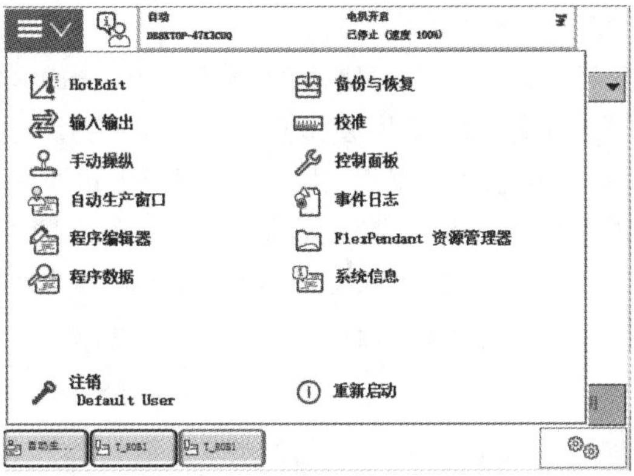

图 3-3-3　程序编辑器页面

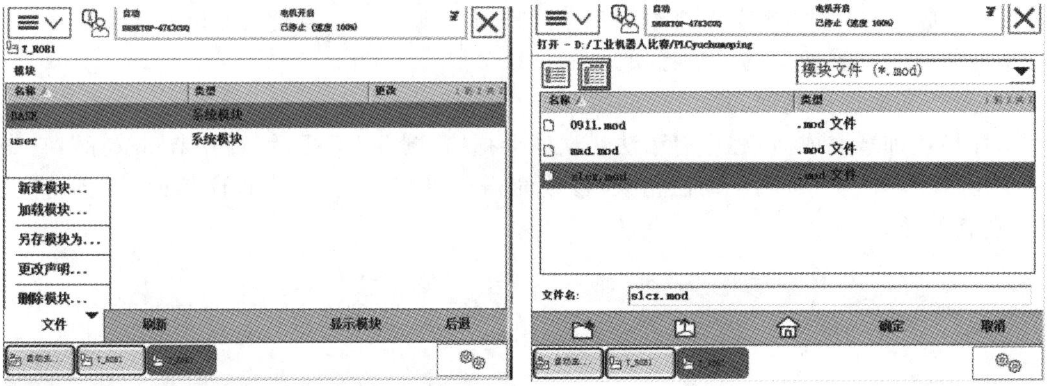

(a)　　　　(b)

图 3-3-4　程序模块加载

④进入修改报错和创建数据、数组环节。

(2)子程序应用。

程序编写中，某些指令反复出现或者动作重复，就可用子程序来代替。

①延时带参数程序。

延时操作在程序编写中是经常用到的动作，为了简化编程并提高效率，可以用带参数子程序来实现这一功能。例如：

```
proc w(num a)
```

```
waittime a;
endproc
```

比如:“w 0.5;”表示 0.5 s 延时;“w 1;”表示 1 s 延时。

②过渡点子程序。

```
proc  gd1(num a)
movel gdd{a},v1500,z50,tool0;        !gdd 是指过渡点数组,n 个过渡点,数组值就是 n;
endproc
proc  gd2(num a)
movej gdd{a},v1500,z50,tool0;        !gdd 是指过渡点数组,n 个过渡点,数组值就是 n;
endproc
```

过程 gd1 和 gd2 的主要区别在于它们使用的移动指令。gd1 采用 MoveL 指令,这使得机器人的工具中心点(TCP)沿直线路径从起始点移动到结束点,适用于对精确路径有较高要求的应用,如焊接和涂胶。相对地,gd2 使用 MoveJ 指令,允许机器人的 TCP 在空间中以关节运动的方式从一个位置移动到另一个位置;这种指令在机器人需要大范围移动且不担心进入机械奇异点的情况下更为适用,要求空间区域无障碍物,即路径精度不高的情况。

在实际使用中,操作者根据实际情况选择使用 gd1 或者 gd2。

2)**程序报错处理**

3-3-1 程序报错修改

用 txt 文档编写的程序模块加载完成后,通常会有报错处理和建立数组两个环节。报错常常出现两种类别:一种是语法错误,一种是程序本身的逻辑错误。语法错误是指程序本身的语法不符合规范,这种错误一经加载,机器人自身就报错,根据报错完成修改;而逻辑错误,加载后不会报错,需要通过调试运行的方式进行修改。

下面将介绍几种常见的语法错误。

(1)意外未知权标错误。

程序模块加载完成后,程序有语法错误就会报错,图 3-3-5 提示“意外未知权标”,它是指程序中出现了非法字符,属于语法错误,修改时需要单击确定,进入程序界面,再单击“显示程序”进行修改。

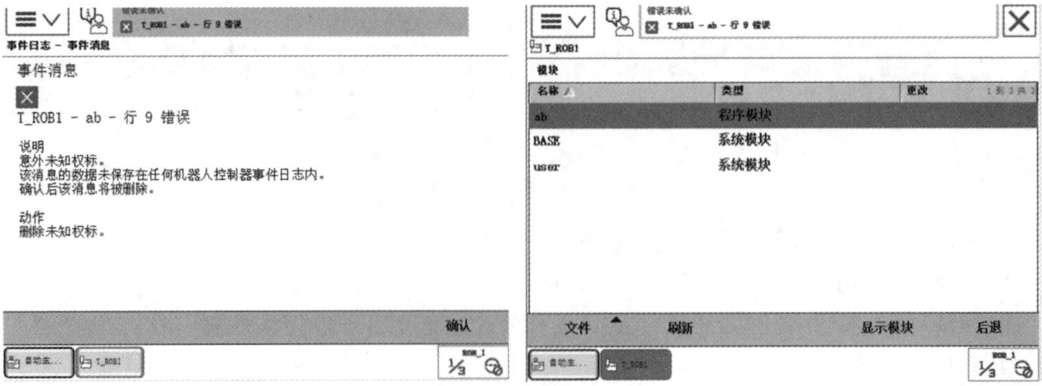

(a) (b)

图 3-3-5 报错提示

txt文档输入程序必须是英文字符，否则就会报错。如图3-3-6所示，非法字符错误页面的程序中出现了机器人本身识别不了的字符，造成这种非法字符错误的主要原因是编写程序时，没注意切换中英文输入法。经过长期的编程训练后，出现这种错误的概率会减小。非法字符的修改方法是选择程序错误的行，单击页面左下方的"编辑"，选择"ABC..."进行修改(见图3-3-7)，图中示例报错为tool0后的分号是中文字符，解决报错的方法是把报错显示的中文字符改成英文字符(见图3-3-8)，单击"确定"就可以完成报错修改。

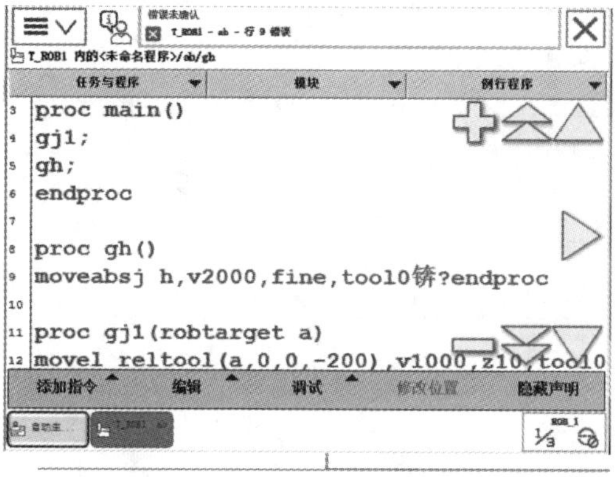

图 3-3-6　非法字符错误页面

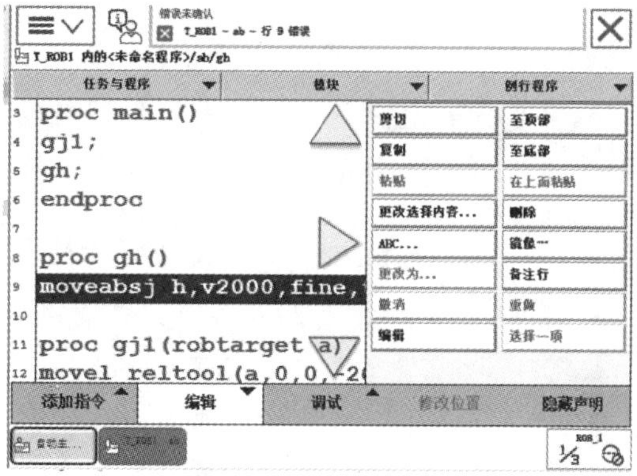

图 3-3-7　非法字符报错修改项

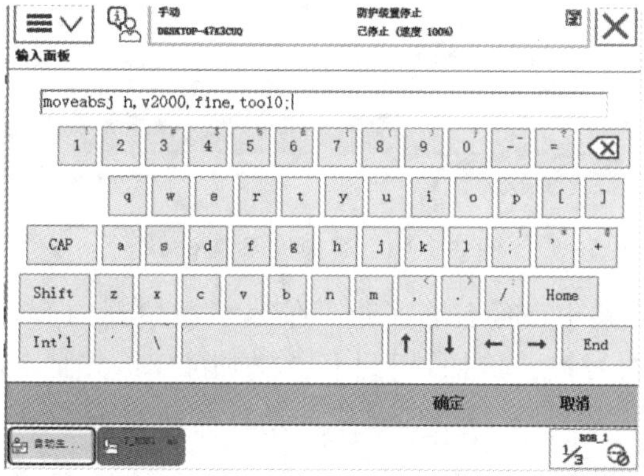

图 3-3-8　中文字符修改成英文字符

非法字符报错还有输入程序时字符输入错误，比如，"movej"指令输入为"movek"等，这类错误比较常见，报错提示也为"意外未知权标"，修改方法是一样的，需要应用者随机应变。

(2)程序中少了endif/endfor等返回值。

修改完一个报错后，单击程序页面下方"调试"，选择"检查程序"。如果程序中仍然存在错误，系统会继续报错，例如，图3-3-9提示了一个缺少返回值的错误，修改方法是找到错误提示中提到的上一条语句，复制该语句并粘贴到代码中缺失返回值的位置，修改粘贴的代码，确保它包含正确的返回值，如图3-3-10所示。

程序中缺少返回值的错误也是常见的，此类型的错误出现在开始使用txt文档编程，或者使用了含有返回值的函数两种情况。为了避免忘记函数返回值这种错误，可以在写程序

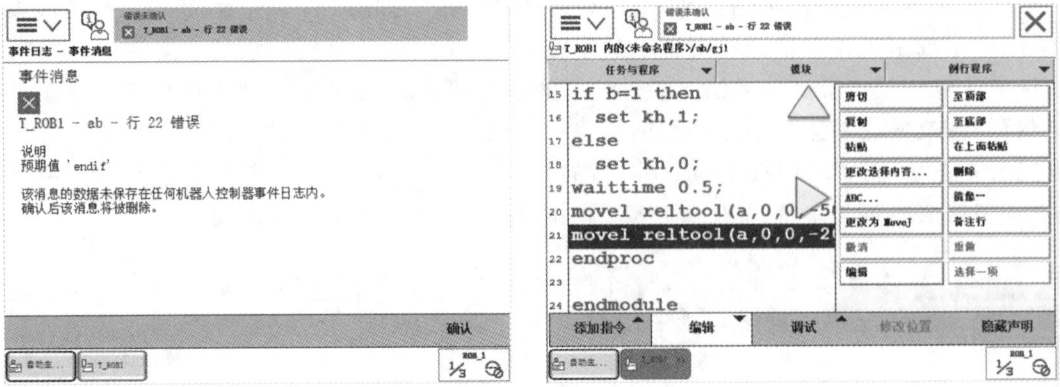

(a)　　　　(b)

图 3-3-9　缺少返回值的错误提示

图 3-3-10　添加返回值 endif

的过程中，先完成框架(框架中已经包含了返回值)，然后填充内容。另外，涉及嵌套函数时，多使用 Tap 键形成退格的习惯。例如，用到 IF 判断指令时，先把 IF、THEN、ENDIF 全部框架写出来，再分别在 IF 和 THEN 后添加对应的条件和执行的指令等内容。

(3)调用指令自变量过少。

修改完一个报错后，单击程序页面下方的“调试”，选择“检查程序”，如果有错误就会继续报错。图 3-3-11 提示了一个参数带入不全引起的错误，这种错误通常是调用带参数子程序时参数传递不完整导致的，子程序本身有两个及其以上的参数，如果引用时参数少就会报类似错误。修改方法为：选择调用的程序行，单击，进行编辑，选择“ABC...”进行修改，修改时，要和程序的参数数量对应起来。本例中，gj1 有两个参数，一个为点位参数(robtarget)，一个为数值数据(num b)，而程序引用中只出现了 gj1，两个参数都没有，所以修改为“gj1 gjj{1},1;”，如图 3-3-12 所示。

(4)调用指令自变量过多。

修改完一个报错后，单击程序页面下方的“调试”，选择“检查程序”，如果有错误就会继续报错，如图 3-3-13 所示，图中所示错误就是参数带入过多引起的错误，这种错误常见于带参数子程序中。修改方法为：首先选定程序页面右上方的“例行程序”，进入例行程序页面，

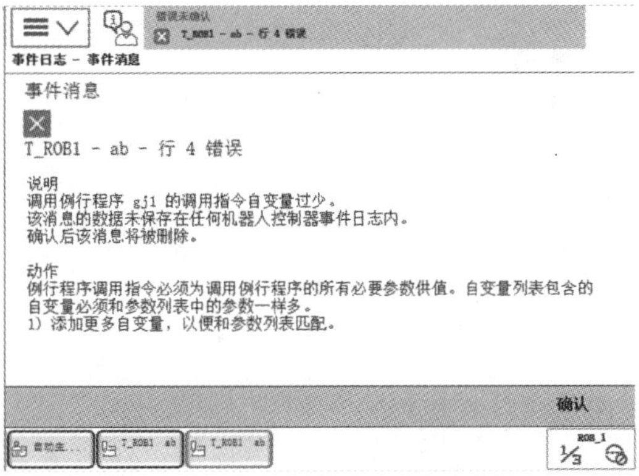

图 3-3-11　自变量过少修改

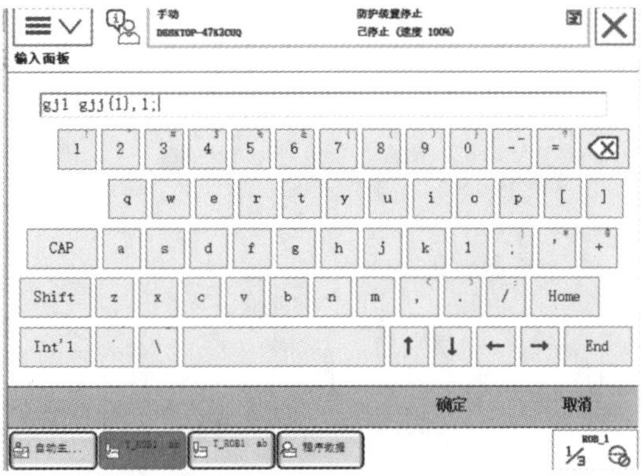

图 3-3-12　报错名称修改

如图 3-3-14 所示，找到报错属于哪个子程序，然后单击左下方的“文件”，选择“更改声明”，在参数栏中删除多余的参数。

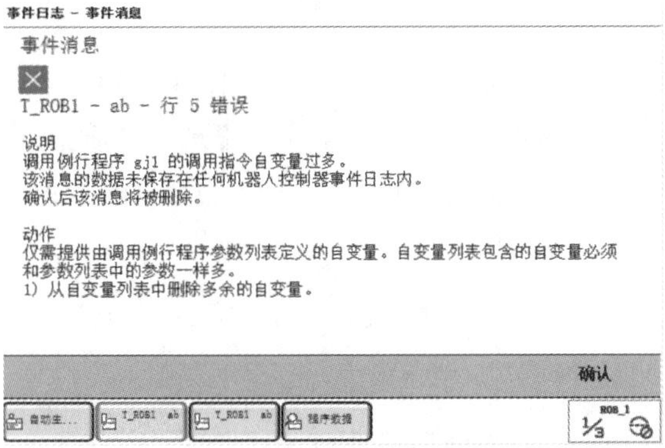

图 3-3-13　报错页面

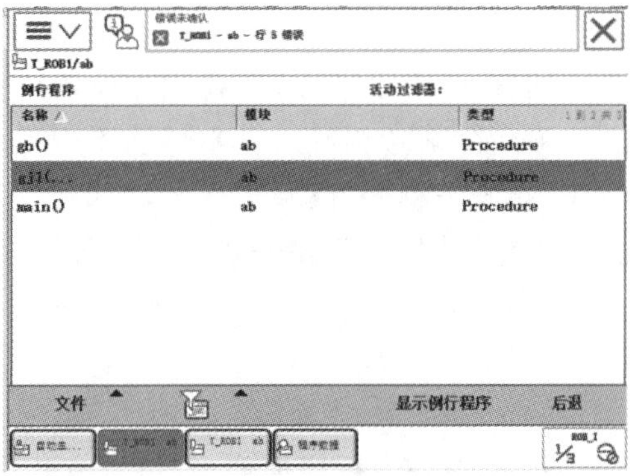

图 3-3-14　报错例行程序

(5)选择“更改声明”后，在弹出的对话框中选择“参数”后面的“...”，选择添加参数，添加自变量“b”，然后单击“确定”(见图 3-3-15)，完成后如图 3-3-16 所示，最后单击“确定”，完成例行程序参数不够的错误修改。

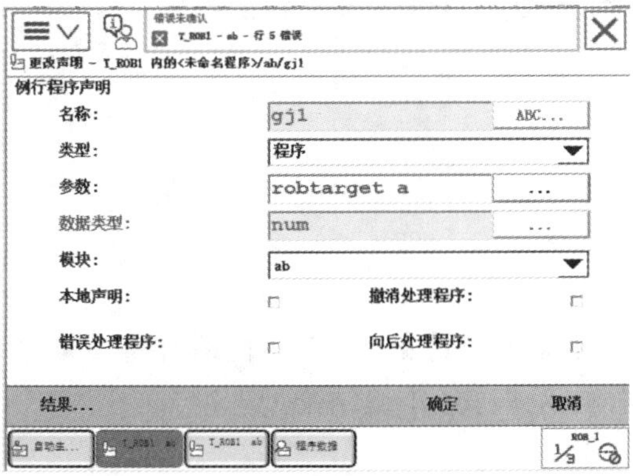

(a)

(b)

图 3-3-15　添加参数的位置

图 3-3-16 已完成参数的添加

（6）修改完报错后，添加数组和数据。

3. 掌握新知

问题 1：请按照 txt 文档程序模块建立的方法，在计算机上实际建立一个程序模块框架。程序模块的名称为姓名首字母加工位号，框架中包含主程序，以及安全点子程序、过渡点子程序、涂胶子程序、码垛子程序，在下方写出框架内容。安全点子程序、过渡点子程序要包含具体指令，其他的只要框架，可以不包含具体指令。

问题 2：一个程序框架中，可以有几个主程序 main，请验证后说明。

问题 3：简述程序报错的类型和处理方法，把你知道的知识点写在下方。

协作探究，实施展示

任务指引：开展小组内讨论，每个同学对小组任务进行讨论分析，组长综合每位同学的意见，确定小组讨论后最终答案，每组派 1 位同学展示或陈述小组结论。

1. 小组组建

小组分工表见表 3-3-2。

表 3-3-2　小组分工表

班级		组名	
组长		学号	
组员	姓名	学号	分工

2. 基础任务

目标 1：创建取工具子程序。

```
proc qgj()
movel gd1,v1000,z50,tool0;
movel offs(gj1,0,0,200),v1000,z50,tool0;
movel offs(gj1,0,0,20),v1000,z50,tool0;
movel offs(gj1,0,0,0),v100,fine,tool0;
reset do7;
waitime 0.5;
movel offs(gj1,0,0,200),v1000,z50,tool0;
movel gd1,v1000,z50,tool0;
endproc
```

gd1 表示取工具的过渡点，一般设置在工具的正上方；gj1 表示夹爪工具的点位；do7 表示快换工具，就是工业机器人数字输出点位，地址为 7。

阅读上方 qgj(取工具)例行程序，口述程序中每一条指令所代表的含义。在下方的空白处写出包含胶笔工具、夹爪工具、吸盘工具的通用取工具子程序。为了简化程序，三个工具默认摆放在机器人的正前方，并且三个工具在一起。

目标 2：创建拿码垛子程序。

```
proc nmd()
movel gd2,v1000,z50,tool0;
movel reltool(mddw,0,0,-55),v1000,z50,tool0;
movel reltool(mddw,0,0,-25),v500,z50,tool0;
movel reltool(mddw,0,0,0),v10,fine,tool0;
reset do4;
```

```
waittime 0.5;
movel reltool(mddw,0,0,-25),v100,z50,tool0;
movel reltool(mddw,0,0,-55),v1000,z50,tool0;
movel gd2,v1000,z50,tool0;
endproc
```

nmd 表示拿码垛子程序;mddw 表示拿码垛的点位;do4 表示夹爪输出信号地址,为 0 时表示加紧,为 1 时表示松开。

(1)阅读上方的拿码垛子程序,考虑为什么子程序的第一句和最后一句都用同一条指令语句,有什么含义?

(2)在拿码垛的子程序中,用到了 reltool,这里能否改成 offs?如果不能,请说明原因。

(3)本例中,拿码垛的工具是夹爪,如果改为吸盘,则应如何更改程序,请在下方空白地方写出。

目标 3:创建放码垛子程序。

```
proc fmd()
for i from 1 to 6 do
movel gd3,v1000,z50,tool0;
nmd;
movel gd3,v1000,z50,tool0;
movel offs(mdsz{i},0,0,200),v1000,z50,tool0;
movel offs(mdsz{i},0,0,25),v1000,z50,tool0;
movel offs(mdsz{i},0,0,0),v50,fine,tool0;
set do4;
movel offs(mdsz{i},0,0,200),v1000,z50,tool0;
movel gd3,v1000,z50,tool0;
endfor
endproc
```

fmd 表示放码垛子程序;gd3 表示放码垛的平台上方位置;mdsz 表示码垛数组,里面包含 7 个点位数据,其中第一个点位数据为 mdsz{1}。实际应用中,用夹爪和吸盘码垛时,需要两个子程序,分别用于夹爪码垛和吸盘码垛。

(1)阅读上方的放码垛子程序,for 循环语句下方调用了 nmd 程序,请说明其含义。如果将其放在 for 循环之外，是否可行？请在验证后说明原因。

(2)放码垛子程序示例中，码垛是以夹爪工具夹住为例示范的，思考如何改成吸盘工具来完成放码垛程序，请进行修改，并在下方空白地方完善。

目标 4:完成定制码垛的程序。

(1)目标 1 至目标 3 中，已完成定制码垛需要的子程序，本任务的要求是定制码垛，通过任务内容可以看出定制码垛的本质要求评分裁判随机选取码垛工具＿＿＿＿＿和＿＿＿＿＿，无论选择哪个工具总是从底层开始码垛，而底层码垛垛型可选为垛型＿＿＿＿＿和垛型＿＿＿＿＿，顺序为 1—2—3 或者 3—1—2。所以，从底层开始，通过选择语句完成定制码垛过程。

(2)定制码垛参考程序如下。

为了方便编程，把码垛工具、码垛顺序、码垛垛型对应的触摸屏信息列举在表 3-3-3 中。

表 3-3-3　定制码垛信息参数表

定制工艺参数	底层可选参数	接收参数	顶层可选参数	接收参数
码垛工具	夹爪、吸盘	js{20}	夹爪、吸盘	js{23}
码垛顺序	1—2—3、3—1—2	js{21}	2—1—3、3—2—1	js{24}
码垛垛型	垛型一、垛型二	js{22}	垛型一、垛型三	js{25}

以下为底层码垛程序，请你认真阅读程序，并在空白地方写出顶层码垛程序。

```
module abc
proc main()
dzmd;
endproc
proc qgj1()                                         !拿取夹爪工具
movel gd1,v1000,z50,tool0;
movel offs(gj1,0,0,200),v1000,z50,tool0;
movel offs(gj1,0,0,20),v1000,z50,tool0;
movel offs(gj1,0,0,0),v100,fine,tool0;
reset do7;
waitime 0.5;
movel offs(gj1,0,0,200),v1000,z50,tool0;
movel gd1,v1000,z50,tool0;
endproc
```

```
proc qgj2()                                        !拿取吸盘工具
movel gd1,v1000,z50,tool0;
movel offs(gj2,0,0,200),v1000,z50,tool0;
movel offs(gj2,0,0,20),v1000,z50,tool0;
movel offs(gj2,0,0,0),v100,fine,tool0;
reset do7;
waitime 0.5;
movel offs(gj2,0,0,200),v1000,z50,tool0;
movel gd1,v1000,z50,tool0;
endproc

proc fgj1()                                        !放下夹爪工具
movel gd1,v1000,z50,tool0;
movel offs(gj1,0,0,200),v1000,z50,tool0;
movel offs(gj1,0,0,20),v1000,z50,tool0;
movel offs(gj1,0,0,0),v100,fine,tool0;
set do7;
waitime 0.5;
movel offs(gj1,0,0,200),v1000,z50,tool0;
movel gd1,v1000,z50,tool0;
endproc

proc fgj2()                                        !放下吸盘工具
movel gd1,v1000,z50,tool0;
movel offs(gj2,0,0,200),v1000,z50,tool0;
movel offs(gj2,0,0,20),v1000,z50,tool0;
movel offs(gj2,0,0,0),v100,fine,tool0;
set do7;
waitime 0.5;
movel offs(gj2,0,0,200),v1000,z50,tool0;
movel gd1,v1000,z50,tool0;
endproc

proc nmd()                                         !拿取码垛块(夹爪工具)
movel gd2,v1000,z50,tool0;
movel reltool(mddw,0,0,-55),v1000,z50,tool0;
movel reltool(mddw,0,0,-25),v500,z50,tool0;
movel reltool(mddw,0,0,0),v10,fine,tool0;
reset do4;
waittime 0.5;
movel reltool(mddw,0,0,-25),v100,z50,tool0;
movel reltool(mddw,0,0,-55),v1000,z50,tool0;
```

```
movel gd2,v1000,z50,tool0;
endproc

proc nmd1()                                        !拿取码垛块(吸盘工具)
movel gd2,v1000,z50,tool0;
movel reltool(mddw1,0,0,-55),v1000,z50,tool0;
movel reltool(mddw1,0,0,-25),v500,z50,tool0;
movel reltool(mddw1,0,0,0),v10,fine,tool0;
reset do4;
waittime 0.5;
movel reltool(mddw1,0,0,-25),v100,z50,tool0;
movel reltool(mddw1,0,0,-55),v1000,z50,tool0;
movel gd2,v1000,z50,tool0;
endproc

proc fmd(num a)                                    !放码垛块(夹爪工具)
nmd;
movel gd3,v1000,z50,tool0;
movel offs(jzmd{a},0,0,200),v1000,z50,tool0;      !到要放的码垛块上方;
movel offs(jzmd{a},0,0,25),v1000,z50,tool0;
movel offs(jzmd{a},0,0,0),v50,fine,tool0;
set do4;                                           !放开码垛块;
movel offs(jzmd{a},0,0,200),v1000,z50,tool0;
movel gd3,v1000,z50,tool0;
endproc

proc fmd1(num a)                                   !放码垛块(吸盘工具)
nmd1;
movel gd3,v1000,z50,tool0;
movel offs(xpmd{a},0,0,200),v1000,z50,tool0;      !到要放的码垛块上方;
movel offs(xpmd{a},0,0,25),v1000,z50,tool0;
movel offs(xpmd{a},0,0,0),v50,fine,tool0;
set do4;                                           !放开码垛块;
movel offs(xpmd{a},0,0,200),v1000,z50,tool0;
movel gd3,v1000,z50,tool0;
endproc

proc dzmd()
if js{20}=1  then
    qgj1;
        if js{22}=1 then
            if js{21}=1 then
```

```
                fmd 1;
                fmd 2;
                fmd 3;
            else
                fmd 3;
                fmd 1;
                fmd 2;
            endif
        else
            if js{21}=1 then
                fmd 4;
                fmd 5;
                fmd 3;
            else
                fmd 3;
                fmd 4;
                fmd 5;
            endif
        endif
    fgj1;
else
    qgj2;
        if js{22}=1 then
            if js{21}=1 then
                fmd1 1;
                fmd1 2;
                fmd1 3;
            else
                fmd1 3;
                fmd1 1;
                fmd1 2;
            endif
        else
            if js{21}=1 then
                fmd1 4;
                fmd1 5;
                fmd1 3;
            else
                fmd1 3;
                fmd1 4;
                fmd1 5;
            endif
```

```
        endif
    fgj2;
endif
endproc
endmodule
```

请在下方空白地方写出顶层码垛程序。

知识拓展卡

码垛垛型

码垛垛型如图 3-3-17 所示。

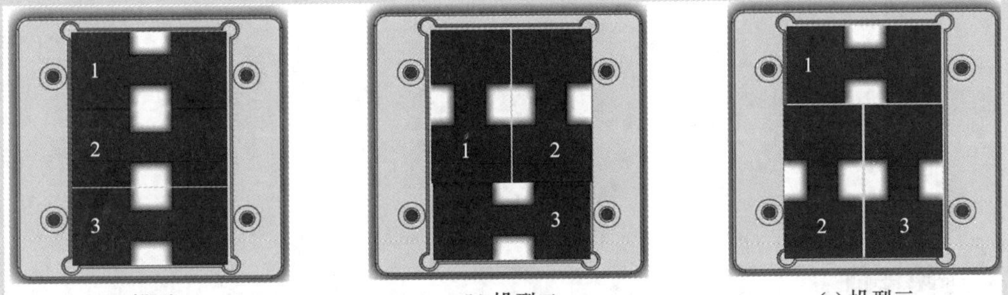

图 3-3-17　码垛垛型

码垛块位置数组名称设置为 jzmd 或 xpmd，原则上可以用工具＋md 结合命名，分别表示不同工具码垛时码垛所在位置的点位数组，其中，垛型一的位置为“1，2，3”，垛型二的位置为“4，5，3”，垛型三的位置为“1，6，7”。所以码垛块位置的数组为一维数组，数组的个数为 7。

3. 提高任务

某产品生产线中，要求把物料块由 A 点挪移到 B 点，并实时记录已经挪移的物料块数量，请你根据本任务中定制码垛的程序，完成物料块的挪移，即在 CHL-DS-01 平台上，从码垛平台 A 的底部拿取码垛块，并按照底层垛型一、顶层垛型二的方式码垛，触摸屏上实时记录并显示当前已码垛数量。

步骤要求：按照表 3-3-4 所示指引，编写程序，并进行现场调试，在调试过程中记录遇到的问题。

表 3-3-4 码垛块实时计数

工作过程	工作内容
1	确定码垛需要的子程序
2	编写机器人子程序
3	编写触摸屏画面、补充 PLC 程序
4	修改报错、设定机器人点位
5	调试程序

前期准备：

(1)熟悉定制码垛任务；

(2)添加码垛块计数程序；

(3)测量时，如果需要爬高，请做好安全防护。

根据提高任务的过程，写出遇到的问题，并对你参与本任务的表现进行总结：

4. 决策评估

方案决策单见表 3-3-5。

表 3-3-5 方案决策单

方案决策					
组别		组长		日期	
学习任务	工业机器人定制码垛				
岗位情景	物料搬运、堆垛				
方案 1 描述					
方案 2 描述					
方案 3 描述					

续表

评估决策					
序号	可行性	经济性	操作性	实施难度	方案等级评价
方案 1	□高 □低	□好 □差	□强 □弱	□高 □低	□优 □良 □中 □差
方案 2	□高 □低	□好 □差	□强 □弱	□高 □低	□优 □良 □中 □差
方案 3	□高 □低	□好 □差	□强 □弱	□高 □低	□优 □良 □中 □差
评价决策	综合评价				
	终选方案	□方案 1　□方案 2　□方案 3			

检查评价，总结反思

1. 学生自评

活动过程自评表见表 3-3-6。

表 3-3-6　活动过程自评表

班级		组名		日期	
序号	评价要素			分值	分数
1	能了解并熟知取工具程序			10	
2	能分辨不同工具取放程序的区别			10	
3	能理解拿码垛程序和放码垛程序的含义			10	
4	能够修改程序报错，并完成定点			10	
5	能够调试底层码垛程序			10	
6	能够根据底层码垛定制方式完成顶层码垛定制程序			25	
7	能够完成程序调试			25	
自评分数					
自我总结与反思					

2. 小组互评

活动过程小组互评表见表 3-3-7。

表 3-3-7 活动过程小组互评表

班级		被评组名		日期	
评价指标	评价要素			分值	分数
1	与教师、同学之间能够保持多向、丰富、适宜的信息交流			10	
2	与教师、同学之间相互尊重、理解			10	
3	能处理好合作学习和独立思考之间的关系，做到有效学习			10	
4	能提出有意义的问题或能发表个人见解			20	
5	能按要点正确操作，能够倾听、协作、分享			20	
6	能发现问题、提出问题、分析问题、解决问题、创新问题			20	
7	能严肃、认真地对待自评，并能独立完成自测试题			10	
互评分数					
简要评述					

3. 教师评价

教师评价表见表 3-3-8。

表 3-3-8 教师评价表

姓名		组别		日期	
序号	评分点		分值	评分标准	得分
1	(1)表述仪态自然，吐字清晰		10	表述仪态不自然或吐字模糊酌情扣分	
	(2)表述思路清晰、层次分明、准确			表述思路模糊或层次不清酌情扣分	
2	(1)分析子程序准确，能自行完善		10	完善程序不能实现功能酌情扣分	
	(2)理论知识回顾完整，分组分工明确			知识不完整、分工不明确酌情扣分	
3	(1)定点准确		10	不准确、不到位 1 处扣 1 分，扣完为止	
	(2)底层码垛程序调试正确		10	一处步骤错误扣 1 分，扣完为止	
4	(1)顶层码垛程序完整		20	每漏一项扣 1 分，扣完为止	
	(2)顶层码垛程序合理		20	缺失一项扣 1 分，扣完为止	
	(3)整体调试完整、正确		10	每违反一项扣 1 分，扣完为止	
5	(1)依据自评分数		5		
	(2)依据个人总结评价报告		5		
	满分		100	得分	

4. 考核评价

工业机器人定制码垛考核任务

姓名:____________　成绩:____________　考核时间:60 分钟

按下启动按钮(码垛页面如图 1 所示),按照表 1 的定制参数拾取码垛工具,按照定制要求完成底层码垛,垛型如图 2 所示。完成底层码垛后,机器人回到安全点。

3-3-2　工业机器人定制码垛考核任务

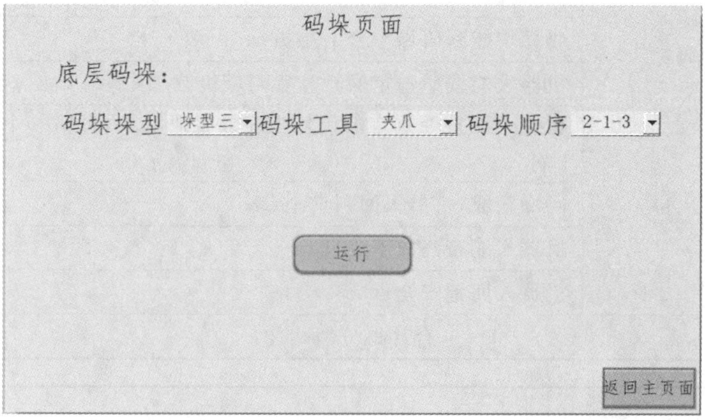

图 1

表 1

定制工艺参数	底层可选参数
码垛工具	夹爪、吸盘
码垛顺序	2—1—3、3—1—2
码垛垛型	垛型一、垛型三

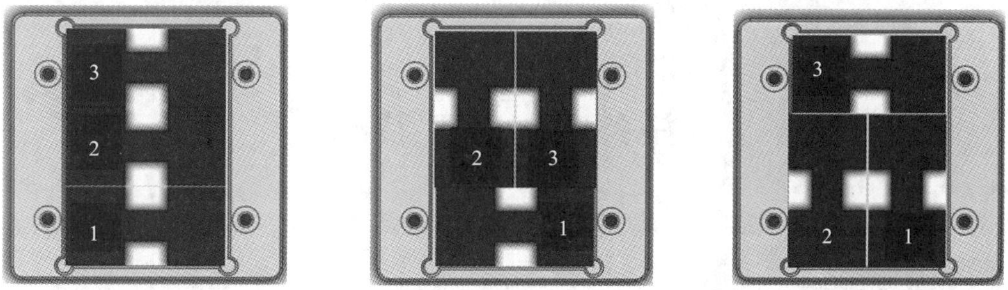

(a) 垛型一　(b) 垛型二　(c) 垛型三

图 2

评分标准

序号	考核内容	标准	配分	得分
1	定制码垛	触摸屏画面正确	5	
2		触摸屏、机器人、PLC 三者通信完美	5	
3		按下运行键,机器人从安全点出发	5	
4		机器人能拿取选定的工具	10	
5		机器人能从码垛平台 A 拿取码垛块	10	
6		码垛块能到码垛平台 B 上方	10	
7		机器人能按照选定垛型放置码垛块	15	
8		机器人能按照选定的码垛顺序放置码垛块,每错一个扣 5 分	15	
9		码垛完成,机器人回到安全点	5	
10		机器人能正确放下工具	10	
11		机器人回到安全点	10	
合计得分				

5. 总结反思

任务实施完成后,学生需要根据实际情况,通过指导老师对实施情况的点评来分析自身的不足之处,寻找三个关键问题进行思考,填写表 3-3-9,做到及时的自查自省和总结。

表 3-3-9　总结反思问题记录表

序号	任务目标	存在的问题	解决的方法
1			
2			
3			

任务四　PCB 装配

情景导入,任务发布

1. 学习情景

装配是产品生产过程的后续工序,在制造业中占有重要地位,并且其人力、物力、财力消耗在总消耗中占据很大的比重。装配用机器人用于装配生产线上，是对零件或部件进行装配作业的工业机器人，它集光学、机械、微电子、自动控制和通信技术于一体，具有强大的功能和较高的附加值。精度高与作业稳定性好的机器人可用于精益工业生产过程。

现学校组建了一个新的工业机器人操作与编程实训室，该实训室设置 20 台 ABB 公司 IRB 120 六轴工业机器人（见图 3-4-1），供应商刚刚完成 20 台机器人的装配和调试。为了完成实训室项目验收，请你和你的小组对 20 台工业机器人进行验收。验收的重点是对工作站的工作流程进行验证，具体要求如下。

图 3-4-1　工业机器人 PCB 异形插件工作站

（1）编写工业机器人程序，机器人从安全点出发，从工具架上拿取吸盘工具，然后从原料区分别拾取 1 个蓝色 CPU、1 个红色集成电路、1 个红色三极管、1 个蓝色电容器，安装到一号工位对应产品上，安装完成后，机器人放回工具，回到安全点。

（2）机器人从安全点出发，拿取吸盘工具，然后，从原料区拿取一个盖板，安装在一号工位的产品上，机器人放回工具，回到安全点。

（3）机器人从安全点出发，拿取螺丝枪，给安装好的盖板沿对角线打两颗螺钉，完成打螺丝任务后，机器人放回螺丝枪，回到安全点。

（4）机器人拾取吸盘工具，从工位拿取装配好的产品并放置于产品回收区，机器人放回工具，回到安全点，至此 PCB 装配任务完成。

请你和你的小组在 16 个小时内完成所有工作任务。

2. 任务分析

任务分析	
任务名称	PCB 装配。
任务地位	装配机器人是柔性自动化装配系统的核心设备，由机器人操作机、控制器、末端执行器和传感系统组成。

续表

任务分析	
任务流程	(1)编写机器人子程序(取放工具、取放芯片、取放盖板、打螺丝)。 (2)修改程序报错,定点。 (3)调试子程序。 (4)PCB 装配整体联调。 (5)小组讨论,得出最佳装配程序,总结机器人编程技巧。

3. 目标要求

任务目标要求	
岗位要求	本任务要求工业机器人相关技术操作人员能编写物料装配程序,能在装配过程中熟练使用打螺丝工具,能进行逻辑判断来确定物料去向,能完成程序编写。
课程目标	知识目标 (1)理解芯片拾取、芯片装配、盖板、打螺丝程序的含义。 (2)掌握原料盘、PCB、螺丝孔定点的方法。 (3)掌握 PCB 装配程序的调试流程。 技能目标 (1)会编写芯片拾取、芯片装配、盖板、打螺丝程序。 (2)会进行原料盘、PCB、螺丝孔定点。 (3)会按照 PCB 装配的要求完成整体程序调试。 情感目标 (1)通过小组合作学习,培养学生的团队精神和爱岗敬业精神。 (2)通过自主探究式学习,培养学生的钻研精神。 (3)通过 8S 管理,提升学生职业素养和工匠精神。
大赛要求	编写工业机器人程序、PLC 程序,完成触摸屏设计,按照指定的装配工艺顺序,分步完成不同产品的零部件安装、螺钉锁固等动作。
证书技能要求	▶对应工业机器人 1+X 证书技能点(工业机器人装调职业技能等级证中级、工业机器人集成应用职业技能等级证中级) (1)能完成焊接工作站的 I/O 信号配置及参数设置。 (2)能合理设置中间过渡点优化系统节拍。 (3)能通过手动、自动模式控制工业机器人末端。 (4)能通过编程完成对装配物品的定位、夹紧和固定。

问题引导,自主学习

1. 引导问题

引导问题 1:PCB 装配包含哪些工作过程?

引导问题 2:打螺丝程序和取工具程序有什么异同?

引导问题 3:常用的 I/O 指令的含义有哪些?

引导问题 4:触摸屏控制机器人进行动作时,需要什么指令?

2. 任务知识点

1)常用的 I/O 控制指令及用法

I/O 控制指令用于控制 I/O 信号,以实现机器人系统与机器人周边设备的通信,Set 指令、SetDO 指令等都属于 I/O 控制指令。在工业机器人中,主要通过 PLC 的通信设置来实现信号的交互,例如,当打开相应的开关使 PLC 输出信号,机器人系统接收到信号后,做出对应的动作,以完成相应的任务。

(1)Set 数字信号置位指令。

如图 3-4-2 所示,Set 数字信号置位指令用于将数字输出(digital output)置位为“1”。

(2)Reset 数字信号复位指令。

如图 3-4-3 所示,Reset 数字信号复位指令用于将数字输出(digital output)置位为“0”。

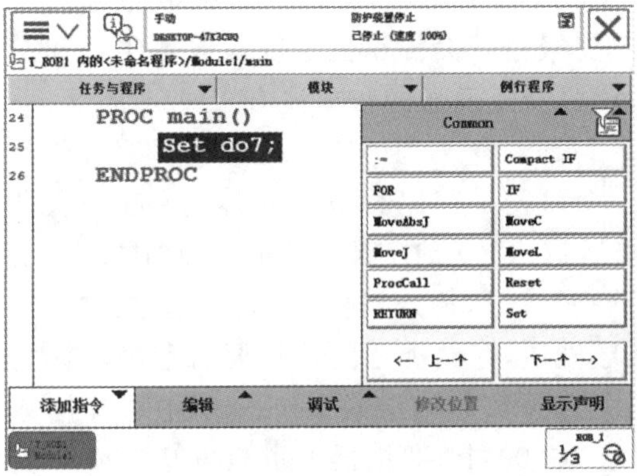

图 3-4-2　示教器方式添加 Set 指令

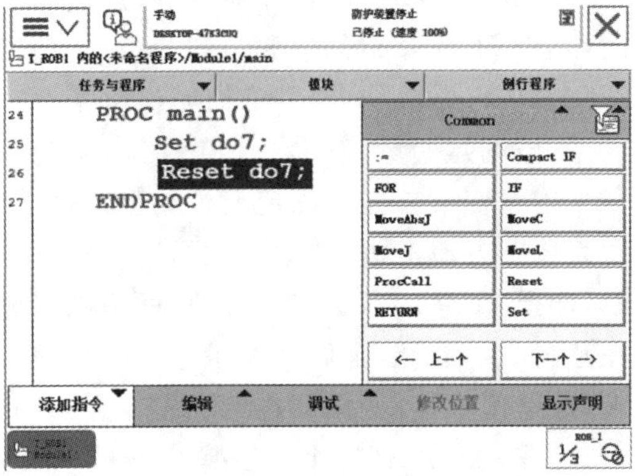

图 3-4-3　示教器方式添加 Reset 指令

注意:如果 Set 指令、Reset 指令前有运动指令 MoveL、MoveJ、MoveC 或者 MoveAbsJ 的转弯数据,必须使用 fine 才可以准确地输出 I/O 信号的状态变化,否则信号会被提前触发。

(3)SetAO 指令。

SetAO 指令用于改变模拟输出信号的值。

例　`SetAO ao2,5.5;`

将模拟输出信号 ao2 设置为 5.5。

(4)SetDO 指令。

SetDO 指令用于改变数字输出信号的值。

例　`SetDO do2,1;`

将数字输出信号 do2 设置为 1。

(5)SetGO 指令。

SetGO 指令用于改变组信号的值。

例 `SetGO go1,12;`

将组信号 go1 设置为 12。

以 ABB 机器人 IRG 120 为例，板卡为 DSQC652，go1 设置为 1 时，go1 的地址为 0～7，按照二进制排列为 00001100。

(6) WaitAI 指令。

WaitAI 指令用于等待模拟输入信号，直到已设置模拟输入信号值到预定值。

例 `WaitAI ai1,\GT,5;`

模拟输入信号 ai1 的值大于 5 之后，程序继续执行。

(7) WaitDI 指令。

WaitDI 指令用于等待数字输入信号，直到已设置数字输入信号值到预定值。

例 `WaitAI di1,1;`

数字输入信号 di1 的值等于 1 之后，程序继续执行。

这通常用于触摸屏返回的信号，来触发机器人执行程序。

2）建立数组与变量

完成任务要求的程序后，把程序传输到机器人，修改完报错后，就进入创建数组和点位的环节。下面介绍创建数组和变量，一般来说，修改完报错就会提示创建变量或数组。如图 3-4-4 所示，提示“引用了未知完整数据 fs”，这里表示机器人发送的数据没有定义。

(1)创建变量。

创建变量首先要确定变量类型。接下来建立一个可变量存储类型的数据 fs。在示教器主菜单下方单击进入“程序数据”，选择“num”，双击后进入 num 数据类型页面，如图3-4-5所示，选择“新建...”，在弹出的页面中的名称一栏，选择“...”，输入新的名称，这里输入“fs”，在范围一栏选择“全局”，表示这个变量适于整个程序模块，存储类型的选择要看程序具体需求，这里选择“可变量”，在“维数”后第一个下拉框中选择数值“1”，在第二个框中选择输入“{200}”，表示“fs”这个可变量数据是一维数组，数量为 200 个，即机器人可以发送 200 个值到外部(外部是指机器人所连接的 PLC)，单击“确定”，创建完数据 fs，如图 3-4-6 所示。再次在“程序编辑器”中选择“调试”和“检查程序”，发现未知完整数据 fs 错误消失，弹出新的错误，即“引用了未知完整数据 js”，如图 3-4-7 所示。按照同样的方法创建可变量数据 js，它是指机器人从外部 PLC 接收到的数据。

(2)创建数组。

创建数组时，在示教器主菜单中单击“程序数据”，在弹出的界面右下方，选择“查看全部数据类型”，选择“robtarget”，创建数组的方法和创建变量的方法一致，根据题目要求，输入数组名称，选择数组范围、存储类型、维数等参数，完成数组的创建，如图 3-4-8 所示。其中，数组的具体数据个数，要依据题目来确定，可以大于实际需求数据个数。

注意：在实际编程过程中，数据类型比较多。例如，要表示安全点的位置，需要在示教器中选择“程序数据”—“jointtarget”进行创建；要表示字符型数据，需要在“程序数据”—“string”中进行创建；而要使机器人与触摸屏等外部设备通过网络通信连接时，则需要在“程序数据”—“socketdev”中进行创建。总之，数据类型较多，要具体情况具体分析，最好参考对应品牌的机器人编程手册来查看。

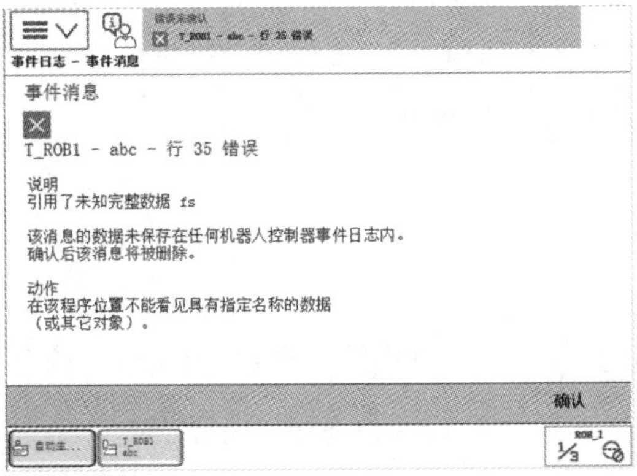

图 3-4-4　发送的数据

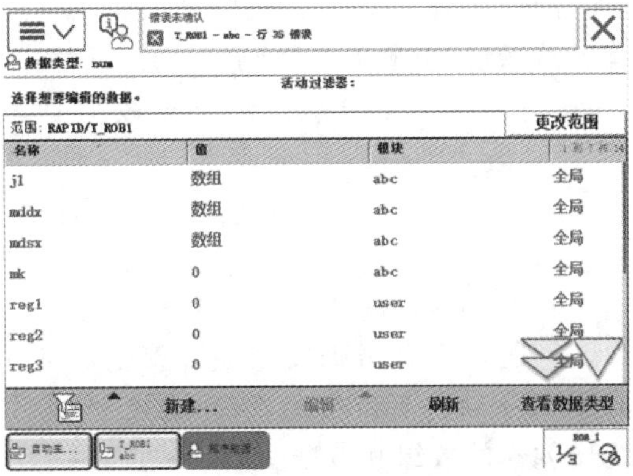

图 3-4-5　num 数据类型页面

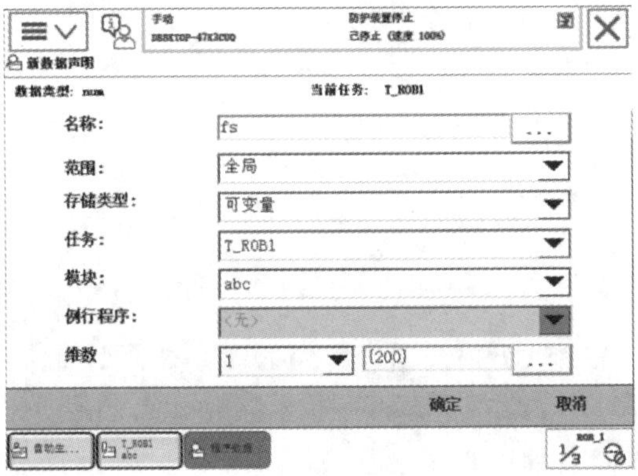

图 3-4-6　创建完数据 fs

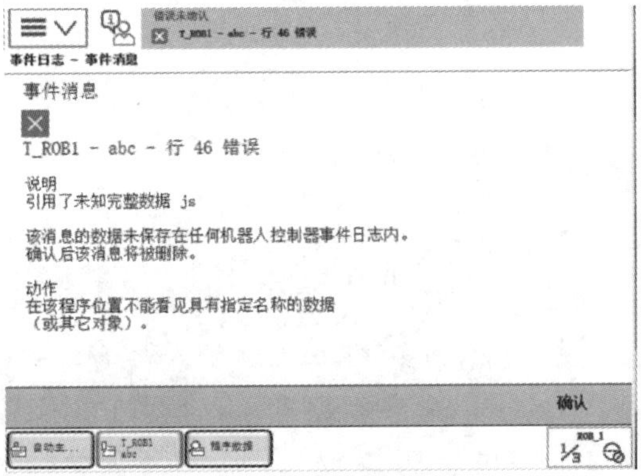

图 3-4-7　接收数据变量

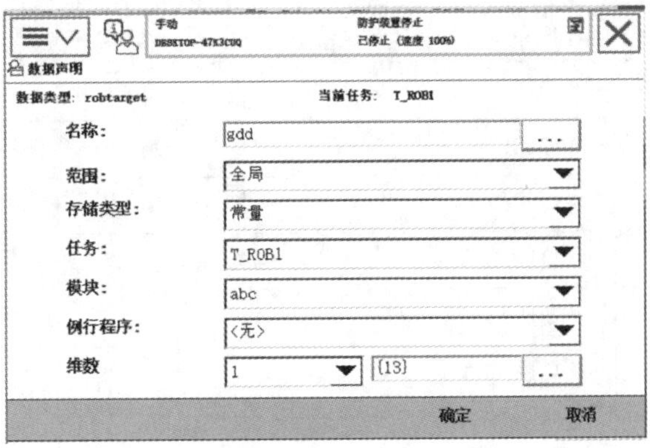

图 3-4-8　过渡点数组

3. 掌握新知

问题 1:常用的 I/O 控制指令有哪些?

问题 2:某设备通过触摸屏来实现机器人动作,请你将子程序补充完整,按下触摸屏上的运行按钮后,机器人先回到安全点,拿取胶笔工具,再移动到 A 点。运行按钮对应的数字输入信号为 q120,安全点点位为 h,胶笔工具点位为 gj1,A 点点位为 gd1。

```
proc ()



endproc
```

问题 3:某任务需要完成涂胶和码垛,包含取放工具、涂胶、码垛等过程,其中涂胶轨迹有 4 条,每条轨迹点位自定,取码垛在 A 处,放码垛在 B 处,B 处有 6 个位置。请你在下方写出需要创建的数组和数据变量,并进行注释。

例如:数组 gjj{4}表示数组 gjj 中包含四种工具点位。

知识库

※工业机器人与 PLC 关联 I/O 表

本任务中,工业机器人的 I/O 信号与 PLC 信号互相关联,具体的连接关系见表 3-4-1。在实际应用中,读者可以根据实际情况来定义 PLC 输入点和输出点的含义,比如,可以将 Q12.0 表示为触摸屏运行按钮。

表 3-4-1 CHL-DS-01 设备中机器人与 PLC 点位关联表

序号	机器人输入点	PLC 输出点	点位含义	机器人输出点	PLC 输入点	点位含义
1	Di0	Q12.0	运行	Do0	I3.0	
2	Di1	Q12.1		Do1	I3.1	
3	Di2	Q12.2		Do2	I3.2	
4	Di3	Q12.3				
5	Di4	Q12.4				
6	Di5	Q12.5				
7	Di6	Q12.6				
8	Di7	Q12.7				
9	Di8					
10	Di9					
11	Di10	Q8.0				

协作探究，实施展示

任务指引：开展小组内讨论，每个同学对小组任务进行讨论分析，组长综合每位同学的意见，确定小组讨论后最终答案，每组派 1 位同学展示或陈述小组结论。

1. 小组组建

小组分工表见表 3-4-2。

表 3-4-2　小组分工表

班级		组名	
组长		学号	
组员	姓名	学号	分工

2. 基础任务

目标 1：编写取放吸盘工具、打螺丝工具程序，阅读下方的四段程序，给出注解。

```
proc qxp()
movel offs(xpgj,0,0,200),v1000,z5,tool0;
movel offs(xpgj,0,0,50),v200,z5,tool0;
movel xpgj,v50,fine,tool0;
setdo kh,0;
movel offs(xpgj,0,0,50),v50,z5,tool0;
movel offs(xpgj,0,0,200),v200,z5,tool0;
endproc

proc fxp()
movel offs(xpgj,0,0,200),v1000,z5,tool0;
movel offs(xpgj,0,0,50),v200,z5,tool0;
movel xpgj,v50,fine,tool0;
setdo kh,1;
movel offs(xpgj,0,0,50),v50,z5,tool0;
movel offs(xpgj,0,0,200),v200,z5,tool0;
endproc
```

```
proc qlsgj()
movel offs(lsgj,0,0,200),v1000,z5,tool0;
movel offs(lsgj,0,0,50),v200,z5,tool0;
movel lsgj,v50,fine,tool0;
setdo kh,0;
movel offs(lsgj,0,0,50),v50,z5,tool0;
movel offs(lsgj,0,0,200),v200,z5,tool0;
endproc

proc flsgj()
movel offs(lsgj,0,0,200),v1000,z5,tool0;
movel offs(lsgj,0,0,50),v200,z5,tool0;
movel lsgj,v50,fine,tool0;
setdo kh,1;
movel offs(lsgj,0,0,50),v50,z5,tool0;
movel offs(lsgj,0,0,200),v200,z5,tool0;
endproc
```

(1)在空白处进行注解。取放工具用到的 SetDO 指令能否用其他指令代替,说明原因。

(2)上述取放工具程序的结构相似,区别在于工具和点位不同,请使用带参数程序把取工具程序和放工具程序完善成一个程序。请在下方空白地方进行完善。

目标 2:编写芯片分拣程序,阅读下方程序回答问题。

```
proc fj()
for i from 1 to 4 do
    gd lpgd;
    movel reltool(lpxp{i},0,0,-30),v1000,z5,tool0;
    movel lpxp{i},v200,fine,tool0;
    set xxp;
    movel reltool(lpxp{i},0,0,-30),v200,z5,tool0;
    gd lpgd;
    gd gwgd;
    movel reltool(gwxp{i},0,0,-30),v1000,z5,tool0;
    movel gwxp{i},v200,fine,tool0;
    reset xxp;
    movel reltool(gwxp{i},0,0,-30),v200,z5,tool0;
    gd gwgd;
```

```
endfor
endproc
```

注意:lpxp 数组表示芯片在供料盘的点位,gwxp 数组表示芯片在工位上存放的位置,留意程序中引用的过渡点子程序,请在下方补充带参数过渡点子程序。

```
proc gd(robtarget a)



endproc
```

目标 3:编写盖板程序,阅读下方程序,回答问题。

```
proc gb()
gd gbgd;
movel offs(gb{1},0,0,200),v1000,z5,tool0;
movel offs(gb{1},0,0,50),v200,z5,tool0;
movel gb{1},v50,fine,tool0;
set dxp;
movel offs(gb{1},0,0,50),v50,z5,tool0;
movel offs(gb{1},0,0,200),v200,z5,tool0;
gd gbgd;
gd gwgd;
movel offs(gb{2},0,0,200),v1000,z5,tool0;
movel offs(gb{2},0,0,50),v200,z5,tool0;
movel gb{2},v50,fine,tool0;
reset dxp;
movel offs(gb{2},0,0,50),v50,z5,tool0;
movel offs(gb{2},0,0,200),v200,z5,tool0;
gd gwgd;
endproc
```

注意:gb 数组表示盖板所在位置,请在程序后添加注解。

目标 4:编写打螺丝程序,阅读下方程序,回答问题。

```
proc dls()
for i from 1 to 4 do
gd lsgd;
movel offs(ls{5},0,0,100),v200,z5,tool0;
movel ls{5},v50,fine,tool0;
set dxp;
movel offs(ls{i},0,0,100),v50,z5,tool0;
gd lsgd;
movel offs(ls{i},0,0,30),v200,z5,tool0;
movel ls{i},v50,fine,tool0;
set hit;
```

```
movel offs(ls{i},0,0,-7.2),v50,fine,tool0;
reset dxp;
reset hit;
movel offs(ls{i},0,0,30),v50,z5,tool0;
gd lsgd;
endfor
endproc
```

注意:ls 数组表示螺丝位置,1～4 表示要打螺丝的位置,5 表示取螺丝位置,hit 表示螺丝机打螺丝信号。

阅读程序回答问题。movel offs(ls{i},0,0,-7.2),v50,fine,tool0;此段程序表示螺丝枪打螺丝时的打入深度是 7.2 mm,这里为什么用－7.2,而不是正值,结合工业机器人基坐标写出原因。

目标 5:编写 PCB 装配整体程序。

```
proc main()
gh;
setdo kh,1;
qxp;
gh;
fj;
gh;
gb;
gh;
fxp;
gd gwgd;
gd lsgd;
qlsgj;
dls;
flsgj;
gd lsgd;
gd gwgd;
gh;
endproc
```

(1)阅读上述程序,补充安全点子程序,并对整体进行解读,在小组内互相提问。

```
proc gh()



endproc
```

(2)上述程序中“setdo kh,1;”的作用是确保法兰盘处于等待取工具状态(法兰盘圆珠收回状态),如果将其改为“setdo kh,0;”,再次拿取工具时会发生什么,请描述。

(3)主程序中,“gd gwgd;”出现两次,请你整理主程序使得主程序结构清晰,把其加入其他子程序中,在下方空白地方写出整理后的 main 主程序。

知识拓展卡

视觉设置过程

1. 视觉模块结构

在分拣应用中,为了能精准地拿取芯片并将其放在合适的位置,需要识别芯片的颜色、类型,这通常通过视觉识别来完成。华航唯实工业机器人工作站 DS-01 设备的视觉模块如图 3-4-9 所示,该模块由视觉处理器、光源光圈、相机、光源开关四大部分组成。

图 3-4-9　视觉模块

2. 视觉设置步骤

视觉模块使用流程：准备阶段分为五个步骤，分别是安装和配线（已经固定在DS-01设备上）、接通电源、选择语言、显示主页面、通信设置；场景编辑阶段分为四个步骤，分别是流程编辑，选择视觉处理方式、输出方式，设置结果输出方式；测试阶段分为五个步骤，分别是调整相机（焦距和曝光）、执行测量、模型登录、保存、区域设定。接下来从选择语言开始进行视觉设置。

（1）选择语言，默认语言为日语，选择“简体中文”，按下“OK”确认，视觉部分重启。

（2）重启完成后，进入主页面，单击“工具菜单”，选择“系统设置”，进入系统设置页面。

（3）进入系统设置页面后，选择右上角的“通信设置菜单”，在通信模块设置下拉菜单中选择“无协议（TCP）”，单击“保存”，然后关闭。

（4）返回主页面，选择主页面右上方的“保存”，单击“确定”，接着选择主页面左上角“文件夹”，单击“完毕”，在弹出的对话框中选择“是”，在左下角依次选择“All Programs”“Shut down”“Restart”，系统重启。

（5）重启后，回到主页面，在“工具”菜单中选择“系统设置”。

（6）在系统设置页面左侧的导航栏中选择“通信”，选择“以太网”。

（7）在右侧地址设定2栏中，修改视觉模块地址，地址必须要和机器人程序中的地址一致，否则视觉结果不能传输到机器人程序，比如设置IP为“192.168.0.4”，再设置输入/输出端口号，比如“40”，设置好IP和端口号后，选择“关闭”，回到主页面，单击“保存”，到此为止，准备阶段设置完成。在准备阶段，通信设置是关键。

主页面及各部分名称如图3-4-10所示。

图 3-4-10　主页面及各部分名称

(8)在主页面选择“流程编辑”，在弹出的页面的“检查和测量”栏选择“分类”，在“结果输出”栏选择“串行数据输出”，单击“关闭”，完成视觉检测方式选择设置。

(9)在主页面，选择“与流程显示连动”，在弹出的页面中选择“相机图像动态”，单击“确认”，回到主页面。

(10)在主页面右侧的流程显示窗口中双击“串行结果输出”，在弹出的页面中选择“输出格式”，通信方式选择“以太网”，输出形式选择“ASCII”，整数位数选择“2”，小数位数选择“0”，负数表示选择“8”。接着，单击左上方的“设定栏”，再单击表达式后的“...”，在弹出的页面中选择“分类”，在右侧输入公式“索引号 * 10＋模型号”，选择正确后，表达式栏显示“U1. IN * 10＋U1. NO”，最后单击“确定”，流程编辑部分设置完成。

(11)打开视觉模块光源开关，操作机器把要检测的零件放置在相机上方(见图3-4-11)，调试相机，直到从显示器图像窗口能清楚看出零件的颜色和形状，保持当前的光源强度、焦距和曝光强度。

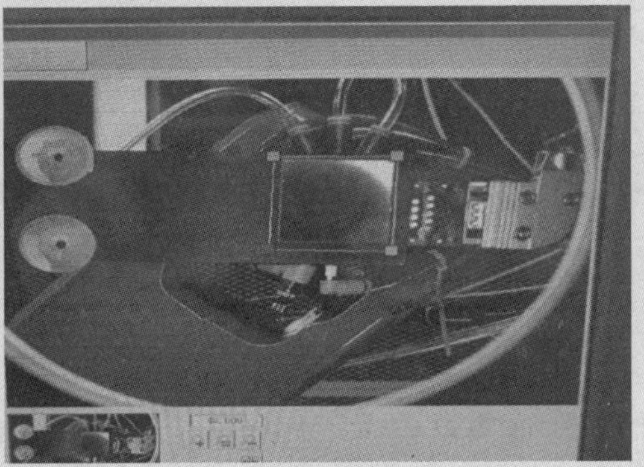

图 3-4-11　视觉拍照点

(12)在主页面右侧的流程显示窗口，双击“分类”，在弹出的页面中，选择索引1和模型1定位的方格(见图3-4-12)，单击“模型登录”，选择“确定”，完成第一个模型

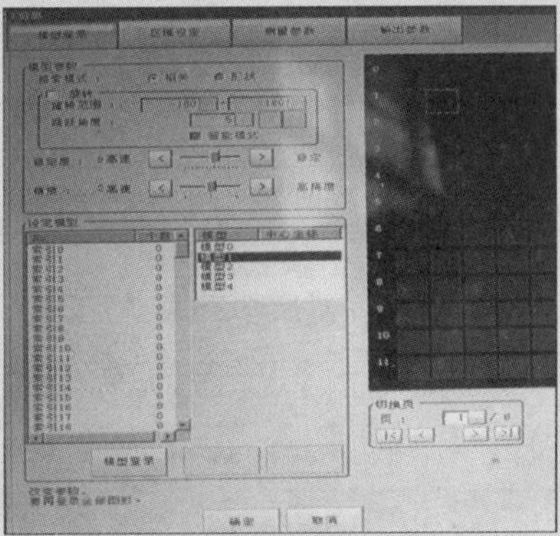

图 3-4-12　视觉模型录取设置页面

的抓取。接着，在弹出的页面中选择“多边形”，手动拖动鼠标，确认多边形的边框把要检测的零件全部包围(见图 3-4-13)，单击“确定”，退出视觉模型录取设置页面。

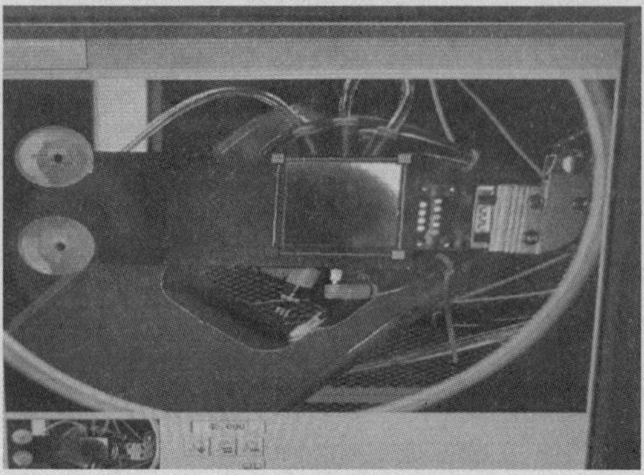

图 3-4-13　模型边框

(13)等待所有要录取的视觉模型录完后，在视觉模型录取设置页面(见图 3-4-12)，选择“区域设定”，把所有的视觉模型都包围起来，到此视觉测试设置完成，可以通过机器人程序调用视觉检测结果。

有关视觉设置的具体过程，可以参照项目结束后的微课视频。

3. 提高任务

某公司需要组装一批设备，这些设备由芯片和基板组成。组装过程首先需要通过视觉识别选择合适的芯片并将其安装在基板对应的位置，然后进行封胶处理以完成装配。基于此，请你添加芯片识别、盖板装配、打螺丝、搬运出库和整体调试环节。

3-4-1　视觉设置与录取模型

步骤要求：按照表 3-4-3 所示指引，编写程序，调试视觉装置，并记录相应问题。

表 3-4-3　工业机器人线路排查工作过程指引

工作过程	工作内容
1	穿戴工作服、绝缘鞋
2	编写程序
3	修改报错、建立数组
4	定点
5	设置视觉相机
6	录取视觉模型
7	调试程序

续表

工作过程	工作内容
8	确认无误后通电测试

前期准备：

(1)准备 CHL-DS-01 设备视觉使用说明书；

(2)设备 CHL-DS-01 设备安装符合任务要求；

(3)按要求穿戴好防护用具。

根据视觉使用说明书，完成视觉设置，并调整好机器人和视觉设备的通信，记录调试过程中遇到的问题：

4. 决策评估

方案决策单见表 3-4-4。

表 3-4-4　方案决策单

方案决策					
组别		组长		日期	
学习任务	PCB 装配				
岗位情景	机器人装配				
方案 1 描述					
方案 2 描述					
方案 3 描述					
评估决策					
序号	可行性	经济性	操作性	实施难度	方案等级评价
方案 1	□高 □低	□好 □差	□强 □弱	□高 □低	□优 □良 □中 □差
方案 2	□高 □低	□好 □差	□强 □弱	□高 □低	□优 □良 □中 □差
方案 3	□高 □低	□好 □差	□强 □弱	□高 □低	□优 □良 □中 □差
评价决策	综合评价				
	终选方案	□方案 1　□方案 2　□方案 3			

检查评价，总结反思

1. 学生自评

活动过程自评表见表 3-4-5。

表 3-4-5 活动过程自评表

班级		组名		日期	
序号	评价要素			分值	分数
1	能了解并熟悉修改报错和创建数组的过程			10	
2	能分辨并且指出不同工具取放程序的异同点			10	
3	能认识并分辨打螺丝程序和一般取放工具程序的区别			10	
4	能够简单地给取放工具程序注释			10	
5	能够根据现有程序组合精简带参数子程序			10	
6	能够熟练进行定点并调试			25	
7	能够自动运行程序			25	
自评分数					
自我总结与反思					

2. 小组互评

活动过程小组互评表见表 3-4-6。

表 3-4-6 活动过程小组互评表

班级		被评组名		日期	
评价指标	评价要素			分值	分数
1	与教师、同学之间能够保持多向、丰富、适宜的信息交流			10	
2	与教师、同学之间相互尊重、理解			10	
3	能处理好合作学习和独立思考之间的关系，做到有效学习			10	
4	能提出有意义的问题或能发表个人见解			20	
5	能按要点正确操作，能够倾听、协作、分享			20	
6	能发现问题、提出问题、分析问题、解决问题、创新问题			20	
7	能严肃、认真地对待自评，并能独立完成自测试题			10	
互评分数					
简要评述					

3. 教师评价

教师评价表见表 3-4-7。

表 3-4-7　教师评价表

姓名	组别		日期	
序号	评分点	分值	评分标准	得分
1	(1)表述仪态自然，吐字清晰	10	表述仪态不自然或吐字模糊酌情扣分	
	(2)表述思路清晰、层次分明、准确		表述思路模糊或层次不清酌情扣分	
2	(1)程序注释关键点准确	10	程序注释不准确酌情扣分	
	(2)补充程序完整，分组分工明确		补充程序不完整、分工不明确酌情扣分	
3	(1)实现打螺丝功能	10	一处没打，或者打螺丝不到位扣 1 分，扣完为止	
	(2)盖板功能完整	10	一处步骤错误扣 1 分，扣完为止	
4	(1)子程序完整无误	10	每漏一项扣 1 分，扣完为止	
	(2)报错处理、定点准确	10	抓不到芯片 1 处扣 1 分，扣完为止	
	(3)出入库准确、无碰撞	10	有碰撞或卡死扣 10 分	
	(4)整体调试顺畅	20	卡顿项扣 5 分，扣完为止	
5	(1)依据自评分数	5		
	(2)依据个人总结评价报告	5		
	满分	100	得分	

4. 考核评价

PCB 装配考核任务

3-4-2　PCB 装配考核任务

姓名：__________　成绩：__________　考核时间：60 分钟

(1)机器人从安全点出发，从工具架上拿取吸盘工具，回到安全点，再次从安全点出发去料仓拾取 1 个白色 CPU、1 个红色集成电路、1 个白色集成电路、1 个黄色三极管、1 个蓝色电容器，安装到一号工位的 M006 产品 PCB 上，安装完成后，机器人放回工具，回到安全点。

(2)机器人从安全点出发，拿取吸盘工具，回安全点，从料仓中拿取一个盖板，安装在一号工位的产品上，机器人放回工具，回到安全点。

(3)机器人从安全点出发，拿取螺丝枪，给安装好的盖板沿对角线打两颗螺钉，完成打螺丝任务后，机器人放回螺丝枪，回到安全点。

（4）机器人拾取吸盘工具，从一号工位拿取装配好的产品并放置于产品回收区，机器人放回工具，回到安全点，至此 PCB 装配任务完成。

评分标准

序号	考核内容	标准	配分	得分
1	PCB 装配	机器人从安全点出发	5	
2		机器人正确拿取吸盘工具	5	
3		机器人从安全点出发	2	
4		机器人分别拿取五个芯片	5	
5		机器人放回五个芯片，切合紧密	10	
6		机器人放回工具，回到安全点	10	
7		机器人从安全点出发	3	
8		机器人正确拿取吸盘工具	5	
9		机器人拿取盖板	5	
10		机器人正确放置盖板，切合紧密	5	
11		机器人放回工具，回到安全点	5	
12		机器人从安全点出发	2	
13		机器人拾取螺丝枪	5	
14		机器人能沿对角线打螺丝	10	
15		机器人放回螺丝枪，回到安全点	3	
16		机器人从安全点出发，拿取吸盘工具	5	
17		机器人拿取装配好的零件	5	
18		机器人把零件放到产品回收区	5	
19		机器人放回工具，回到安全点	5	
合计得分				

5. 总结反思

任务实施完成后，学生需要根据实际情况，通过指导老师对实施情况的点评来分析自身的不足之处，寻找三个关键问题进行思考，填写表 3-4-8，做到及时的自查自省和总结。

表 3-4-8　总结反思问题记录表

序号	任务目标	存在的问题	解决的方法
1			
2			
3			

项目总结

本项目主要介绍工业机器人系统集成，包括四个任务。任务一为工业机器人与 PLC 的通信建立，涉及 PLC 编程、机器人编程的一些通信设置，是近年来技能大赛的基本要求之一。任务二为工业机器人定制涂胶，该任务需要机器人、PLC、触摸屏三者互相协调，以机器人为主，其他两者提供必要的辅助控制功能；涂胶轨迹的起始点和停留点可选，以适应不同难度的涂胶任务；学生可在本任务中学习一些选择性逻辑判断、循环等指令的用法。任务三为工业机器人定制码垛，涉及编程思路的学习、使用 txt 文档进行编程的方法，以及程序报错的修改方法，重在排除故障能力训练，最终能使学生根据任务引导进行定制码垛的编程。任务四为 PCB 装配，本任务主要引导学生理解分拣程序的步骤和含义，还介绍了视觉识别相关内容。

拓展升华

工业机器人产业链

工业机器人产业链由三个主要部分组成：上游零部件制造、中游整机制造和下游系统集成。上游包括控制器、伺服电机、减速器等关键零部件；中游是工业机器人整机制造；下游则涉及系统集成，主要由自动化设备生产商组成，服务于焊接、机械加工、装配、搬运、分拣、喷涂等多个生产领域。终端客户覆盖汽车、电子、塑料、食品、化工等多个行业。工业机器人产业链如下图所示。

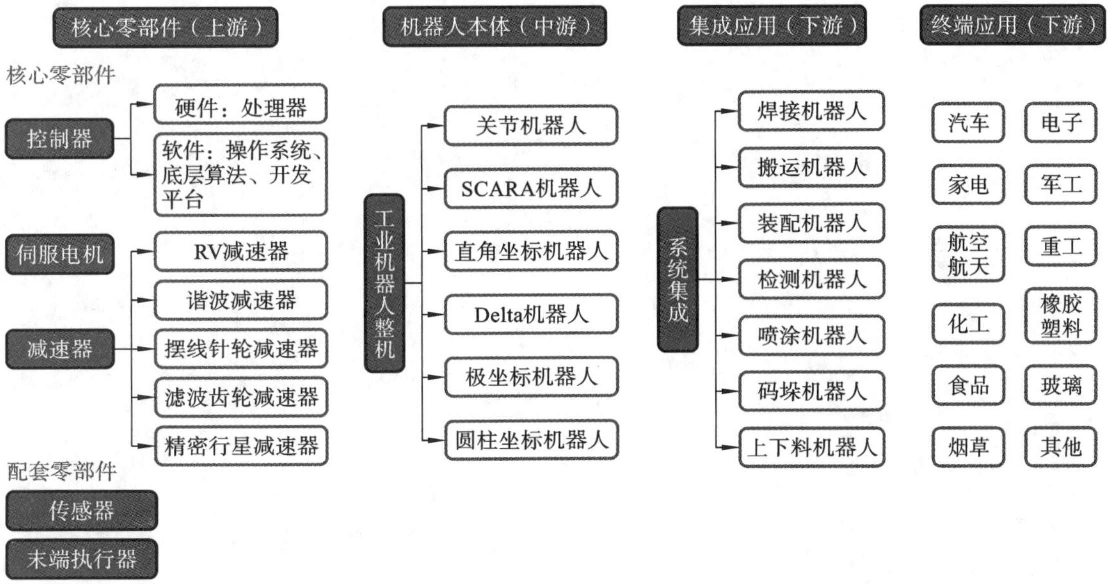

产业链上游：主要由伺服电机、减速器、控制器等核心零部件行业以及传感器和末端执

行器配套零部件行业构成。这些核心零部件直接影响工业机器人的可靠性和负荷能力，对机器人整机起着至关重要的作用。

产业链中游：工业机器人整机制造的技术核心在于结构设计、加工工艺、运动学和动力学控制算法的开发，以及针对不同行业和应用场景的机器人编程环境和工艺包的开发。

产业链下游：面向终端客户和市场应用，提供系统集成、销售代理、本地合作、工业机器人租赁和培训等服务，根据客户需求定制自动化解决方案。

工业机器人的三大核心零部件(伺服电机、减速器和控制器，如下图所示)构成了其技术壁垒，占据了机器人整机成本的72%左右。其中，减速器约占成本的36%，伺服电机约占24%，控制器约占12%，而机器人本体和其他部分分别约占15%和13%。

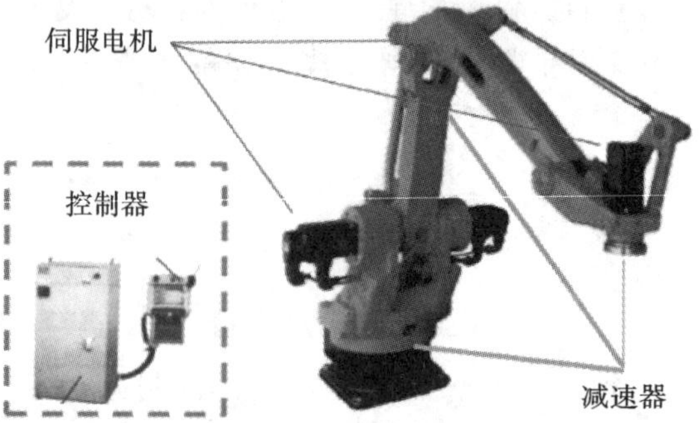

经过30多年的发展，中国的工业机器人产业链已经日趋成熟。在核心零部件领域，已经出现了一些领军企业。同时，在机器人本体的研发方面，也已经开发出了多种类型的工业机器人，如喷涂、点焊、弧焊、码垛工业机器人等。

项目四
工业机器人系统维护与检修

项目描述

工业机器人在制造业中的使用程度不断增加，主要应用于条件较为恶劣或工作强度和持续性要求较高的场合，品牌机器人的故障率较低，得到较为广泛的认可。即使工业机器人设计较为规范和完善，集成度较高，故障率较低，但仍需定期进行常规检查和预防性维护。

常见的机器人有串联关节式机器人、直角坐标式机器人、Delta 并联机器人、SCARA 机器人和自动引导小车等，本项目中的维护主要针对关节式机器人。本项目设置了两个任务，分别是工业机器人系统维护保养和工业机器人系统故障检修。通过了解工业机器人本体的保养、控制柜的保养以及工业机器人常见故障和处理方法，学生能够解决实际工作中出现的一些故障。

学习提纲

- 项目四　工业机器人系统维护与检修
  - 任务一　工业机器人系统维护保养
    - 工业机器人维修工具
    - 工业机器人日常维护项目
    - 工业机器人原点标定与微校
    - 工业机器人更换电池
  - 任务二　工业机器人系统故障检修
    - 工业机器人常见故障类型
    - 工业机器人控制柜故障
    - 工业机器人软件系统备份

任务一　工业机器人系统维护保养

情景导入，任务发布

1. 学习情景

工业机器人适应现代制造企业的快节奏生产需求，将人工从繁重而枯燥的重复性劳动中解放出来。为了使机器人使用更规范、更持久，需进行系统维护。现在，工厂使用的工业机器人到了需要进行系统维护保养的时候，假如你是技术员，请根据所学知识完成本任务。

2. 任务分析

任务分析	
任务名称	工业机器人系统维护保养。
任务地位	工业机器人系统维护保养是工业机器人正常使用的基础、前提。
任务流程	(1)认识工业机器人常用维护工具。 (2)更换机器人电池。 (3)设计工业机器人日常维护项目。 (4)设计工业机器人定期维护保养项目。

3. 目标要求

任务目标要求	
岗位要求	本任务要求工业机器人相关技术操作人员能对机器人本体及控制柜进行日常检查和定期维护保养，能更换润滑油，能对工装夹具进行检查和维护。
课程目标	知识目标 (1)能简述工业机器人常用维护工具。 (2)能简述工业机器人本体及控制柜维护保养内容。 (3)能简述工业机器人本体及控制柜维护保养操作步骤。 技能目标 (1)能使用工具进行工业机器人校准。 (2)能更换机器人电池并进行转数计数器更新。 (3)能进行机器人本体及控制柜的维护保养。 情感目标 (1)通过小组合作学习，培养学生的团队精神和爱岗敬业精神。 (2)通过自主探究式学习，培养学生的钻研精神。 (3)通过 8S 管理，提升学生职业素养和工匠精神。

续表

任务目标要求	
大赛要求	(1)利用大赛提供的工具及紧固标准件，规范地进行工业机器人微校。 (2)操作工业机器人，进行转数计数器更新。
证书技能要求	▶对应工业机器人 1＋X 证书技能点(工业机器人装调职业技能等级证初级、工业机器人操作与运维职业技能等级证初级) (1)会使用常用维护工具，能进行机器人系统常规检查维护。 (2)能定期更换机器人本体各关节润滑脂。 (3)能监测机器人系统运行状态。

问题引导，自主学习

1. 引导问题

引导问题 1：工业机器人常用维护工具有哪些？

引导问题 2：如何使用常用的维护工具？

引导问题 3：如何进行工业机器人转数计数器更新？

引导问题 4：如何更换工业机器人电池？

引导问题 5：如何进行工业机器人微校？

2. 任务知识点

1）常用工具分类

(1)扳手：开(叉)口扳手、梅花扳手、活动扳手、内六角扳手、扭力扳手、套筒扳手、特种扳手。

(2)螺丝刀：一字螺丝刀、十字螺丝刀。

(3)钳子：尖嘴钳、卡簧钳(挡圈拆装钳)等。

(4)敲击工具。

(5)电动工具。

(6)专用工具。

常用工具如图 4-1-1 所示。

2）螺丝刀

螺丝刀(见图 4-1-2)有多种规格，通常螺丝刀的大小用手柄以外的刀体长度来表示，常用的有 100 mm、150 mm、200 mm、300 mm 和 400 mm 等几种规格。要根据螺钉的大小选择不同规格的螺丝刀。若用型号较小的螺丝刀来旋拧大号的螺钉很容易损坏螺丝刀。

一字螺丝刀(见图 4-1-3)主要用来旋转一字槽形木螺钉和自攻螺钉等。十字螺丝刀(见图 4-1-4)主要用来旋转十字槽形木螺钉和自攻螺钉等。使用十字螺丝刀时，应注意使旋杆端部与螺钉槽相吻合，否则容易损坏螺钉的十字槽。十字螺丝刀的规格和一字螺丝刀的规格相同。

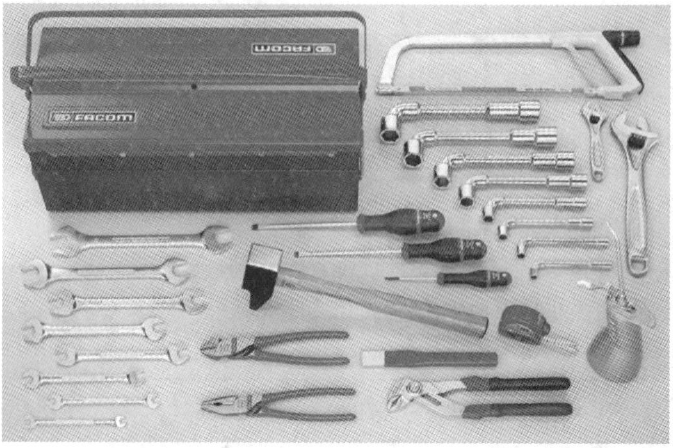

图 4-1-1　常用工具

图 4-1-2　螺丝刀

图 4-1-3　一字螺丝刀

图 4-1-4　十字螺丝刀

3）**钳子**

修口钳，俗称尖嘴钳（见图 4-1-5），是电工（尤其是内线电工）常用的工具之一。它主要用来剪切线径较小的单股线与多股线、给单股线接头弯圈、剥塑料绝缘层以及夹取小零件等；能在较狭小的工作空间内操作。不带刃口的修口钳只能应用于夹捏工作，而带刃口的修口钳可以剪切细小零件。修口钳常应用于仪表、电信器材等的装配和修理作业。

斜口钳（见图 4-1-6）的刀口可用来剖切软电线的橡皮或塑料绝缘层。钳子的刀口也可用来切剪电线、铁丝。剪 8 号镀锌铁丝时，应用刀刃绕表面来回割几下，然后只需轻轻一扳，铁丝即断。铡口也可以用来切断电线、钢丝等较硬的金属线。电工常用的斜口钳有 150 mm、175 mm、200 mm 及 250 mm 等多种规格。可根据内线或外线工种需要选购，钳子的齿口也可用来紧固或拧松螺母。

图 4-1-5　尖嘴钳

图 4-1-6　斜口钳

内卡簧钳(包括直头和弯头,如图 4-1-7 所示)用于将钳头插入卡簧的两个孔中,以扩大或缩小其内径或外径。使用时,用力要平稳,以防卡簧脱落或者断裂;同时,用戴手套的手保护自己,以防卡簧断裂后伤人,并且佩戴护目镜以确保安全。

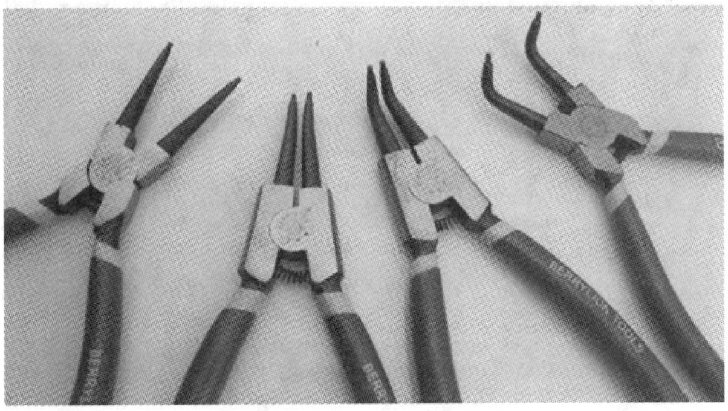

图 4-1-7　内卡簧钳

4)**扳手**

(1)活动扳手。

活动扳手主要用于旋紧六角形和正方形螺栓及各种螺母,如图 4-1-8 所示。它通常由工具钢、合金钢或可锻铸铁制成,一般分为通用型、专用型和特殊型三大类。

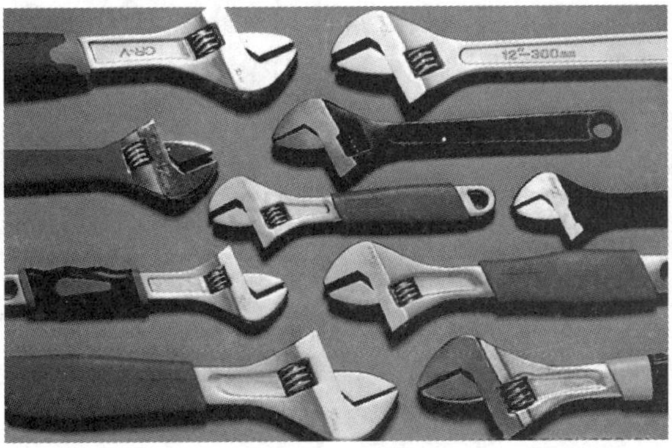

图 4-1-8　活动扳手

使用时,应将钳口调整到与螺栓或螺母的对边距离相同,并使其贴紧,使扳手的可动钳口承受推力，固定钳口承受拉力。

扳手的长度有 100 mm、150 mm、200 mm、250 mm、300 mm、375 mm、450 mm、600 mm 几种。

活动扳手的使用方法及注意事项如下。

①活动扳手的开口尺寸能在一定范围内任意调节。

②限用于拆装开口尺寸范围内的螺栓和螺母，特别是对不规则的螺栓、螺母，更能发挥作用。

③不可用于拧紧力矩较大的螺栓和螺母，以防损坏扳手的活动部分。

(2)套筒扳手。

套筒扳手通常是盒装的，如图 4-1-9 所示。

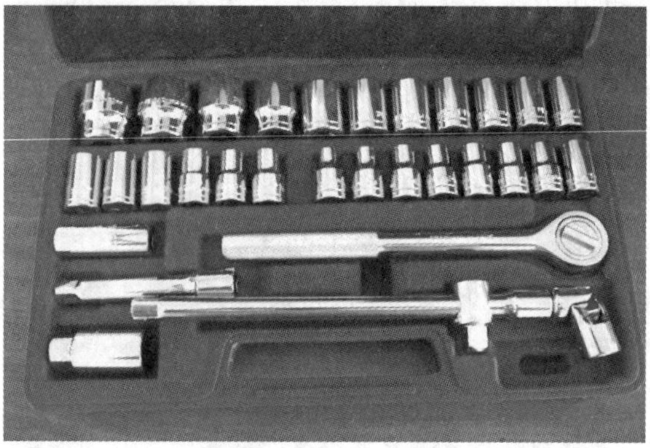

图 4-1-9　套筒扳手

小型套筒扳手一盒有 20 件，有 4 mm、4.5 mm、5 mm、5.5 mm、6 mm、6.5 mm、7 mm、8 mm、10 mm、11 mm、12 mm、13 mm、14 mm、17 mm、19 mm 规格，加附件。普通套筒扳手一盒有 32 件，有 8 mm、9 mm、10 mm、11 mm、12 mm、13 mm、14 mm、15 mm、16 mm、17 mm、18 mm、19 mm、20 mm、21 mm、22 mm、23 mm、24 mm、26 mm、27 mm、28 mm、30 mm、32 mm 规格，加附件。

套筒是套筒扳手的简称，是用于上紧或卸松螺栓的一种专用工具。它由多个内六棱形的套筒和一个或几个上套筒的手柄构成。套筒的内六棱根据螺栓的型号依次排列，可以根据需要选用。

套筒扳手用于拧紧或拧松力矩较大的或头部为特殊形状的螺栓、螺母。根据作业空间和力矩要求的不同，选用合适的接杆及套筒进行作业。使用时，注意套筒必须与螺栓或螺母的形状与尺寸相适应，一般不允许使用外接加力装置。

(3)内六角扳手。

内六角扳手是呈 L 形的六角棒状扳手，专用于拧转内六角螺栓，如图 4-1-10 所示。内六角扳手规格有英制和公制两种，需要进行尺寸换算。

内六角扳手使用注意事项如下：

①用于拧紧或拧松标准规格的内六角螺栓；

②拧紧或拧松时的力矩较小；

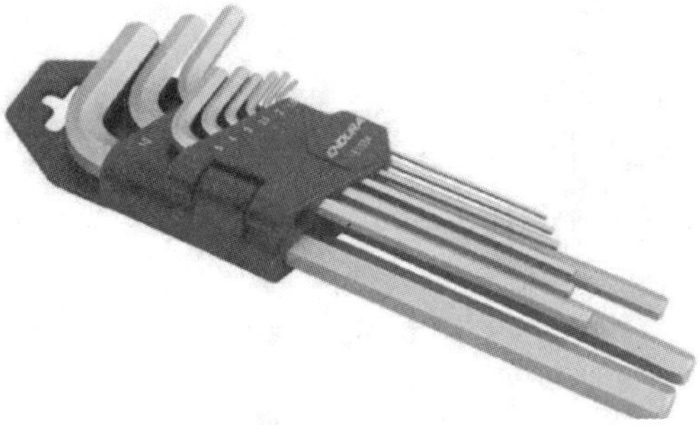

图 4-1-10　内六角扳手

③内六角扳手应与螺栓或螺母的内六方孔相适应，不允许使用套筒等加长装置，以免损坏螺栓或者扳手。

(4)开口扳手。

开口扳手又称为呆扳手(见图 4-1-11)，其开口宽度在 6～24 mm 范围内。每套开口扳手有 6 件和 8 件两种规格。它适用于拆装一般标准规格的螺栓和螺母。

(a)　　(b)

图 4-1-11　开口扳手

能用套筒扳手的地方不用梅花扳手，但需要有足够的空间。能用梅花扳手的地方不用开口扳手，但需要套进去才能拧螺栓。尽量不用活动扳手。

在使用开口扳手拧动螺栓或螺母时，不得把开口扳手的吃力方向弄反。如果反方向用力地拧动，很可能把开口扳手的开口拉开，使开口扳手损坏。除此之外，不得用开口钳拆装螺栓或螺母。开口扳手一个方向只能是拧紧螺栓，另一个方向只能是拧松螺栓。如果是反方向地拧紧螺栓，很容易损坏扳手的开口。使用开口扳手时，应确保扳手开口与被旋拧件配合好后再用力，如果接触不良时用力，容易滑脱，导致作业者身体失衡。

开口扳手的使用注意事项如下：

①多用于拧紧或拧松标准规格的螺栓或螺母；

②不可用于拧紧力矩较大的螺母或螺栓；

③可以上、下套入或者横向插入，使用方便。

(5)手锤。

手锤由锤头和手柄组成，如图 4-1-12 所示。锤头质量有 0.25 kg、0.5 kg、0.75 kg、1 kg 等。锤头形状有圆头和方头。手柄由硬杂木制成，长度一般为 320～350 mm。手锤主要用于敲击工件，使工件变形、位移和振动，也可以用于工具的校正和整形。

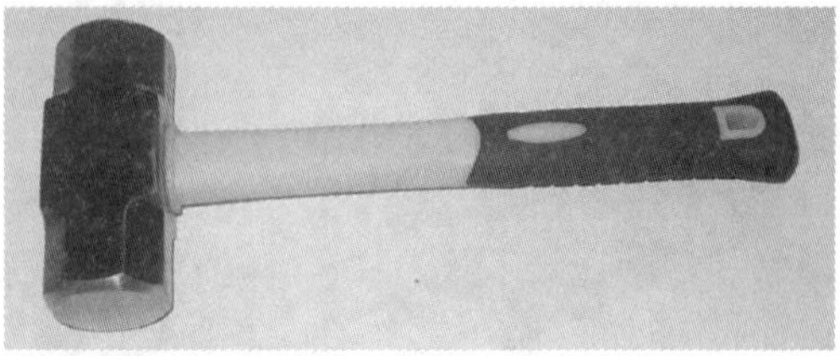

图 4-1-12　手锤

3. 掌握新知

问题 1:请列出工业机器人控制柜维护用工具。

根据所学知识,工业机器人控制柜维护需要用到哪些工具?有什么注意事项?请你写在框内。

问题 2:请列出工业机器人本体维护用工具。

根据所学知识,工业机器人本体维护需要用到哪些工具?有什么注意事项?请你写在框内。

问题 3：使用套筒扳手时有哪些注意事项？将答案填入表 4-1-1 中。

表 4-1-1　使用套筒扳手时的注意事项

序号	使用套筒扳手时的注意事项
1	
2	
3	
4	
5	

知识库

※工业机器人电池更换

电池的剩余后备电量离耗尽（工业机器人电源关闭）不足两个月的时间时，将显示电池低电量警告（38213 电池电量低）。通常，如果工业机器人电源每周关闭两天，则新电池的使用寿命约为 36 个月；如果工业机器人电源每天关闭 16 个小时，则新电池的使用寿命约为 18 个月。对于较长时间不使用的工业机器人，通过执行电池关闭服务例行程序，可延长电池的使用寿命（大约 3 倍）。更换电池的具体操作步骤如下：

(1)拆卸工业机器人后盖；

(2)拆卸电池组；

(3)更换电池组；

(4)安装工业机器人后盖。

4-1-1　原点标定操作

※工业机器人转数计数器更新

一般情况下，工业机器人在出厂时已对各关节轴的机械原点进行了设定，并在机器人本体上对六个关节轴同步做了标记，该原点作为各关节轴运动的基准。机器人的原点信息是指机器人各轴处于机械原点时各轴电机编码器对应的读数（包括转数数据和单圈转角数据）。原点信息数据存储在本体串行测量板上，需供电才能保存，掉电后数据会丢失。

将机器人关节轴运动至机械原点（把各关节轴上的同步标记对齐），然后通过示教器调节各关节轴的位置，使其与原点对齐，再进行转数数据校准更新，即转数计数器的更新。在机器人原点丢失后，更新转数计数器可以将当前关节轴所处位置对应的编码器转数数据（单圈转角数据保持不变）设置为机械原点的转数数据，从而对机器人的原点进行粗略的校准。

在以下情况下，需要进行转数计数器的更新：

(1)当系统报警提示“10036 转数计数器更新”时；

(2)在转数计数器发生故障并修复后;

(3)在转数计数器与测量板之间断开过之后;

(4)在断电状态下,机器人关节轴发生移动后;

(5)在更换伺服电机转数计数器电池后。

转数计数器更新的步骤如下。

(1)手动操纵机器人各关节轴运动到机械原点刻度位置,顺序是:关节轴4—关节轴5—关节轴6—关节轴1—关节轴2—关节轴3。机器人6个关节轴的机械原点刻度位置示意图如图4-1-13所示。

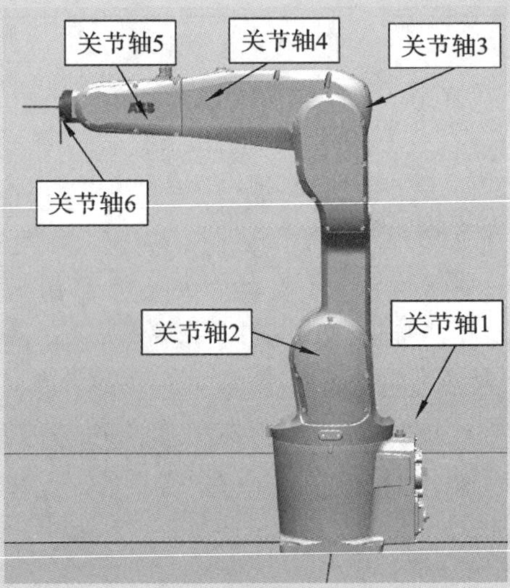

图4-1-13 机器人6个关节轴的机械原点刻度位置示意图

(2)在手动操纵菜单中,动作模式选择"轴4-6",将关节轴4运动到机械原点刻度位置,如图4-1-14所示。

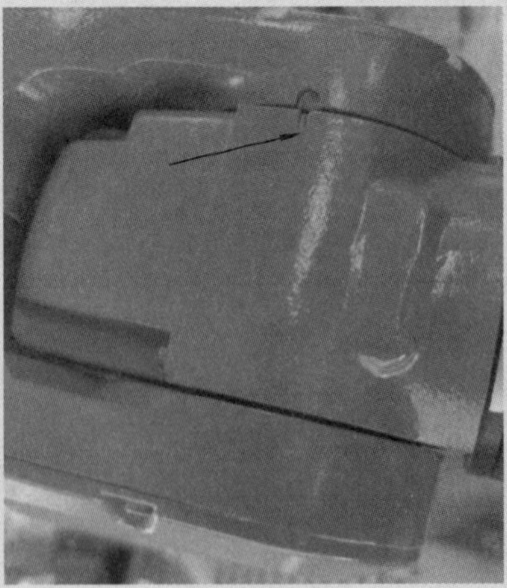

图4-1-14 关节轴4运动到机械原点刻度位置

(3)按照同样的方法，分别把关节轴 5、关节轴 6、关节轴 1、关节轴 2 和关节轴 3 运动到机械原点刻度位置。

(4)单击示教器主菜单，选择“校准”，如图 4-1-15 所示。

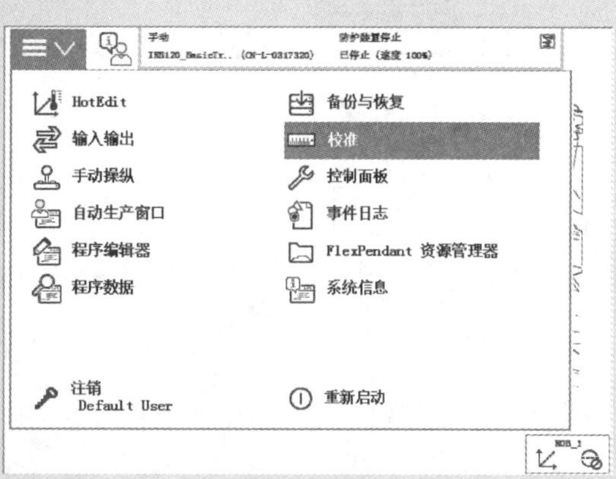

图 4-1-15　示教器校准选项

(5)选择“校准参数”—“编辑电机校准偏移...”，在弹出的对话框中选择“是”，对照机器人本体上电机校准偏移数值，如图 4-1-16 所示。如果示教器中显示的数值与机器人本体上的标签数值一致，则无须修改，直接单击“取消”退出；如果示教器中显示的数值和机器人本体上电机校准偏移数值不一致，则修改使得它们一致(确保 6 个轴回机械原点)。然后单击“确定”，在弹出的对话框中选择“是”，如图 4-1-17 所示。

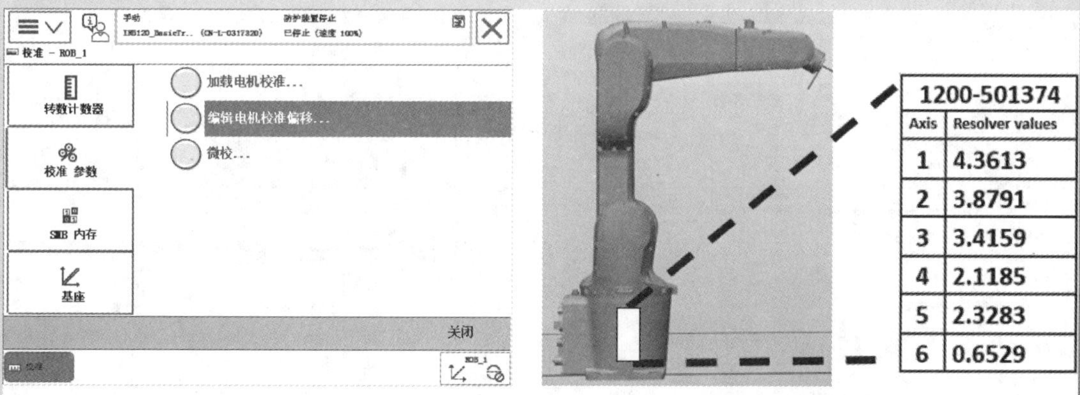

(a)　　(b)

图 4-1-16　示教器校准选项与机器人本体上电机校准偏移数值

(6)确认之后，重新通过菜单栏进入校准页面，选择“转数计数器”—“更新转数计数器...”，在弹出的对话框中选择“是”，如图 4-1-18 所示。

(7)单击“全选”，然后在弹出的对话框中单击“更新”，完成转数计数器更新操作，如图 4-1-19 所示。如果在第五步中选择“取消”，则不需要进行电机校准偏移数值更改，直接进行第六步，完成更新。

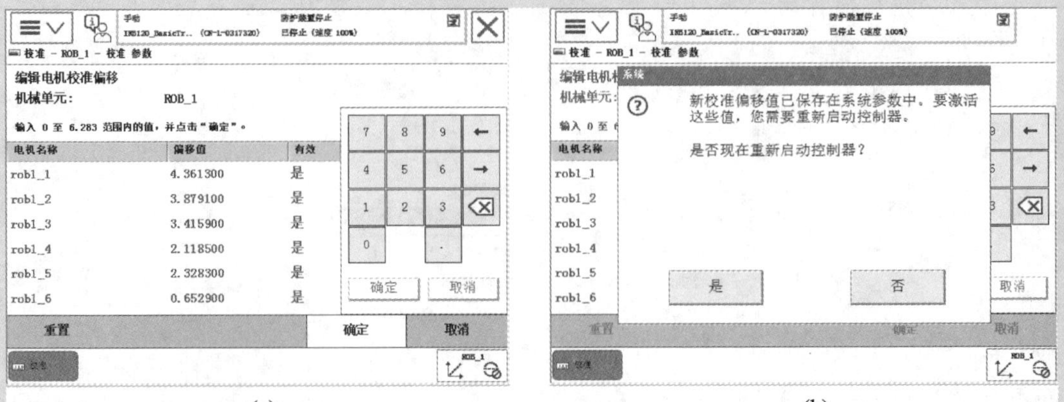

(a) (b)

图 4-1-17 编辑电机校准偏移参数页面

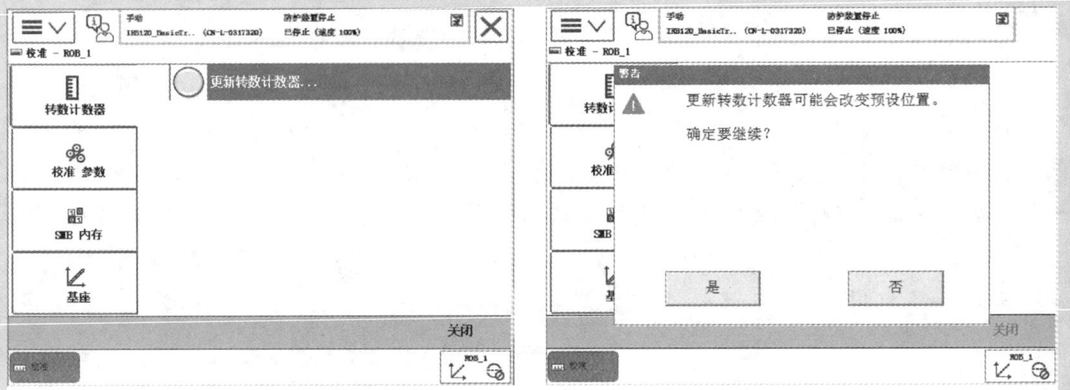

(a) (b)

图 4-1-18 更新转数计数器页面

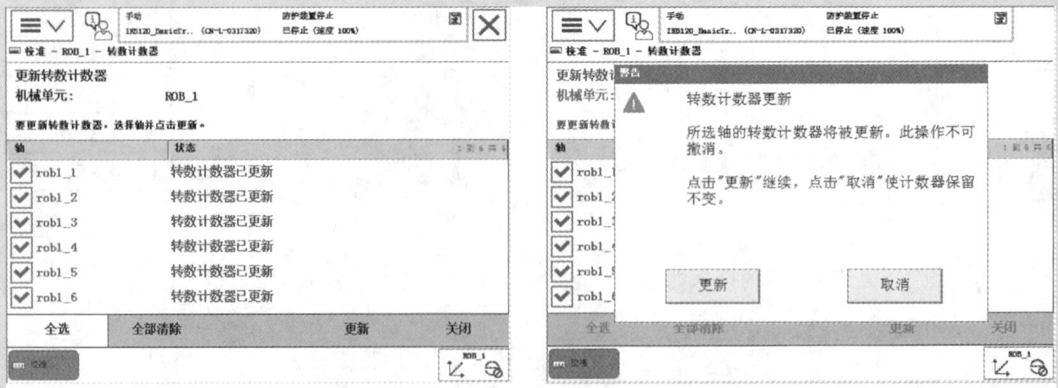

(a) (b)

图 4-1-19 转数计数器更新

※工业机器人微校

更新转数计数器，只能对机器人的各关节轴进行粗略的校准。若对机器人的各关节轴进行更为精确的校准，可以通过微校来实现。

微校是人为释放机器人电机抱闸，手动将机器人轴旋转到校准位置，重新定义原点位置实现校准的操作。微校操作一般需要两个人配合完成，可以仅对机器人的某一轴进行校准。

机器人发生以下任意情况时，必须进行校准。

(1)当更换机器人上影响校准位置的部件时，如电机或传输部件，编码器值会更改。

(2)编码器内存记忆丢失(丢失原因可能有：电池放电、出现转数计数器错误、转数计数器和测量电路板间信号中断、控制系统断开时移动了机器人)。

(3)重新组装机器人。

工业机器人微校的方法如下。

(1)关闭机器人气压供给。

(2)从校准针脚上拆下所有阻尼器(见图4-1-20)。

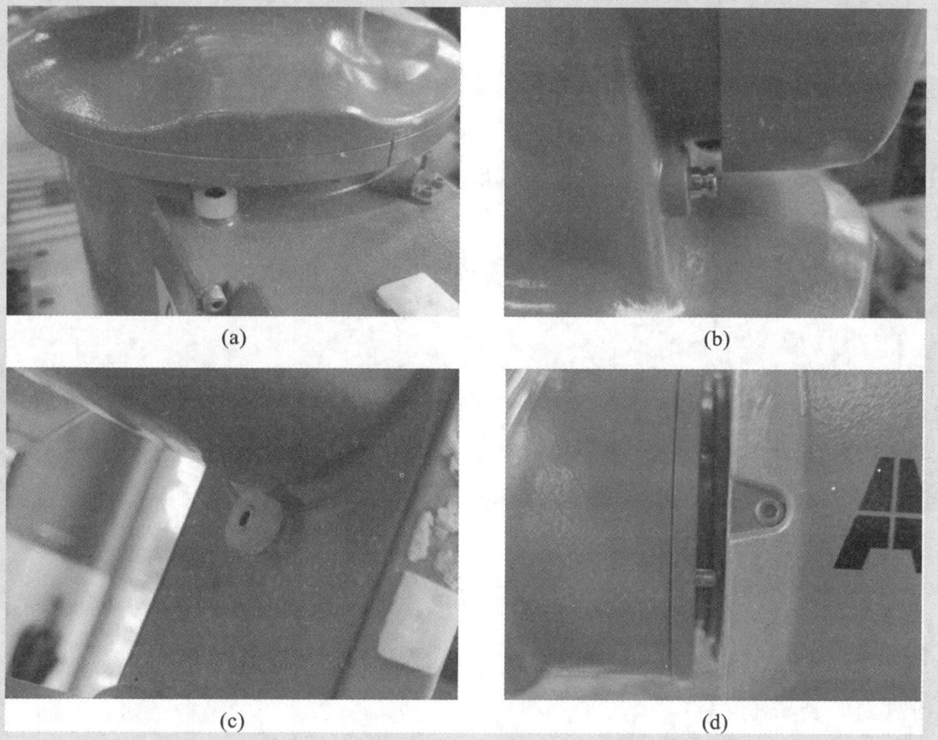

图4-1-20　机器人关节轴1～4校准针脚

(3)释放制动抱闸(按下机器人控制箱上的松开抱闸按钮)。

(4)手动旋转要校准的轴,旋转方向见表 4-1-2,将两个校准针脚相互接触,完成机械位置校正。

表 4-1-2 关节轴微校旋转方向

关节轴	旋转方向及角度
1	−170.2°
2	−115.1°
3	75.8°
4	−174.7°
5	−90°
6	90°

(5)在示教器上选择标准菜单,选择“微校”—“对应的轴”—“校准”。

注意:关节轴 5 和关节轴 6 需要专门的校准工具。

(6)选择“手动方法(高级)”,进入手动方法界面。

(7)在“校准参数”选项卡中选择“微校”,在弹出的对话框中选择“是”。

(8)在弹出的页面中,勾选需要校准的轴,单击页面下方“校准”,完成校准,再次应用转数计数器更新的方法,更新对应轴转数计数器。

※工业机器人日常维护保养

ABB 工业机器人日常维护保养包括本体维护保养和控制柜维护保养。

1. 本体维护保养

1)普通维护

(1)机械手的清洗。

定期清洗机械手底座和手臂。可使用高压清洗设备,但应避免直接向机械手喷射。如果机械手有油脂膜等保护层,按要求去除。注意以下事项:避免使用丙酮等强溶剂;避免使用塑料保护层;为防止产生静电,必须使用浸湿或潮湿的抹布擦拭非导电表面,如喷涂设备和软管等,不要使用干布。

(2)中空手腕的清洗维护。

根据实际情况,中空手腕应经常清洗,以避免灰尘和颗粒物堆积。使用不起毛的布料进行清洁。清洗后,可在手腕表面添加少量凡士林或类似物质,使后续清洗更加方便。

(3)定期检查。

检查是否漏油;检查齿轮游隙是否过大;检查控制柜、吹扫单元、工艺柜和机械手之间的电缆是否受损。

(4)固定螺栓的检查。

将机械手固定于基础上的紧固螺栓和固定夹必须保持清洁,不可接触水以及酸、碱等腐蚀性液体,以避免紧固件被腐蚀。如果镀锌层或涂料等防腐蚀保护层受损,需清洁相关零件并涂以防腐蚀涂料。

2)轴制动测试

在操作过程中,每个轴的电机制动器都会发生正常磨损。为确定制动器是否正常工作,必须进行测试。

测试方法如下:

(1)运行机械手轴至相应位置,使机械手手臂总重及所有负载达到最大值(最大静态负载);

(2)马达断电;

(3)检查所有轴是否维持在原位。

如果马达断电时机械手仍保持原位,则制动力矩足够。或者手动移动机械手,检查是否还需要进一步保护措施。当移动机器人紧急停止时,制动器会帮助停止,因此可能会产生磨损。所以,在机器使用寿命期间需要反复测试,以检验机器是否维持着原来的能力。

3)系统润滑加油

(1)轴副齿轮和齿轮润滑加油。

确保机器人及相关系统关闭并处于锁定状态,每个油嘴中挤入少许(1 g)润滑脂,逐个润滑副齿轮滑脂嘴和各齿轮滑脂嘴,不要注入太多,以免损坏密封。

(2)中空手腕润滑加油。

中空手腕设有 10 个润滑点,每个注脂嘴只需几滴润滑脂(1 g),不要注入过量润滑脂,避免损坏腕部密封和内部套筒。

4)检查各齿轮箱内油位

各轴加油孔的位置不同,需要针对具体情况进行检查,有的需要旋转后处于垂直状态再开盖进行检查。

5)维护周期(时间间隔可根据环境条件、机器人运行时数和温度适当调整)

(1)普通维护频率:1 次/天。

(2)轴制动测试:1 次/天。

(3)润滑轴 3 副齿轮和齿轮:1 次/1000 小时。

(4)润滑中空手腕:1 次/500 小时。

(5)各齿轮箱内的润滑油:第一次使用后 1 年内进行更换,以后每 5 年更换一次。

2. 控制柜维护保养

1)维护内容

(1)检查控制柜散热情况。

严禁控制柜覆盖塑料或其他材料；控制柜后面和侧面留出足够间隔（＞120 mm）；严禁控制柜的位置靠近热源；严禁控制柜顶部放有杂物；避免控制柜过脏；避免一台或多台冷却风扇不工作；避免风扇进口或出口堵塞；避免空气滤布过脏；控制柜内不执行作业时，其前门必须保持关闭。

（2）清洁示教器。

应从实际需要出发以适当的频率清洁示教器；尽管面板漆膜能耐受大部分溶剂的腐蚀，但仍应避免接触丙酮等强溶剂；示教器不用时应拆下并放置在干净的场所。

（3）清洗控制柜内部。

应根据环境条件按适当间隔清洁控制柜内部，如每年一次；须特别注意冷却风扇和进风口/出风口的清洁。清洁时使用除尘刷，并用吸尘器吸走刷下的灰尘。请勿用吸尘器直接清洁部件，否则会导致静电放电，进而损坏部件；清洁控制柜内部前，一定要切断电源。

（4）清洗或更换滤布。

需在加有清洁剂的30～40 ℃水中，清洗滤布3次或4次。不得拧干滤布，可放置在平坦表面晾干，还可以用洁净的压缩空气将滤布吹干。

（5）定期更换电池。

测量系统的电池为一次性电池（非充电电池）；需要更换电池时，消息日志会出现一条信息。出现该信息后电池电量可维持约1800 h，应在该信息出现时更换电池。电池仅在控制柜"断电"的情况下工作。电池的使用寿命约为7000 h。

（6）检查冷却器。

冷却回路采用免维护密闭系统设计，需按要求定期检查和清洁外部空气回路的各个部件；环境湿度较大时，需检查排水口是否定期排水。

2）维护频率（时间间隔可根据环境条件、机器人运行时数和温度而适当调整）

（1）一般维护：1次/天。

（2）清洗/更换滤布：1次/500小时。

（3）测量系统电池的更换：2次/7000小时。

（4）计算机风扇单元的更换、伺服风扇单元的更换：1次/50000小时。

（5）检查冷却器：1次/月。

协作探究，实施展示

任务指引：开展小组内讨论，每个同学对小组任务进行讨论分析，组长综合每位同学的意见，确定小组讨论后最终答案，每组派1位同学展示或陈述小组结论。

1. 小组组建

小组分工表见表4-1-3。

表 4-1-3　小组分工表

班级		组名	
组长		学号	
组员	姓名	学号	分工

2. 基础任务

任务 1：完成工业机器人电池更换。

目标：根据所学电池更换相关知识，小组协作回答以下问题。

(1)工业机器人在什么情况下需更换电池？

(2)写出工业机器人电池更换的步骤。

第一步：

第二步：

第三步：

第四步：

任务 2：完成工业机器人轴 5 和轴 6 的微校。

目标 1：用内六方扳手把轴 5 和轴 6 的校准工具装在轴 6 上，注意卡销要对准孔位，如图 4-1-21 所示。

目标 2：按下机器人抱闸按钮(见图 4-1-22)，手动移动机器人的轴 5 和轴 6，使得校准工具和机器人轴 5 上的阻尼器靠近(见图 4-1-23)。

4-1-2　用校准工具校准轴 5 和轴 6

图 4-1-21　安装轴 5 和轴 6 的校准工具

图 4-1-22　机器人抱闸按钮

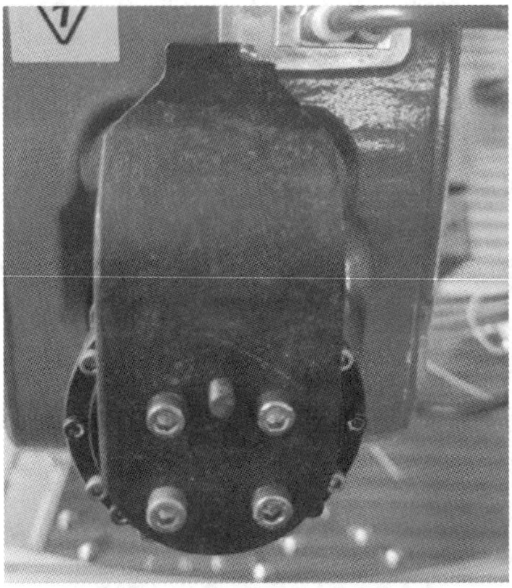

图 4-1-23　阻尼器和校准工具紧贴

目标 3:在示教器菜单中选择“校准”,选择“手动方法(高级)”,在“校准参数”中选择“微校”,在弹出的对话框中选择“是”,最后,勾选需要进行微校的轴 5 和轴 6,并单击“校准”。完成校准后,再次按照转数计数器更新的方法,完成轴 5 和轴 6 转数计数器更新。微校任务结束。

请在下方空白地方写出工业机器人进行微校的原因。

任务 3:工业机器人日常维护。

目标 1:根据所学机器人维护保养相关知识,小组协作完成以下内容。

(1)机器人维护保养包括哪两部分?

第一部分:

____

____

第二部分:

____

____

(2)机器人本体维护保养有哪些部分?

第一部分:

____

____

第二部分:

____

____

第三部分:

____

____

第四部分:

____

____

目标 2:根据所学相关知识,小组协作完成以下内容。

(1)工业机器人控制柜维护保养有哪些内容?

(2)工业机器人维护保养有哪些具体操作？

知识拓展卡

工业机器人保养具体操作

1. 保养准备

(1)抹布一批。

(2)内六角扳手一套。

(3)小型废油桶 3 个(见图 4-1-24(a))。

(4)小型加油泵 1 个(见图 4-1-24(b))。

(5)气枪 1 把(见图 4-1-24(c))。

(6)小型储存盒 2 个(用于存放卸下的螺钉)。

(7)Kyodo Yushi TMO 150 油品 20 L。

(8)Mobilgear 600 XP 320 油品 16 L。

(a) 小型废油桶　(b) 小型加油泵　(c) 气枪

图 4-1-24　保养准备

2. 机器人本体标准保养

(1)本体清洁(见图 4-1-25)。

(2)本体和轴 6 工具端固定检查(见图 4-1-26)。

(a) (b)

图 4-1-25 对机器人外表面各个部分进行全面清洁

(a) (b)

图 4-1-26 检查是否有松动,螺钉划线是否对齐

(3)各轴限位挡块检查(见图 4-1-27)。

(a) 轴1限位挡块 (b) 轴3、轴2限位挡块 (c) 轴5限位挡块

图 4-1-27 各轴限位挡块检查

轴 1、2、3、5 有限位挡块,查看挡块有无磨损及松动。

轴 4、6 无限位挡块,可以通过编码器识别转径的方式进行限位及报警。

(4)电缆状态检查。

检查电缆有无磨损,如有,则进行包扎或更换;检查机器人运动时电缆与机器人本体有无干涉,如有,则进行调整。电缆状态检查如图 4-1-28 所示。

(5)密封状态检查。

检查机器人本体齿轮箱以及各加、放油孔有无漏油和渗油现象。

图 4-1-28　电缆状态检查

(6)机械原位测量、服务器信息块(SMB)检查及更换。

①查看机器人出厂原位偏移值和示教器中的偏移值,如图 4-1-29(a)和(b)所示。对比 2 个偏移值,若 2 个偏移值之间小数点前三位相同,则正常。每年检查 1 次即可。

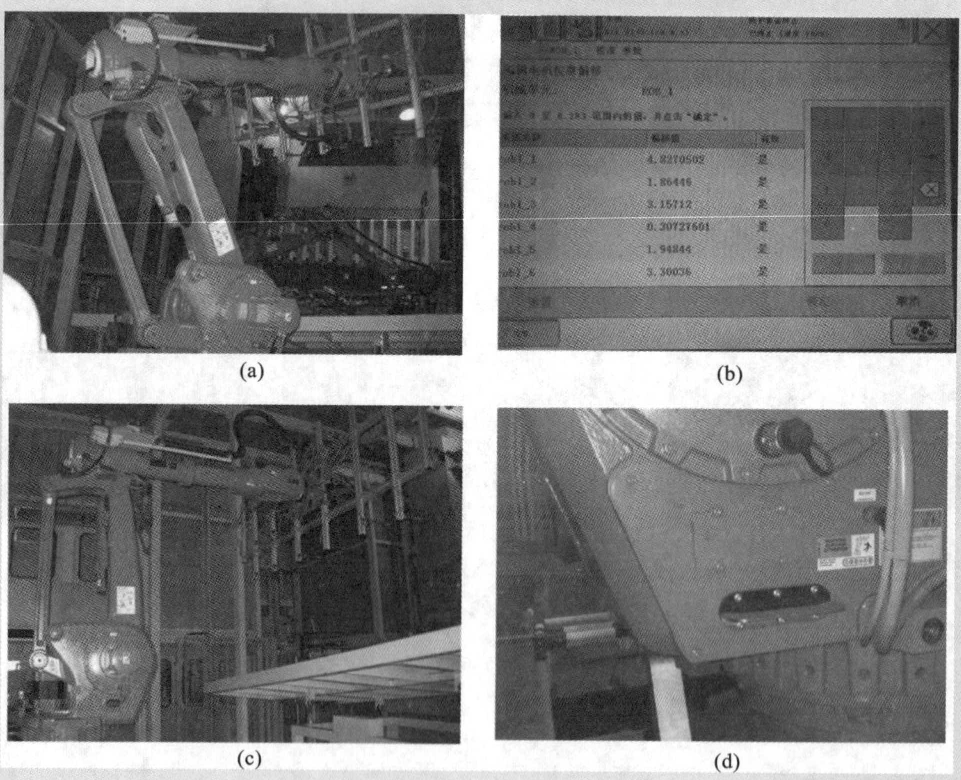

图 4-1-29　机械原位测量

②查看硬件报警。若 SMB 电池报警,则需更换 SMB 电池;若无,则无须更换。1 个月查看一次即可。

③更换 SMB 电池前，手动操纵将机器人轴 1～6 回到原位，关闭机器人电源后，再更换 SMB 电池，如图 4-1-29(c)和(d)所示。

(7)电机抱闸状态检查。

动态检查：查看运动坐标是否准确，是否出现刹车不及等状况。

静态检查：查看静止时机器人本体是否有晃动等状况。

电机抱闸状态检查如图 4-1-30 所示。

图 4-1-30　电机抱闸状态检查

轴 2 齿轮箱下方有刹车实验板(图 4-1-30 的圈中区域)，6 个按钮从左到右分别为轴 1 至轴 6，按下刹车实验板上各轴对应的按钮，该轴刹车将被松开，在机器人刹车异常或无法移动，需进行手动维修时，必须先保护好各轴，方可按下此刹车实验板上的按钮。其他情况下切勿触摸或按动此按钮，否则会导致各轴自由运动或坠落，造成安全事故。

(8)电机噪声检查。

在电机低速运转时，用耳朵听各轴电机是否有异常声音。

3. 油品更换

齿轮箱润滑油型号、容积、更换周期见表 4-1-4。

表 4-1-4　齿轮箱润滑油型号、容积、更换周期

齿轮箱	油液型号	容积	周期
轴 1	Kyodo Yushi TMO 150	8000 mL	12 个月/12000 个小时
轴 2	Kyodo Yushi TMO 150	5000 mL	12 个月/12000 个小时
轴 3	Kyodo Yushi TMO 150	5000 mL	12 个月/12000 个小时
轴 4	Mobilgear 600 XP 320	8100 mL	12 个月/12000 个小时
轴 5	Mobilgear 600 XP 320	6700 mL	12 个月/12000 个小时
轴 6	Kyodo Yushi TMO 150	450 mL	12 个月/12000 个小时

(1)轴 1。轴 1 油品更换如图 4-1-31 所示。机器人可在任意姿态下进行加油和排油。

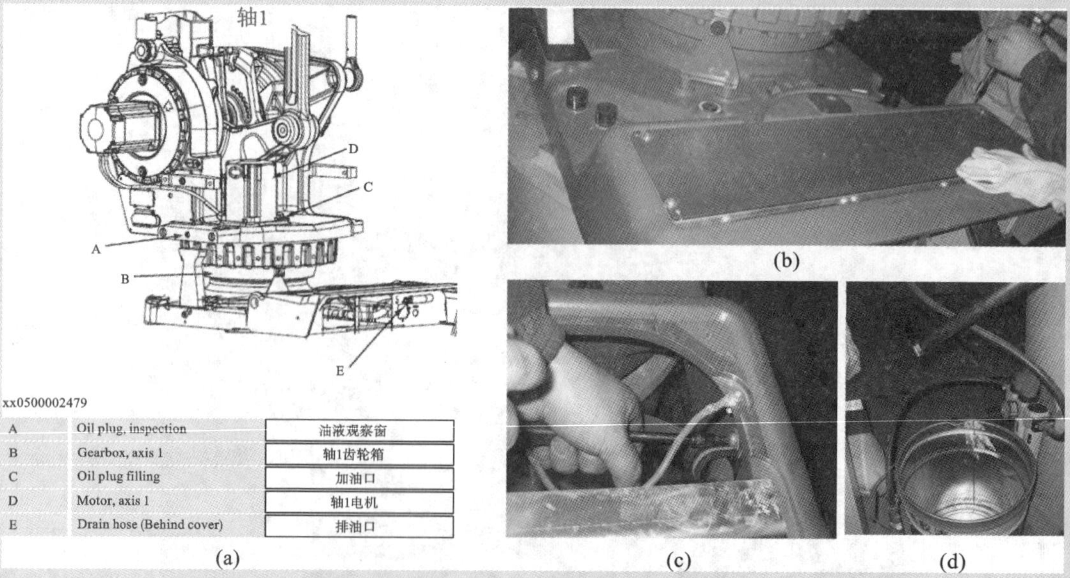

图 4-1-31　轴 1 油品更换

排油：

①拆下机器人后面盖板；

②拆下轴 1 排油管固定螺钉；

③先打开加油口，再准备好废油桶接油，然后拆下排油管的密封堵头进行排油，排油约需半小时，其间可进行其他轴的排油和加油。

加油：

①将排油口密封堵头堵上；

②打开油液观察窗和加油口；

③在加油口进行加油，直至油液观察窗有油溢出为止；

④将油液观察窗和加油口的密封螺母重新上紧。

(2)轴 2、轴 3。轴 2 和轴 3 油品更换如图 4-1-32 所示。轴 2 和轴 3 的排油和加油方法相同，机器人可在任意姿态下进行。

排油：

①打开加油口密封螺母，准备好废油桶接油；

②打开排油口密封螺母进行排油，排油约需 5 min。

加油：

①上紧排油口密封螺母；

②打开油液观察窗和加油口；

③在加油口进行加油，直至油液观察窗有油溢出为止；

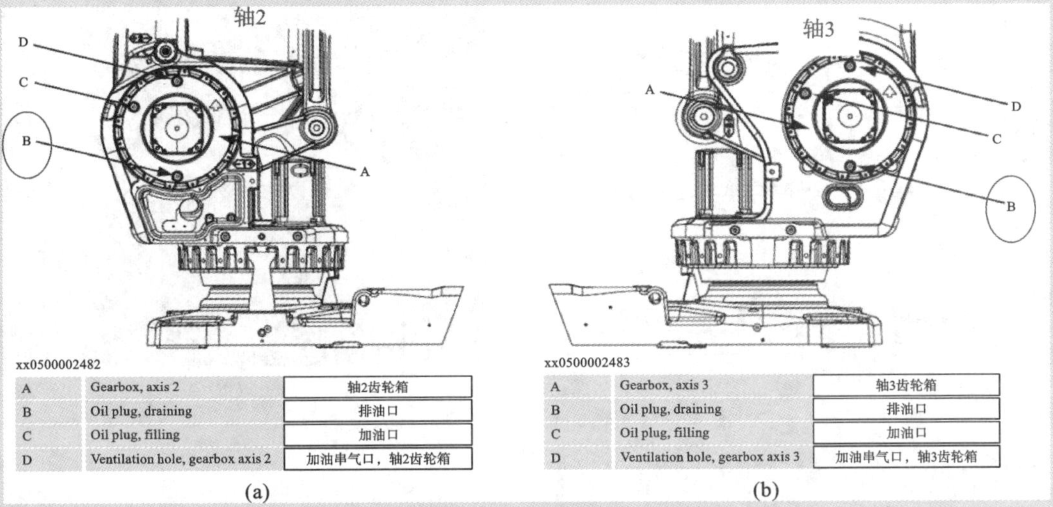

图 4-1-32　轴 2 和轴 3 油品更换

④将油液观察窗和加油口的密封螺母重新上紧。

(3)轴 4。轴 4 油品更换和机器人姿态如图 4-1-33 所示。

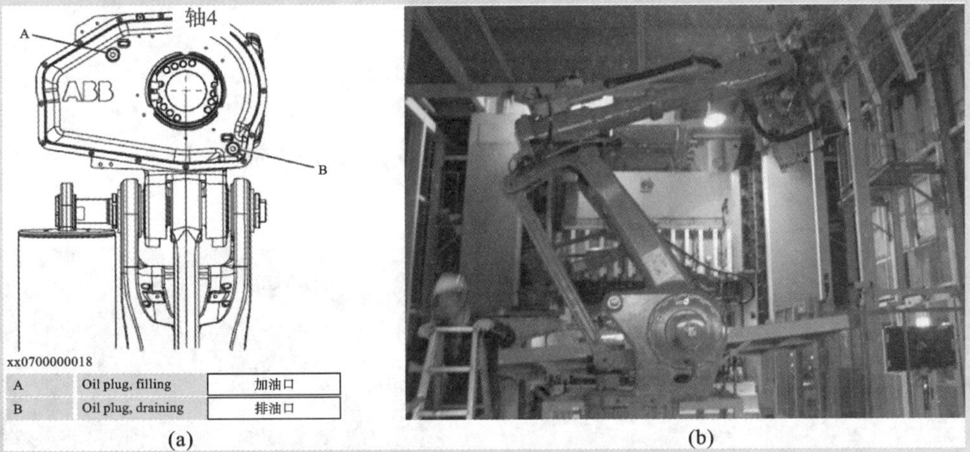

图 4-1-33　轴 4 油品更换和机器人姿态

排油：

①打开加油口密封螺母，准备好废油桶接油；

②打开排油口密封螺母进行排油，排油约需 5 min。

加油：

①上紧排油口密封螺母；

②打开加油口；

③在加油口进行加油，直至加油口有油溢出为止；

④将加油口的密封螺母重新上紧。

(4)轴 5。轴 5 油品更换和机器人姿态如图 4-1-34 所示。

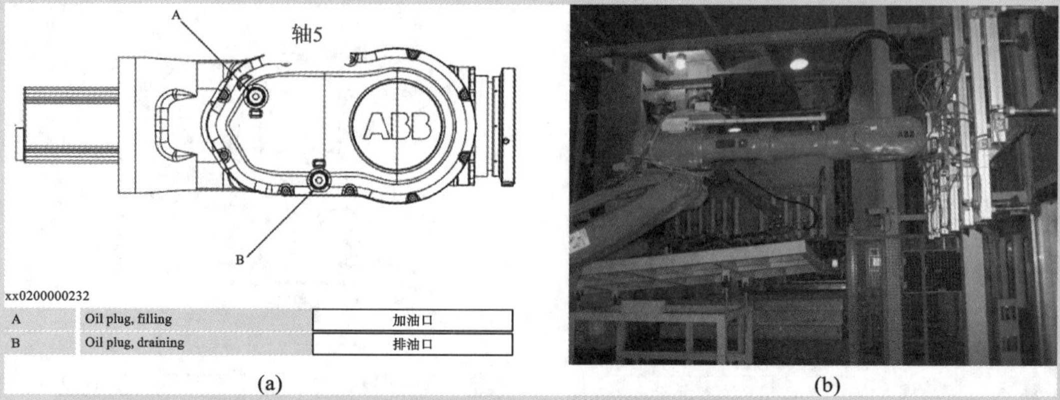

图 4-1-34　轴 5 油品更换和机器人姿态

排油：

①打开加油口密封螺母，准备好废油桶接油；

②打开排油口密封螺母进行排油，排油约需 5 min。

加油：

①上紧排油口密封螺母；

②打开加油口；

③在加油口进行加油，直至加油口有油溢出为止；

④将加油口的密封螺母重新上紧。

(5)轴 6。轴 6 油品更换和机器人姿态如图 4-1-35 所示。

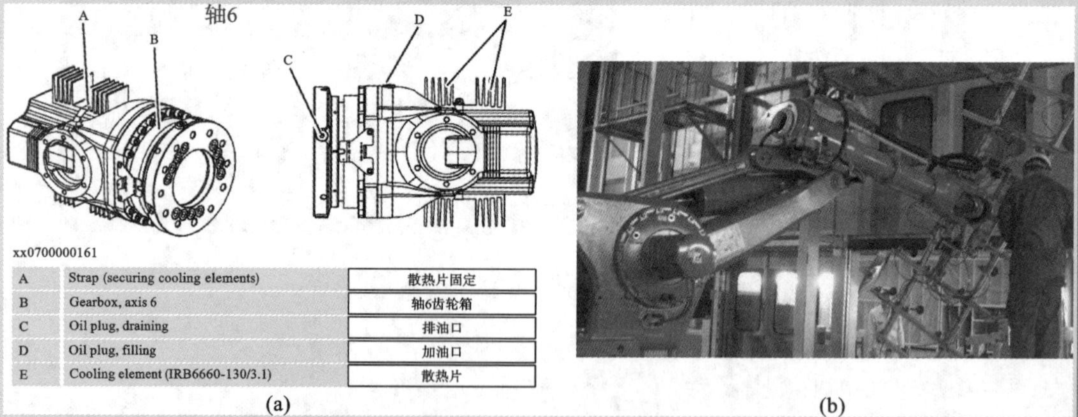

图 4-1-35　轴 6 油品更换和机器人姿态

排油：

①打开加油口密封螺母，准备好废油桶接油；

②打开排油口密封螺母进行排油，排油约需 5 min；

③若排油口被夹具挡住，可旋转轴 4，使加油口向下，进行排油，排油约需 8 min。

加油：

①打开排油口、加油口密封螺母；

②在加油口进行加油，直至排油口有油溢出为止；

③若排油口被夹具挡住，可将机器姿态调至图 4-1-35 所示，在加油口进行加油，直至加油口有油溢出为止；

④将加油口、排油口的密封螺母重新上紧。

4. 机器人控制柜保养

1)机器人备份检查及磁盘空间整理

备份是指将机器人的程序、系统参数和系统模块保存下来。备份/恢复的资源可以放在机器人存储器里面，也可以放在外部设备(如 U 盘)上。对机器人程序进行改动后，尤其是增加新零件等改动，需要在机器人存储器中进行备份。长假断电前，或者程序做了大量改动后，需要在机器人存储器中进行备份，并在外部设备上也做备份。在 256 MB 的存储卡上，存储不超过 10 个备份，在 1 GB 存储卡上，存储不超过 40 个备份。

2)机器人示教器功能检查

图 4-1-36 所示为示教器示意图，保养时对其各按钮进行功能试验，确保使能、动作、急停都起作用，对触摸屏进行操作，确保触屏准确良好。

图 4-1-36　示教器示意图

3)控制柜检查

(1)通电检查。

①电源电压测量。

测量机器人进线电压、驱动电压、电源模块电压，参考值分别为 380％±15％、220％±15％、24％±15％。

②接触器检查。

将机器人旋转到手动状态，按下、松开电机使能键，检查接触器是否有动作，动作后是否接触良好。

(2)断电检查。

关机后戴上电柜内的防静电手环，用手指以轻微力触碰电柜内的各元器件，查看是否有松动。

4)示教器、控制柜清洁及散热风扇检查

(1)示教器清洁。

关机后，用抹布蘸少量清洗剂或 TMO 150 油对示教器及其与电柜之间的连接电缆进行清洁。

(2)控制柜清洁。

①关机后，打开控制柜门，用气枪除尘，注意气量不要太大。

②关机后，关闭控制柜门，取下控制柜后盖板，除尘前注意确认好附近的板件及模具是否会被粉尘污染，直接用气枪除尘，控制柜为密封柜，柜门关闭后不必担心粉尘进入柜内。除尘后，给控制柜上电，观察风扇运转状态，如无异常，关机后再安装回后盖板。

5. 注意事项

(1)机器人机械原位若出现偏差，需慎重进行调整，并注意原位调整对生产轨迹的影响。

(2)每月和节前放假时，必须在硬件报警中查看是否有 SMB 电池电量不足的报警，SMB 电池电量耗尽会导致原位丢失。

(3)如果需要更换 SMB 电池，必须先手动操作将机器人轴 1～轴 6 分别回到原位，否则会导致机器人原位丢失。

(4)在非必要时刻，切勿按下刹车实验板的刹车松开按钮，建议在刹车实验板上加装盖板。

(5)加油和排油时，注意机器人姿态和油品型号是否正确。1 轴排油时间较长，需确认废油是否排放完毕，经过 2 年多的使用，轴 1、2、3、6 润滑油较脏，其中 R11 轴 1 的润滑油检验报告显示润滑油有水解现象。工业机器人废油如图 4-1-37 所示。

图 4-1-37　工业机器人废油

(6)电柜除尘时，注意对周围环境的影响。

3. 决策评估

方案决策单见表 4-1-5。

表 4-1-5　方案决策单

方案决策					
组别		组长		日期	
学习任务	工业机器人系统维护保养				
岗位情景	更换机器人电池、更新转数计数器、更换润滑油				
方案 1 描述					
方案 2 描述					
方案 3 描述					
评估决策					
序号	可行性	经济性	操作性	实施难度	方案等级评价
方案 1	□高 □低	□好 □差	□强 □弱	□高 □低	□优 □良 □中 □差
方案 2	□高 □低	□好 □差	□强 □弱	□高 □低	□优 □良 □中 □差
方案 3	□高 □低	□好 □差	□强 □弱	□高 □低	□优 □良 □中 □差
评价决策	综合评价				
	终选方案	□方案 1　□方案 2　□方案 3			

检查评价，总结反思

1. 学生自评

活动过程自评表见表 4-1-6。

表 4-1-6　活动过程自评表

班级		组名		日期	
序号	评价要素			分值	分数
1	工业机器人校准工作流程梳理			10	
2	工业机器人电池更换			10	
3	转数计数器更新			10	
4	了解机器人本体维护保养内容			10	

续表

序号	评价要素	分值	分数
5	了解机器人控制柜维护保养内容	10	
6	机器人本体保养操作	25	
7	机器人控制柜保养操作	25	
自评分数			
自我总结与反思			

2. 小组互评

活动过程小组互评表见表 4-1-7。

表 4-1-7 活动过程小组互评表

班级		被评组名		日期	
评价指标	评价要素			分值	分数
1	与教师、同学之间能够保持多向、丰富、适宜的信息交流			10	
2	与教师、同学之间相互尊重、理解			10	
3	能处理好合作学习和独立思考之间的关系，做到有效学习			10	
4	能提出有意义的问题或能发表个人见解			20	
5	能按要点正确操作，能够倾听、协作、分享			20	
6	能发现问题、提出问题、分析问题、解决问题、创新问题			20	
7	能严肃、认真地对待自评，并能独立完成自测试题			10	
互评分数					
简要评述					

3. 教师评价

教师评价表见表 4-1-8。

表 4-1-8 教师评价表

姓名		组别		日期		
序号	评分点		分值	评分标准		得分
1	(1)表述仪态自然，吐字清晰		10	表述仪态不自然或吐字模糊酌情扣分		
	(2)表述思路清晰、层次分明、准确			表述思路模糊或层次不清酌情扣分		

续表

序号	评分点	分值	评分标准	得分
2	(1)任务分析关键点准确	10	任务分析不准确酌情扣分	
	(2)理论知识回顾完整,分组分工明确		知识不完整、分工不明确酌情扣分	
3	(1)完成工业机器人校准工作流程的梳理	10	工作流程不清晰或出错扣1分,扣完为止	
	(2)确定工作计划	10	计划错误扣1分,扣完为止	
4	(1)工业机器人电池更换	10	每错一项扣1分,扣完为止	
	(2)转数计数器更新	10	实操期间步骤出错扣1分,扣完为止	
	(3)机器人本体维护保养	10	每错一项扣1分,扣完为止	
	(4)机器人控制柜维护保养	20	每错一项扣1分,扣完为止	
5	(1)依据自评分数	5		
	(2)依据个人总结评价报告	5		
	满分	100	得分	

4. 考核评价

工业机器人系统维护保养考核任务

姓名:____________　成绩:____________　考核时间:60 分钟

4-1-3　工业机器人系统维护保养考核任务

(1)列举工业机器人维护保养常用工具。

(2)更换工业机器人电池有哪些操作步骤?

(3)转数计数器更新有哪些操作步骤?

(4)工业机器人本体维护保养有哪些内容?

(5)工业机器人控制柜维护保养有哪些内容?

评分标准

序号	考核内容	标准	配分	得分
1	维护保养工具	(1)工具种类齐全,缺一种扣1分	2	
		(2)工具操作规范,错一处扣1分	3	
		(3)工具应用场景准确,错一处扣1分	5	
2	电池更换	(1)正确描述电池更换的原因,错一处扣1分	6	
		(2)电池更换操作步骤准确,错一处扣1分	6	
		(3)机器人电池保养操作准确,错一处扣1分	8	
3	转数计数器更新	(1)描述转数计数器更新的原因,错一处扣1分	6	
		(2)正确进行转数计数器的更新,错一处扣1分	6	
		(3)正确进行机器人微校,错一处扣1分	8	
4	本体维护保养	(1)维护保养项目齐全,错一处扣1分	5	
		(2)维护保养操作准确,错一处扣1分	10	
		(3)保养周期合理,错一处扣1分	10	
5	控制柜维护保养	(1)维护保养项目齐全,错一处扣1分	5	
		(2)维护保养操作准确,错一处扣1分	10	
		(3)保养周期合理,错一处扣1分	10	
合计				

5. 总结反思

任务实施完成后,学生需要根据实际情况,通过指导老师对实施情况的点评来分析自身的不足之处,寻找三个关键问题进行思考,填写表4-1-9,做到及时的自查自省和总结。

表4-1-9 总结反思问题记录表

序号	任务目标	存在的问题	解决的方法
1			
2			
3			

任务二　工业机器人系统故障检修

情景导入，任务发布

1. 学习情景

工业机器人在工业制造、医学治疗、娱乐服务、军事、半导体制造以及太空探索等领域都有广泛应用。尽管它们的形态各有不同，但都有一个共同特点：能够接受指令，精确地定位到三维（或二维）空间的某一点进行作业。这在很大程度上提高了工作效率，并且为企业降低了成本。

随着工业机器人的普及，工业机器人企业越来越多，行业内价格竞争激烈。随着工业机器人价格战的到来，更多低成本、廉价的工业机器人加入工厂生产线。由于成本和配置的不同，工业机器人的质量参差不齐，这让很多企业用户感到头疼，因为会出现各种故障和问题。通过本任务的学习，我们将了解工业机器人常见故障及其排除方法。

2. 任务分析

任务分析	
任务名称	工业机器人系统故障检修。
任务地位	工业机器人系统故障检修能延长工业机器人使用寿命。
任务流程	(1)了解设备故障。 (2)了解工业机器人电柜常见故障。 (3)了解工业机器人示教器常见故障。 (4)掌握工业机器人检修要求。 (5)掌握 ABB 机器人部分故障及处理办法。

3. 目标要求

任务目标要求	
岗位要求	本任务要求工业机器人相关技术操作人员能够在生产过程中遇到由非硬件损坏导致的报警停机时，快速采取措施恢复生产并排除机器人故障。

续表

任务目标要求	
课程目标	知识目标 (1)能简述设备故障及工业机器人故障分类。 (2)能简述工业机器人本体及控制柜常见故障。 (3)能简述工业机器人定期检修内容。 技能目标 (1)能厘清工业机器人故障处理流程。 (2)能查阅资料处理常见的工业机器人故障。 (3)能进行工业机器人检修、保养。 情感目标 (1)通过小组合作学习,培养学生的团队精神和爱岗敬业精神。 (2)通过自主探究式学习,培养学生的钻研精神。 (3)通过 8S 管理,提升学生职业素养和工匠精神。
证书技能要求	▶对应工业机器人 1+X 证书技能点(工业机器人装调职业技能等级证初级、工业机器人操作与运维职业技能等级证初级) (1)能找到工业机器人振动噪声产生原因并处理。 (2)能根据工业机器人故障现象查询故障码并排除。 (3)能根据位置传感器故障现象分析故障原因并排除故障。

问题引导,自主学习

1. 引导问题

引导问题 1:设备故障可以分为哪几类?
引导问题 2:引起设备故障的原因有哪些?
引导问题 3:设备故障诊断技术有哪些?
引导问题 4:设备故障诊断常用方法有哪些?

2. 任务知识点

1)设备故障及其分类

故障是指设备(元件、零件、部件、产品或系统)由于某种原因丧失规定功能的现象。

(1)按故障发生、发展的过程分类。

①突发性故障:故障发生之前没有明显的可察征兆,具有较大的破坏性。

②渐发性故障:故障的发生一般与磨损、腐蚀、疲劳等密切相关,其特点是故障一般发生在元器件有效寿命的后期;有规律,可以预防;发生概率与设备运转时间有关。

(2)按故障的性质分类。

①自然故障:由设备自身原因造成。

②人为故障：由操作使用不当或意外造成。

2）引起故障的原因

（1）环境因素。环境影响及引起的故障见表 4-2-1。

表 4-2-1　环境影响及引起的故障

环境因素	主要影响	典型故障
机械能	产生振动、冲击、压力、强速度、机械应力等	机械强度降低、功能受影响、磨损加剧、过量变形、疲劳破坏、机件断裂
热能	产生热老化、氧化、软化、熔化、黏性变化、固化、脆化、热胀冷缩及热应力等	电气性能变化、润滑性能降低、机械应力增加、磨损加剧、机械强度降低、腐蚀加速、热疲劳破坏、密封性能破坏
化学能	产生受潮、干燥、脆化、腐蚀、电蚀、化学反应及污染等	功能受影响、电气性能下降、力学性能降低、保护层损坏、表面变质、化学反应加剧、机械断裂
其他能量	产生脆化、加热、蜕化、电离及磁化	表面变质，材料褪色，热老化，氧化，材料的物理、化学、电气性能发生变化

注：其他能量包括核能、电磁能及生物能等。

（2）人为因素：包括设计不良、质量偏差、使用不当等。

（3）时间因素：常见的磨损、腐蚀、疲劳、变形等故障都与时间有密切的关系。

3）描述故障的特征参量

（1）直接特征参量。

①设备的输出参数：设备的输出与输入之间的关系以及输出变量之间的关系都可以反映设备的运行状态，如输入功率与输出功率、示教器输入参数与手部执行参数之间的关系等。

②设备零部件的损伤量：变形量、磨损量、裂纹以及腐蚀情况等都是判断设备技术状态的特征参量。

（2）间接特征参量。

设备运转中的间接特征参量主要是指设备在运行过程中产生的振动、噪声、热量、电量等。

设备的输出参数和零部件的损伤量都是描述故障的直接特征参量，而二次效应参数是间接特征参量。使用间接特征参量的优点是可以在设备运行并且无须拆卸的条件下进行故障诊断；不足之处是间接特征参量与故障之间的关系不是完全确定的。

4）设备故障诊断技术

（1）按诊断的目的、要求和条件分类。

①功能诊断和运行诊断：功能诊断主要针对新安装或刚维修的设备；而运行诊断则针对运行中的设备或系统。

②定期诊断和连续监测。

③直接诊断和间接诊断。

④在线诊断和离线监测：在线诊断是指对现场正在运行的设备进行自动实时监测；而离线监测是利用记录仪等记录现场的状态信号，然后带回实验室进行分析诊断。

⑤常规诊断和特殊诊断。

⑥简易诊断和精密诊断。

(2)按诊断的物理参数分类(见表 4-2-2)。

主要物理参数有振动、声学、温度、污染、无损、压力、强度、电参数、趋向以及各种参数的综合。

表 4-2-2　按诊断的物理参数分类

诊断技术名称	状态检测参数
振动诊断技术	平衡振动、瞬态振动、机械导纳及模态参数等
声学诊断技术	噪声、声阻、超声及声发射等
温度诊断技术	温度、温差及温度场等
污染诊断技术	气体、液体、固体的成分变化及残留物等
无损诊断技术	裂纹、变形、斑点及色泽等
压力诊断技术	压差、压力及压力脉动等
强度诊断技术	力、扭矩、应力及应变等
电参数诊断技术	电信号、功率及磁特性等
趋向诊断技术	设备的各种技术性能指标
综合诊断技术	各种物理参数的组合与交叉

(3)按诊断的直接对象。

直接诊断对象主要有本体部件、机械零件、伺服系统、控制系统、工艺流程、生产系统、电气设备等。

5）**设备故障诊断常用的方法**

(1)振动测量法。

根据是否可以用确定的时间关系函数来描述，振动分为确定性振动和随机振动。确定性振动又分为周期振动和非周期振动，周期振动进一步分为简谐周期振动和复杂周期振动，非周期振动则进一步分为准周期振动和瞬态振动。振动的基本参数有振幅、频率和相位，振动完全可以通过这三个参数加以描述。

振动测量方法包括机械方法、光学方法和电测方法，其中，电测方法应用最广泛。

①传感器及振动测量。

a. 加速度传感器：压电加速度传感器基于压电晶体的压电效应工作，属于能量转换型传感器。压电晶体输出的电荷与振动的加速度成正比。压电式加速度计无须外电源，灵敏度高且稳定。

b. 速度传感器：惯性式磁电速度传感器基于磁电感应工作，也属于能量转换型传感器。

当传感器随被测系统振动时，传感器线圈与磁场之间产生相对运动，传感器内的磁钢随被测物体一起振动，与线圈发生相对运动，从而产生感应电动势，输出与速度成正比的电压。惯性式磁电速度传感器也不需要外电源。

c. 位移传感器：电涡流位移传感器基于金属体在交变磁场中的电涡流效应工作，属于能量控制型传感器。工作时，将传感器顶端与被测对象表面之间的距离变化转换成与之成正比的电信号。这种传感器不仅能测量一些旋转轴系的振动和轴向位移，还能测量转数。电涡流位移传感器属于非接触式测量，但需要外电源。

②异常振动分析方法。

a. 振动总值法：通过传感器直接测量振动参数，并以表格或图形表示趋向，对照“异常振动判断基准”来判别设备工作是否正常。

可以采用振动总值法判别异常振动，但若要进一步查明异常的原因和位置，则需要对振动信号进行频谱分析。

b. 频率分析法：把测量的振动信号提取出来进行频率分析，再将频谱图与正常谱图进行比较，可以找出振源和判断严重程度。

频谱分析仪，又称动态分析仪，能够将时域信号转换为频域信号，将工程信号分解为各个频率分量，获得信号的频率结构以及组成信号各个谐波的振幅和相位，从而确定信号特征。频谱分析仪一般由前置放大器、抗混淆滤波器、A/D 转换器、高速数据处理器及外围设备等组成，如图 4-2-1 所示。

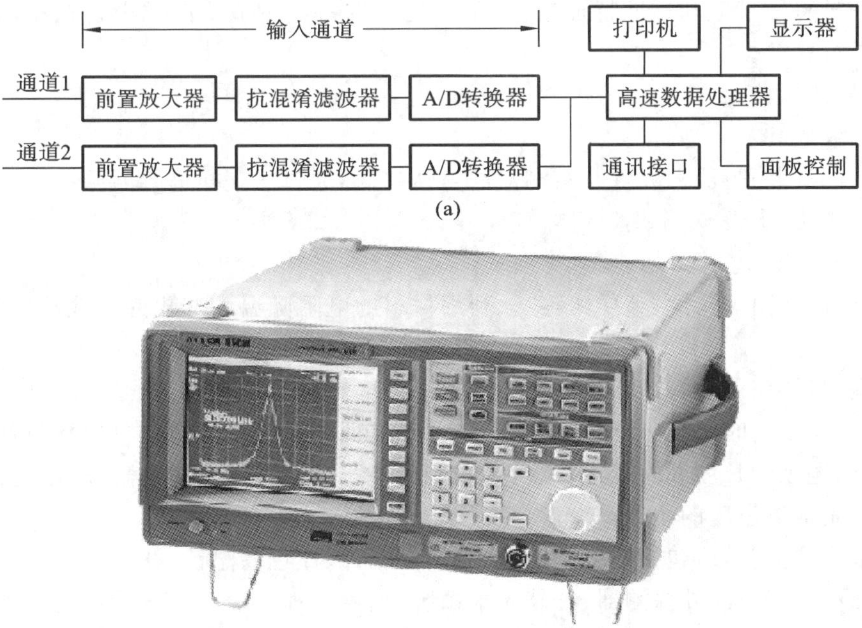

(a)

(b)

图 4-2-1 频谱分析仪组成及实物

(2)噪声测量法。

①噪声是指不规则的机械振动在空气中引起的振动波。

噪声的强弱可以用声压级、声强级和声功率级来表示；噪声的成分可以用频率或频谱来表示。噪声也可以通过主观量度如响度来测量。

②噪声的主要参数有：声压、声强、声功率。

声压：声波传播时，空气质点随之振动所产生的压力波动引起的压强增量(Pa)。

声压级：声压与基准声压之比的以 10 为底的对数的 20 倍(dB)。

声强：单位时间内，通过垂直于传播方向上单位面积的声波能量(W/m^2)。

声强级：声强与基准声强之比的以 10 为底的对数的 10 倍(dB)。

声功率：声源在单位时间内辐射出来的总声能(W)。

声功率级；声功率与基准声功率之比的以 10 为底的对数的 10 倍(dB)。

③噪声的主观量度有：响度、响度级、等响曲线。

响度是人耳对声音强弱的主观感觉。选用频率为 1000 Hz 的纯音作为标准，调节纯音的声压级使其与测定的声音听起来具有同样的响度，则该声音的响度级就等于这个纯音的声压级(dB)值，单位为方(Phon)。当声音的频率发生变化时，听阈和痛阈的声压值也会随之改变。

④噪声测量仪器。常用电容传声器、压电传声器、声级计等来测量噪声。

⑤故障的噪声识别方法。可以根据噪声信号的特征量制定一个限值作为判断有无故障的标准。要识别故障的性质、发生的部位以及严重程度，还需要提取噪声信号进行频谱分析。对噪声的判断标准有绝对标准、相对标准和类比标准。这三种标准分别涉及将测量得到的噪声信号特征量值和标准特征量值、正常运行的特征量值或同类设备在相同工况下的特征量值进行比较。

(3)温度测量法。

①测温仪表。

接触式测温装置：测温元件与被测对象直接接触，通过热交换进行测温。

a. 热膨胀式(水银、双金属、液体、气体等)。

b. 压力式。

c. 热电阻式(铂、镍、铜、半导体等)。利用材料的电阻随温度变化的特性，可以将温度转换为电量。

d. 电偶式(镍铬-康铜、镍铬-镍硅、铂铑-铂等)。热电偶由两根不同材料的导体焊接组成，当两端温度不同时，便会产生感应电动势。热电偶的热电动势与热电偶材料和两端温度有关，而与热电极的长度和直径无关。在冷端温度 T_0 不变且热电偶材料已定的情况下，其热电动势只是被测温度的函数。

非接触式测温装置，包括辐射高温计、光学高温计、比色高温计、红外测温仪器。

红外测温仪器由红外探测器、红外光学系统、信号处理系统以及显示系统等组成。红外测温仪器的核心是红外探测器，它能将入射的红外辐射转变为电能或其他能量。按照辐射响应方式的不同，红外探测器分为光电探测器和热敏探测器两类。红外光学系统有反射式、折射式和折-反射式三种类型。

②通过测温能发现的常见故障有：轴承损坏、流体系统故障、发热异常、污染物质积聚、保温材料损坏、电器元件故障、非金属部件故障、机件内部有缺陷和裂纹等。

(4)裂纹的无损探伤法。

裂纹是机器零部件的严重缺陷。裂纹可能在原材料生产、零部件加工以及设备使用等各个阶段产生。常用的无损探伤法有目视-光学检测法、渗透探测法、磁粉探测法、射线探测法、超声波探测法、声发射探测法、涡流探测法等。

(5)磨损的油液污染检测法。

通过监测和分析油液中污染物的成分、含量、尺寸、形态等物理化学性质的变化,可以判断是否发生了磨损以及磨损的程度。常用的方法如下。

①油液光谱分析法:用于早期、精密的磨损诊断。

②油液铁谱分析法:提供磨损微粒的数量、粒度、形态和成分四种信息。

③磁塞检查法:用肉眼直接观察,用于检查磨损后期磨粒残渣颗粒较大的情况。

(6)计算机监测诊断。

随着计算机的发展,计算机监测与诊断系统的研制日益受到重视,建立智能监测与诊断系统已成为一个发展趋势。当有大量设备需要监测和诊断时,或者关键设备需要连续不断地监视时,频繁地进行数据采集、分析和比较是一项十分繁重的工作。这时,使用计算机进行自动监测和诊断可以节省大量的人力和物力,并能保证诊断结果的客观性和准确性。计算机监测与诊断系统有多种类型,根据监测的范围,可分为整个工厂、关键设备以及关键设备的重要部件等不同水平的系统。计算机监测与诊断系统按其所采用的技术可分为简易自动诊断系统、精密自动诊断系统、专家诊断系统。

3. 掌握新知

问题1:引起设备故障的原因有哪些?

根据所学知识,请写出引起设备故障的原因。

问题 2:常用的工业机器人故障诊断方法有哪些?

根据所学知识,请写出常用的工业机器人故障诊断方法。

问题 3:工业机器人的哪些部件容易发生故障?

根据所学知识,请写出工业机器人容易发生故障的部件。

知识库

※工业机器人常见电柜故障处理

工业机器人电柜常发生的故障主要是：电缆连接点处接触不良；继电器触点烧坏；主电源不动作；继电器板信号连接不正常；保险丝熔断等。查看电柜安装图纸，并用万用表进行检查，可排除上述故障。

1. 电柜主电源不动作

电柜主电源不动作：按下电柜“上主电”绿色按钮时继电器不吸合，同时上主电指示绿色灯不亮。

解决办法：

(1)首先查看电柜紧急停止按钮和示教器紧急停止按钮是否按下，如果按下，则释放紧急停止按钮后重新上主电；

(2)如果急停正常，则查看 K1、K2 两个继电器是否点亮。如果只有一个点亮，则说明另外一个继电器触点烧坏，需要更换烧坏的继电器。如果按住“上主电”按钮时两个继电器都点亮而释放按钮后继电器又恢复到原来状态，这时需要检查驱动器或示教器是否有报警。如果有报警，则清除报警后重新上主电。如果其他部分都正常但仍无法上主电，则可能是交流接触器损坏或电路连接有问题，此时需要使用万用表对照图纸进行排查。

(3)另外，K3 继电器也有可能烧坏，导致主电源不动作。

2. 继电器触点烧坏

电柜电路有两个继电器 K1、K2，当急停回路不能正常工作时，需要检查继电器是否正常工作或者烧坏。

3. 保险丝熔断

电柜内有三个保险丝：F1、F2 和 FU1。F1、F2 为控制柜电源进线保护用保险丝，FU1 为控制电源用保险丝。

4. 电缆连接点处接触不良

电缆连接点处接触不良可能发生在电柜的任何位置，这种情况下查找故障点比较困难。可以将故障分为强电路和弱电路接触不良。最根本的解决办法是通过查看电气图纸，并使用万用表进行测量以发现问题。一旦发现问题，需要重新连接电路来排除故障。

※工业机器人示教器系统故障处理

示教器显示报警故障，这种故障有可能是硬件故障，也可能是软件故障，但是示教器显示报警都是通过软件来告知故障情况的。

可以通过示教器查看报警信息，示教器显示的故障报警一般是软件问题或硬件故障。分析故障原因后，可以采取相应的解决办法。

※ABB 机器人常见故障及处理方法

(1)机器人报警“20252”，电机温度高，DRV1 故障处理。

处理方式：检查电机是否过热。如果电机温度正常，则检查连接电缆是否正常(可能是控制柜处的航空插头没插好)。如果查不出问题且需要紧急使用机器人，可临时将报警信号短接。但请注意，此时如果电机真正过热也没有报警，可能会导致电机烧毁。

具体操作方式：在控制柜左下角找到 A43 板，找到板子上的 5 号插头，上边有 4 根线，其中线号为 439 和 440 的两根线是电机过热报警信号线。将这两根线从中间断开，然后将板子这边的两根线短接即可。

(2)ABB 机器人电源模块短路。

人为因素：热插拔硬件非常危险，许多电路板故障都是由热插拔引起的。带电插拔板卡及插头时用力不当，可能会损坏接口、芯片等，从而导致机器人电路板损坏。随着机器人使用时间的增加，电路板上的元器件会自然老化，从而导致机器人电路板故障。

环境因素：由于操作者保养不当，机器人电路板上可能会积满灰尘，从而造成信号短路。

(3)什么情况下需要为工业机器人进行备份?

①新机器第一次上电后。

②在做任何修改之前。

③在完成修改之后。

④定期 1 周一次。

⑤最好在 U 盘也做备份。

⑥太旧的备份定期删除，腾出硬盘空间。

(4)机器人开机，示教器一直显示加载界面，如何处理?

上述情况是由于示教器和机器人主控制器之间没有建立通信连接。未建立通信连接的原因可能包括：

①机器人主机故障。

②机器人主机内置的 CF 卡(或 SD 卡)故障。

③示教器到主机之间的网线松动。

处理方式有：

①检查主机是否正常，检查主机内 SD 卡是否正常；

②检查示教器与主机之间的网线连接是否正常。

(5)机器人出现报警提示信息“10106 维修时间提醒”是什么意思?

这种情况是ABB机器人智能周期保养维护提醒。

(6)机器人在开机时进入了系统故障状态如何处理?

①重新启动一次机器人。

②如果不行,在示教器查看是否有更详细的报警提示,并进行处理。

③再次重启。

④如果还不能解除,则尝试B启动。

⑤如果还不行,请尝试P启动。

⑥如果还不行,请尝试I启动(这将机器人恢复到出厂设置状态,小心)。

(7)机器人备份可以多台机器人共用吗?

不能。例如,机器人甲的备份只能用于机器人甲,不能用于机器人乙或丙,因为这样会造成系统故障。

(8)机器人备份中的什么文件可以共享?

如果两个机器人是同一型号且配置相同,则可以共享RAPID程序和EIO文件。但在共享后,仍需进行验证以确保其正常使用。

(9)什么是机器人机械原点?机械原点在哪里?

机器人六个伺服电机都有一个唯一固定的机械原点,错误地设定机器人机械原点将会造成机器人动作受限或误动作、无法走直线等问题,严重时会损坏机器人。

(10)机器人50204动作监控报警如何解除?

①修改机器人动作监控参数(控制面板的动作监控菜单中)以匹配实际的情况。

②用AccSet指令降低机器人加速度。

③减小速度数据中的v_rot选项。

(11)机器人第一次上电开机报警“50296,SMB内存数据差异”如何处理?

①在ABB主菜单中选择校准。

②单击“ROB_1”进入校准画面,选择“SMB内存”。

③选择“高级”,然后单击“清除控制柜内存”。

④完成后单击“关闭”,然后单击“更新”。

⑤选择“已交换控制柜或机械手,使用SMB内存数据更新控制柜”。

(12)如何在RAPID程序中自定义机器人轨迹运动的速度?

①在示教器主菜单中选择程序数据。

②找到数据类型Speeddata后,单击“新建”。

③单击初始值,Speeddata四个变量含义分别为:v_tcp表示机器人线性运行速度,v_rot表示机器人旋转运行速度,v_leax表示外加轴线性运行速度,v_reax表示外加轴旋转运行速度。如果没有外加轴,则后两个不用修改。

④在RAPID程序中调用自定义好的数据。

※ABB 机器人伺服电机常见六大故障处理

(1)发生电机差错计数器溢出过错,怎么处理?

高速旋转时发生电机差错计数器溢出过错。

对策:查看电机动力电缆和编码器电缆的配线是否正确,以及电缆是否有破损。

运转过程中发生电机差错计数器溢出过错。

对策:增大差错计数器溢出水平设定值;减小旋转速度;延长加、减速时间;负载过重,需要重新选定更大容量的电机或减轻负载,加装减速机等传动机构来提高负载能力。

(2)在有脉冲输出时不工作,怎么处理?

①监视操控器的脉冲输出当前值以及脉冲输出灯是否闪烁,确认指令脉冲已经执行并且脉冲已经正常输出。

②查看操控器到驱动器之间的操控电缆、动力电缆、编码器电缆是否配线过错、破损或者接触不良。

③查看伺服电机的制动器是否已经处于打开状态。

④监视伺服驱动器的面板,确认脉冲指令是否输入。

⑤Run(运转)指令正常。

⑥操控形式必须选择方位操控形式。

⑦伺服驱动器设置的输入脉冲类型和指令脉冲是否一致。

⑧确保正转侧驱动制止信号、回转侧驱动制止信号和差错计数器复位信号没有被输入,以及脱开负载后,机器人能够进行正常的空载运转。查看机械系统是否正常。

(3)没有带负载报过载,怎么处理?

①伺服 Run(运转)信号接入但没有发脉冲。

查看伺服电机动力电缆配线是否接触不良或破损;对于带制动器的伺服电机,必须将制动器打开;查看速度回路增益是否设置过大;查看速度回路的积分时间常数是否设置过小。

②伺服只是在运转过程中出现。

查看方位回路增益是否设置过大;查看定位完成幅值是否设置过小;查看伺服电机轴上是否有堵转现象,并进行相应的机械调整。

(4)运转时出现反常声音或颤动现象,怎么处理?

①假如是伺服配线出错,则应使用规范动力电缆、编码器电缆、操控电缆,查看电缆有无破损;查看操控线附近是否存在干扰源,是否与附近的大电流动力电缆互相平行或相隔太近;查看接地端子电位是否有变化,确保接地。

②假如是伺服参数出错,则可能是伺服增益设置太大,建议用手动或主动方法重新调整伺服参数;查看电子齿轮比设置,若设置值太大,建议恢复到出厂设置。

③假如是机械系统出错，则可能是衔接电机轴和设备系统的联轴器发生偏移，或安装螺钉未拧紧；滑轮或齿轮的咬合不良也会导致负载转矩发生变化。测验空载运转，假如空载运转正常，则查看机械系统的结合部分是否有反常；通过空载运转测试负载惯量、力矩以及转速是否过大，假如空载运转正常，则减轻负载或替换更大容量的驱动器和电机。

(5)ABB机器人伺服电机在进行方位控制和定位时出现不准确的问题，怎么处理？

确认控制器实际发出的脉冲信号的实时值是否与预期相符。如果不符，检查并修正控制程序。监督伺服驱动器接收到的脉冲指令数量是否与控制器发出的数量一致。如果不一致，检查控制线缆是否完好。检查伺服指令脉冲形式的设置是否与控制器的设置相匹配，例如检查是CW/CCW(顺时针/逆时针)控制还是脉冲加方向的控制方式。如果伺服增益设置过高，尝试手动或自动重新调整伺服增益。伺服电机在进行往复运动时可能会产生累积误差。建议在工艺允许的情况下设置一个机械原点信号，并在误差超出允许范围前进行原点查找操作。如果机械系统本身的精度不高或传动机构存在异常(例如伺服电机与设备系统间的联轴器部分发生偏移等)，则需要对机械系统进行检查和必要的调整。

(6)ABB机器人伺服电机在进行方位控制时出现超速故障，怎么处理？

检查伺服电机的动力电缆和编码器电缆的接线是否正确，同时检查电缆是否有破损或接触不良的情况。如果超速故障在伺服Run信号一接入时就发生，需要确认信号接入的方式和时机是否正确。

※安全使用示教器的注意事项

使能设备按钮安装在示教器上，当按下其一半时，系统变为电机开(MOTORS ON)模式。当松开或全部按下按钮时，系统变为电机关(MOTORS OFF)模式。

(1)为了安全使用示教器，必须遵循以下原则：

①使能设备按钮不能编程或调试以及机器人不需要移动时，立即松开使能设备按钮；

②当编程人员进入安全区域后，必须随时将示教器带在身上，避免其他人移动机器人。

(2)在机械手的工作范围内工作时，需遵守以下几点：

①控制柜上的模式选择开关必须旋转到手动模式，以便操作使能设备来断开电脑或遥控操作；

②注意机械手的旋转轴，避免头发或衣服被卷入。同时，留意机械手的其他部件，确保安全；

③检查每个轴的电机刹车是否正常工作。

(3)触摸偏差。

现象1：手指所触摸的位置与鼠标箭头没有重合。

原因：示教器安装完驱动程序后，在进行位置校正时，没有垂直触摸靶心正中位置。

解决方法：重新校正位置。

现象2：部分区域触摸准确，部分区域触摸有偏差。

原因：触摸屏四周边沿上的声波反射条纹上面积累了大量的尘土或水垢，影响了声波信号的传递。

解决方法：清洁触摸屏，特别注意要将触摸屏四周边沿的声波反射条纹清洁干净，清洁时应将触摸屏控制卡的电源断开。

(4)示教器触摸无反应。

现象：触摸屏幕时鼠标箭头无任何动作，没有发生位置变化。

原因：①触摸屏四周边沿上的声波反射条纹上面积累的尘土或水垢非常多，导致触摸屏无法工作。

②触摸屏发生故障。

③触摸屏控制卡发生故障。

④触摸屏信号线发生故障。

⑤主机的串口发生故障。

⑥示教器的操作系统发生故障。

⑦触摸屏驱动程序安装错误。

解决方法：观察触摸屏信号指示灯，该灯在正常情况下呈有规律的闪烁，频率大约为每秒闪烁一次。

当触摸屏幕时，示教器出现黑屏现象可能由多种原因引起。如果设置了背光节能，黑屏是正常的；如果误操作了触摸屏系统控制区，则示教器也会黑屏。如果上述两点都不是该现象的原因，则尝试将示教器的软件更新到最新版本，再进行查看。

※ABB 工业机器人常规保养维护

1. 刹车检查

正常运行前，需检查电机刹车的每个轴。电机刹车检查方法如下。

(1)运行每个机械手的轴到它负载最大的位置。

(2)将机器人控制柜上的电机模式选择开关旋到电机关(MOTORS OFF)的位置。

(3)检查轴是否保持在其原来的位置。如果电机关掉后，机械手仍保持其原来的位置，则说明刹车良好。

2. 减速运行(250 mm/s)功能

不要从电脑或者示教器上改变齿轮变速比或其他运动参数，这将影响减速运行(250 mm/s)功能。

协作探究，实施展示

任务指引：开展小组内讨论，每个同学对小组任务进行讨论分析，组长综合每位同学的意见，确定小组讨论后最终答案，每组派 1 位同学展示或陈述小组结论。

1. 小组组建

小组分工表见表 4-2-3。

表 4-2-3　小组分工表

班级		组名	
组长		学号	
组员	姓名	学号	分工

2. 基础任务

任务 1：工业机器人电柜故障分析。

目标：根据所学机器人故障分析及处理的相关知识，小组协作完成以下内容。

(1)工业机器人电柜主电源不动作，有哪些可能的原因？

____

____

(2)工业机器人电柜主电源不动作，怎么处理？

____

____

____

任务 2：工业机器人故障处理。

目标 1：根据所学机器人系统维护与检修的相关知识，小组协作完成以下内容。

(1)什么情况下需要为工业机器人进行备份？

____

____

____

____

(2)机器人第一次上电开机报警“50296,SMB 内存数据差异”如何处理?

目标 2:根据所学相关知识,小组协作完成以下内容。

(1)使用工业机器人示教器时注意事项有哪些?

(2)ABB 机器人常规维护保养有哪些具体操作?

知识拓展卡

工业机器人检修安排

1. 定期检修注意事项

检修、更换零件时，应遵守以下注意事项，安全作业。

(1)更换零件时，请先切断一次电源，5 min 后再进行作业(切断一次电源后的 5 min 内，请勿打开控制装置的门)。此外，请勿用潮湿的手进行作业。

(2)更换作业必须由接受过本公司机器人学校维修保养培训的人员进行。

(3)作业人员的身体(手)和控制装置的“GND 端子”必须保持电气短路，应在同电位下进行作业。

(4)更换时，切勿损坏连接线缆。此外，请勿触摸印刷基板的电子零件及线路、连接器的触点部分(应手持印刷基板的外围)。

2. 检修日程表

原则上按照图 4-2-2 进行检修。

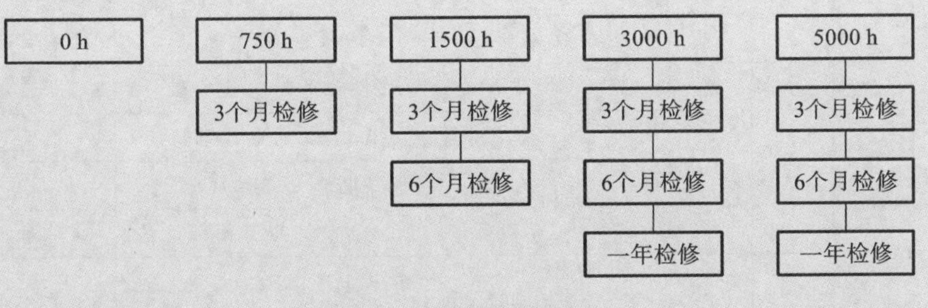

图 4-2-2　检修日程表

3. 定期检修时的注意事项

(1)检修作业必须由接受过本公司机器人学校维修保养培训的人员进行。

(2)进行检修作业之前，需对作业所需的零件、工具和图纸进行确认。

(3)对于更换零件，需使用本公司指定的零件。

(4)进行机器人本体的检修时，务必先切断电源再进行作业。

(5)打开控制装置的门时，务必先切断一次电源，并充分注意不要让周围的灰尘入内。

(6)注意将油污等擦干净后再触摸控制装置内的零件。尤其是要触摸印刷基板和连接器等部位时，应注意避免静电放电等损坏 IC 零件。

(7)一边操作机器人本体一边进行检修时，禁止进入其动作范围之内。

(8)电压测量应在指定部位进行，并充分注意防止触电和接线短路。

(9)禁止同时进行机器人本体和控制装置的检修。

(10)检修后，工作人员必须先充分确认机器人动作，再正常运转机器人。

4. 定期检修项目

定期检修项目表见表 4-2-4。

表 4-2-4　定期检修项目表

No.	周期				检查项目	检修保养内容	方法
	日常	3 个月	6 个月	1 年			
1		√	√	√	门的压封	门的压封是否变形； 柜内的密封情况	目测
2		√	√	√	缆线组	损坏、破裂情况； 连接器的松动	目测
3		√	√	√	驱动单元	各连接线缆的松动	目测，拧紧
4	√	√	√	√	控制器	各连接线缆的松动	目测，拧紧
5	√	√	√	√	安全板	各连接线缆的松动	目测，拧紧
6	√	√	√	√	接地线	松弛、缺损情况	目测，拧紧
7	√	√	√	√	继电器	污损、缺损的确认	目测
8	√	√	√	√	操作开关	按钮等的功能确认	目测
9		√	√	√	电压测量	L1、L2 的电压确认	AV 200 V±20 V
10		√			电池	电池电压的确认	电压 3.0 V 以上
11	√	√	√	√	示教器	损坏情况；操作面板清洁	目测
12		√	√	√	风扇检测	有无尘埃；风扇/散热器的 清扫和风扇的旋转情况	目测，清扫
13	√	√	√	√	急停开关检测	动作是否正常	检查伺服 ON/OFF 情况

5. 长假前的检修

切断机器人电源前，请进行如下检修。

(1)确认编码器电池电压。如果太低，则需要更换电池。如果没有及时更换，导致编码器数据丢失，则需要进行编码器复位及编码器修正的作业。更换时，请参考本项目任务一。

(2)确认控制装置的门以及锁定插键已经关闭。

6. 电池的更换

本机器人使用锂电池作为编码器数据备份用电池。如果电池电量下降超过一定限度，则无法正常保存数据。在每天运转 8 h、断电 16 h 的情况下，应每 2 年更换一次电池。电池应保存在避免高温、避免高湿、不结露且通风良好的场所。建议在常温(20 ℃±15 ℃)、温度变化较小、相对湿度在 70%以下的环境中保管。更换电池时，请在控制装置通电的状态下进行。如果电源未接通，则编码器会出现异常，此时需要执行编码器复位操作。已使用的电池应按照所在地区的分类规定，作为“已使用锂电池”废弃。

(1)必需工具。

①扭矩扳手。

②十字螺丝刀。

③钳子、电缆扎带。

(2)编码器电池的存放位置。

编码器电池存放在机器人底座的电池盒中，用于在控制箱断电时存储电机编码器的信息。当电池的电量不足时需要更换电池。电池安装位置如图 4-2-3 所示(电池安装在底座的后端)。

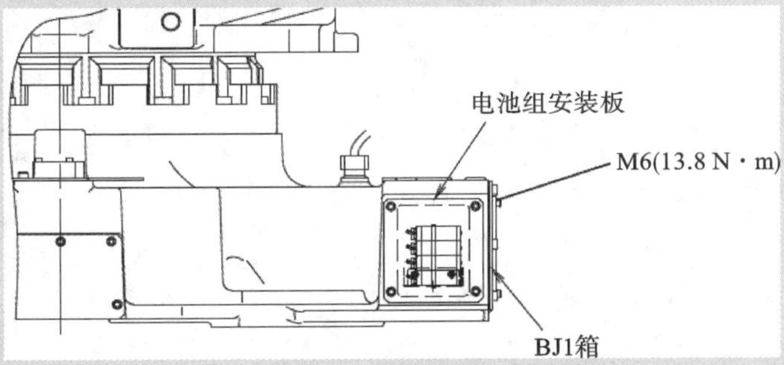

图 4-2-3　电池安装位置

(3)电池更换步骤。

①打开控制装置的主电源。

②按下紧急停止按钮，锁定机器人。

③卸下 BJ1 箱左侧面的电池组安装板上的安装螺栓(4 个 M6)，如图 4-2-4 所示。

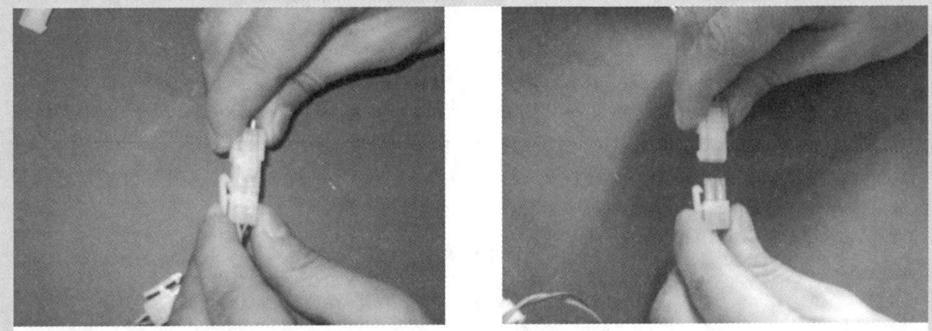

(a)　　(b)

图 4-2-4　编码器电池更换方法(实际管线中的连接器会有所不同)

④卸下电池连接器：轴 1～轴 4。

⑤拆下电压不足的电池，将新的电池插入电池包，连接电池连接器。

⑥将电池组安装板放回原来位置，用安装螺栓(4 个 M6)固定。

⑦关闭控制装置的电源后，重新置于“ON”。

(4)更换电池后的操作。

一般按照上述步骤操作，重新上电即可。如果操作不当导致位置丢失，需要进行编码器清零操作。

7. 维修保养零件清单

(1)保存温度：－10～＋50 ℃。

长期保存时，为了维持其可靠性，应将环境温度控制在(35±10) ℃范围内。应避免急剧的温度变化(超过 10 ℃/h)。

(2)保存湿度：20％～85％ RH。

长期保存时，为了维持其可靠性，应将环境湿度控制在 45％～65％范围内。保存时应防止结露或发霉。

(3)防静电。

在极端干燥的保存条件下，容易产生静电，这些静电放电时会导致半导体损坏。请将维修零件装入防静电袋中保管。

(4)其他环境条件。

应将维修零件保存在无有毒气体、无尘环境中。保存期间禁止在其上放置重物。

8. 清零操作

对机器人某一轴实施清零操作后，机器人此轴的原点会丢失，所以在清零前应将机器人运动至原先定义的原点位置，或者在清零后将机器人运动至原先定义的原点，实施清零操作后，重新定义机器人原点方可运行机器人。

3. 决策评估

方案决策单见表 4-2-5。

表 4-2-5　方案决策单

方案决策					
组别		组长		日期	
学习任务	工业机器人系统故障检修				
岗位情景	工业机器人常见故障分析及处理				
方案 1 描述					

续表

方案决策					
方案 2 描述					
方案 3 描述					
评估决策					
序号	可行性	经济性	操作性	实施难度	方案等级评价
方案 1	□高 □低	□好 □差	□强 □弱	□高 □低	□优 □良 □中 □差
方案 2	□高 □低	□好 □差	□强 □弱	□高 □低	□优 □良 □中 □差
方案 3	□高 □低	□好 □差	□强 □弱	□高 □低	□优 □良 □中 □差
评价决策	综合评价				
	终选方案	□方案 1 □方案 2 □方案 3			

检查评价，总结反思

1. 学生自评

活动过程自评表见表 4-2-6。

表 4-2-6　活动过程自评表

班级		组名		日期	
序号	评价要素			分值	分数
1	描述设备故障现象及分类			10	
2	描述设备故障的产生原因			10	
3	总结机器人电柜故障处理方法			10	
4	总结 ABB 机器人常见故障			10	
5	总结 ABB 示教器出错处理方法			10	
6	总结 ABB 伺服电机出错处理方法			25	
7	描述 ABB 机器人检修及保养要点			25	
自评分数					
自我总结 与反思					

2. 小组互评

活动过程小组互评表见表 4-2-7。

表 4-2-7 活动过程小组互评表

班级		被评组名		日期	
评价指标	评价要素			分值	分数
1	与教师、同学之间能够保持多向、丰富、适宜的信息交流			10	
2	与教师、同学之间相互尊重、理解			10	
3	能处理好合作学习和独立思考之间的关系，做到有效学习			20	
4	能提出有意义的问题或能发表个人见解			10	
5	能按要点正确操作，能够倾听、协作、分享			20	
6	能发现问题、提出问题、分析问题、解决问题、创新问题			20	
7	能严肃、认真地对待自评，并能独立完成自测试题			10	
互评分数					
简要评述					

3. 教师评价

教师评价表见表 4-2-8。

表 4-2-8 教师评价表

姓名		组别		日期	
序号	评分点		分值	评分标准	得分
1	(1)表述仪态自然，吐字清晰		10	表述仪态不自然或吐字模糊酌情扣分	
	(2)表述思路清晰、层次分明、准确			表述思路模糊或层次不清酌情扣分	
2	(1)任务分析关键点准确		10	任务分析不准确酌情扣分	
	(2)理论知识回顾完整，分组分工明确			知识不完整、分工不明确酌情扣分	
3	(1)完成工业机器人故障分析工作流程的梳理		10	工作流程不清晰或出错扣 1 分，扣完为止	
	(2)确定工作计划		10	计划错误扣 1 分，扣完为止	
4	(1)了解设备故障现象及分类		10	每错一项扣 1 分，扣完为止	
	(2)了解设备故障的产生原因		10	每错一项扣 1 分，扣完为止	
	(3)了解机器人电柜故障		10	每错一项扣 1 分，扣完为止	
	(4)掌握 ABB 机器人常见故障处理方法		20	每错一项扣 1 分，扣完为止	
5	(1)依据自评分数		5		
	(2)依据个人总结评价报告		5		
	满分		100	得分	

4. 考核评价

工业机器人系统故障检修考核任务

姓名：______________　成绩：______________　考核时间：60 分钟

4-2-1　工业机器人系统故障检修考核任务

(1)设备故障有哪些？

(2)工业机器人常见电柜故障有哪些？

(3)如何处理工业机器人常见故障？

(4)工业机器人伺服电机常见故障有哪些，如何解决？

(5)工业机器人示教器常见故障有哪些，如何解决？

评分标准

序号	考核内容	标准	配分	得分
1	设备故障	(1)描述设备故障发生的原因，缺一种扣 1 分	5	
		(2)描述设备故障类型，错一处扣 1 分	5	
		(3)分析设备故障，错一处扣 1 分	5	
2	机器人电柜故障	(1)描述电柜故障类型，错一处扣 1 分	10	
		(2)描述解决故障的办法，错一处扣 1 分	10	
3	机器人常见故障	(1)描述常见的故障报警信息，错一处扣 1 分	10	
		(2)描述解决故障的方法，错一处扣 1 分	10	
4	伺服电机故障	(1)描述常见的伺服电机故障信息，错一处扣 1 分	10	
		(2)描述解决故障的方法，错一处扣 1 分	10	
5	示教器故障	(1)描述常见的示教器故障信息，错一处扣 1 分	5	
		(2)描述解决故障的方法，错一处扣 1 分	10	
		(3)总结使用示教器的注意事项	10	
合计				

5. 总结反思

任务实施完成后，学生需要根据实际情况，通过指导老师对实施情况的点评来分析自身的不足之处，寻找三个关键问题进行思考，填写表 4-2-9，做到及时的自查自省和总结。

表 4-2-9　总结反思问题记录表

序号	任务目标	存在的问题	解决的方法
1			
2			
3			

项目总结

本项目为工业机器人系统维护与检修,包括两个任务。任务一为工业机器人系统维护保养,包含机器人维护保养常用的工具、工业机器人电池更换操作、工业机器人原点标定和微校的操作步骤和方法、工业机器人日常保养的项目和操作方法。任务二是工业机器人系统故障检修,介绍了工业机器人常见故障类型、故障产生原因、故障诊断方法,以及一些常见故障的检查周期和检修方法。

拓展升华

通用智能机器人是未来的发展方向

2023 年 10 月 20 日,《人形机器人创新发展指导意见》出台,首次以单独文件形式对人形机器人发展做出全面清晰的战略规划部署。意见指出,人形机器人集成人工智能、高端制造、新材料等先进技术,有望成为继计算机、智能手机、新能源汽车后的颠覆性产品,将深刻变革人类生产生活方式,重塑全球产业发展格局。

2023 年 12 月 5 日,2023 中国机器人产业发展大会主论坛隆重召开。国家制造强国建设战略咨询委员会委员、智能制造专家咨询委员会荣誉主任朱森第指出,“十四五”期间,各机器人行业企业应做好四件事情,归纳起来就是“应用牵引、双轮驱动”。“应用牵引”就是机器人企业和研究机构要把各行各业的关键工艺应用透彻,在关键工艺应用透彻的情况下,形成为各行各业提供的解决方案。机器人是一个新型的现代的生产工具,应助力各行各业去数字化转型、智能化改造,加快各行各业转型升级,变成现代产业体系当中的一个组成部分,进而推动机器人在各行各业的应用,实现高质量发展。“双轮”即创新和优质。

他同时指出,各机器人企业要抓住发展的关键期,精益生产、助力企业数字化转型、注重细节、提升效益、协同发展、细分专长、跳出内卷,走向共赢,共同推动机器人产业高质量发展。

国际机器人联合会秘书长苏珊娜博士(Dr. Susanne Bieller)作了题为《全球机器人概览:现状、趋势和未来展望》的主旨报告。苏珊娜在报告中指出,在未来的几年当中,协作机器人的需求将保持强劲,其方便性是重要的卖点,也是非常重要的市场驱动因素。机器人与 AI 整合,响应客户和社会的需求,实现更智能更快速更高效的自动化,帮助企业管理外部环境的不确定性和可变性等,这将是机器人产业的发展趋势。

参考文献

[1] 张春芝,钟柱培,许妍妩.工业机器人操作与编程[M].北京:高等教育出版社,2018.

[2] 陈瞭,肖辉. ABB 工业机器人进阶编程与应用[M].北京:电子工业出版社,2022.

[3] 叶晖,禹鑫燚.工业机器人实操与应用技巧[M].北京:机械工业出版社,2020.

[4] 魏丽君,吴海波.工业机器人技术[M].北京:高等教育出版社,2017.

[5] 吴海波,刘海龙.工业机器人现场编程(ABB)[M].北京:高等教育出版社,2017.

[6] 韩智,李国勇,易正贵.工业机器人应用基础[M].北京:机械工业出版社,2024.

[7] 张强.工业机器人基础[M].北京:机械工业出版社,2023.

[8] 叶晖.工业机器人典型应用案例精析[M].北京:机械工业出版社,2022.

[9] 韩相争.西门子 S7-200 SMART PLC 编程技巧与案例[M].北京:化学工业出版社,2017.